数+学=(女×孩)³

哥德尔不完备定理

Gödel's Incompleteness Theorems

[日] 结城浩◇著
丁灵◇译

人民邮电出版社
北京

图书在版编目（CIP）数据

数学女孩. 3, 哥德尔不完备定理 / (日) 结城浩著 ; 丁灵译. -- 北京 : 人民邮电出版社, 2017.11(2024.7重印)
(图灵新知)
ISBN 978-7-115-46991-5

Ⅰ. ①数… Ⅱ. ①结… ②丁… Ⅲ. ①数学—普及读物 Ⅳ. ①01-49

中国版本图书馆CIP数据核字(2017)第243195号

内 容 提 要

《数学女孩》系列以小说的形式展开，重点描述一群年轻人探寻数学中的美。内容由浅入深，数学讲解部分十分精妙，被称为“绝赞的数学科普书”。

《数学女孩 3：哥德尔不完备定理》有许多巧思。每一章针对不同议题进行解说，再于最后一章切入正题——哥德尔不完备定理。作者巧妙地以每一章的概念作为拼图，拼出与塔斯基的形式语言的真理论、图灵机和判定问题一道被誉为“现代逻辑科学在哲学方面的三大成果”的哥德尔不完备定理的大概证明。整本书一气呵成，非常适合对数学感兴趣的初高中生以及成人阅读。

◆ 著　　[日] 结城浩
　译　　丁　灵
　责任编辑　杜晓静
　执行编辑　高宇涵　侯秀娟
　责任印制　彭志环

◆ 人民邮电出版社出版发行　北京市丰台区成寿寺路 11 号
　邮编　100164　电子邮件　315@ptpress.com.cn
　网址　https://www.ptpress.com.cn
　固安县铭成印刷有限公司印刷

◆ 开本：880 × 1230　1/32
　印张：13.25　　2017 年 11 月第 1 版
　字数：342 千字　　2024 年 7 月河北第 25 次印刷

著作权合同登记号　图字：01-2016-6552 号

定价：59.80 元

读者服务热线：(010)84084456-6009　印装质量热线：(010)81055316
反盗版热线：(010)81055315
广告经营许可证：京东市监广登字 20170147 号

版 权 声 明

致读者

本书涵盖了形形色色的数学题，从小学生都能明白的简单问题，到震撼整个数学世界的难题。

本书通过语言、图形以及数学公式表达主人公的思路。

如果你不太明白数学公式的含义，姑且先看看故事，公式可以一眼带过。泰朵拉和尤里会跟你一同前行。

擅长数学的读者，请不要仅仅阅读故事，务必一同探究数学公式。如此，便可品味到深埋在故事中的别样趣味。

说不定，你会发现尚未被别人察觉到的秘密呢。

主页通知

关于本书的最新信息，可查阅以下 URL。

http://www.hyuki.com/girl/

此 URL 出自作者的个人主页。

目录

C O N T E N T S

序　言

将感谢和友情一并附上，
令大海恩赐之物重归它的怀抱。
——《来自大海的礼物》[6]

涌来，又远去的——海浪。
来来去去，反反复复——一浪又一浪。

来去的节奏把意识拉向自己。
反复的节奏把意识推向过去。

那时，每个人都在做准备，想要展翅飞向苍穹。
而我，则在小小的鸟笼里蹲着，把身体蜷成一团。

应该诉说的自己，应该缄默的自己。
应该诉说的过去，应该缄默的过去。

每逢春天降临，我都会想起数学。

在纸上排列符号，描绘宇宙。

在纸上写下公式，推导真理。

每逢春天降临，我都会想起她们。

跟我一起讨论数学这个词语，

跟我一起度过青春的—— 她们。

这是一个关于令我展翅飞翔的小小契机的故事。

你，愿意听我讲述吗？

第1章
镜子的独白

“镜子呀镜子，在这世上谁最美?”

“女王陛下，在这世上您最美。”

女王很满意这个回答，因为这面镜子从不说谎。

——《白雪公主》

1.1 谁是老实人

1.1.1 镜子呀镜子

“哥哥，你知道《白雪公主》的故事吧?”尤里说。

“当然了，那个寻找掉了水晶鞋的公主的故事。”我答道。

“那是《灰姑娘》! 哪是《白雪公主》啊! 哼，真是的……”

“是吗?”我装傻。

“别装傻嘛~”尤里说完就笑了。

这里是我的房间，现在正值一月。新年假期马上就要结束了，开学以后还有个摸底考试。可是不知为何，房间里的气氛却很是悠闲。

尤里上初二，我上高二，她管我叫“哥哥”。不过，尤里不是我的亲妹妹。

她的妈妈和我的妈妈是姐妹。换句话说，她是我的表妹。尤里从小就管我叫“哥哥”，现在也还这么叫我。

我的房间里有很多尤里喜欢的书。她住在我家附近，一放假就会过来玩。我学习的时候，尤里就在一旁悠然自得地看书。

尤里开了口：

“白雪公主的那个坏妈妈，是不是只要一对着镜子，就会这么问：镜子呀镜子，在这世上谁最美？”

“嗯，那个镜子就相当于‘美人测定仪’吧。”我回答。

“她是认为自己漂亮才那么问的吧。可是人家一照镜子就忍不住叹气，头发颜色这样，还分叉得厉害。”

尤里说着，开始拨弄她栗色的马尾辫。

我重新审视尤里。尤里觉得自己很差，但我却不那么觉得。她的表情总是千变万化，让人移不开眼，给人一种看到爆米花正在迸裂时的感觉。她的脑子也转得快，跟她说话从没感到无聊过。

“啊——好想染头发啊——好想变漂亮啊——”

“没有没有，尤里。”我说。

尤里停下正在拨弄发梢的手，看向我。

“什么‘没有没有’啊？”

“就是说……尤里你这样也……嗯，足够……”

“足够？”

“就是说……”

“孩子们！吃百吉饼吗？”我妈在厨房喊道。

“吃——！”

她大声回答道，刚刚还一本正经的表情忽然来了个大逆转。

尤里站起身就来拽我。她穿着牛仔裤，身材非常纤细，没想到却这么有力气。

“快点儿啦，哥哥，我们赶紧去吃点心！”

1.1.2 谁是老实人

用餐。

“这本书有意思吗？”

尤里哗啦哗啦地翻着茶几上放着的数学谜题集。

“不知道，我还没看。放假前跟学校借的。”

“诶？高中图书室里还有这种书呐……哥哥，这道题你会吗？它问‘$A_1 \sim A_5$ 这 5 个人里谁是老实人’。”

谁是老实人？

A_1:“这里有 1 个人在说谎。”

A_2:“这里有 2 个人在说谎。”

A_3:“这里有 3 个人在说谎。”

A_4:“这里有 4 个人在说谎。”

A_5:“这里有 5 个人在说谎。”

“来，选你们喜欢的口味。”我妈端着盛有百吉饼的盘子过来了，“这边是原味的，这边是核桃味的，这边是罗勒味的。”

“这个是什么味的？”尤里问道。

“那个是洋葱味的。”

“那我要吃这个。”

“你要吃哪个？”我妈把盘子递向我这边。热气散发了出来，闻起来很是香甜。

“哪个都行。—— 我说尤里，这个问题……”

“不行！好好选！”我妈边说边把盘子推到了我面前。

“那我要原味的。”

“我推荐你吃核桃味的。”

“呃…… 那就核桃味的吧。”

我拿了核桃味的百吉饼后，我妈就心满意足地回了厨房。—— 这不还是她帮我选的么。

“尤里，刚才你那个问题，是‘老实人总是在说真话’的那个么？”

“对对，骗子总是在说谎。$A_1 \sim A_5$ 这些人不是老实人就是骗子。”

“那就简单了。A_4 是老实人，其他 4 个人是骗子。”

“喊，真没意思喵…… 哥哥你一下子就明白了。”

我这个表妹有时候会在话里掺上猫语。没办法，毕竟是个小孩子……

“这个问题，如果用老实人的人数来分情况讨论，马上就能得出答案。”我说，“老实人可能有 $0 \sim 5$ 个人。首先，老实人不可能是 0 个人，也就是说不可能 5 个人都是骗子。因为 A_5 说了‘这里有 5 个人在说谎’，也就是说，如果 A_5 说的是真的，那么 A_5 就是老实人。但是这样一来，A_5 所说的‘有 5 个人在说谎’就不成立了，这样于理不合。”

“嗯，嗯。”尤里附和道。

“下面考虑有 1 个老实人，也就是有 4 个骗子的情况。这种情况下，因为只有 A_4 说的是对的，所以只有 A_4 是老实人，剩下的 4 个人都是骗子。这样就合乎情理了。”

“确实呢。”尤里看上去很高兴。

“下面考虑有 2 个老实人，也就是有 3 个骗子的情况。这种情况下，只有 A_3 说的是对的，但是从 A_3 的话推断应该‘有 3 个人在说谎’，而事实却是‘有 4 个人在说谎’，这样说不通。有 3 个、4 个、5 个老实人的情况也同样不合乎情理。最后，就只有‘A_4 是老实人’这一种情况成立 —— 真有意思啊。”

“哪里有意思？”

"这里没有把人名设成 A, B, C, D, E，而是设成了 A_1, A_2, A_3, A_4, A_5 这样的编号。"

"喔……"

"我来出个一般化[1]的问题。比如，下面这个你明白吗？"我问道。

谁是老实人？（一般化）

B_1："这里有 1 个人在说谎。"

B_2："这里有 2 个人在说谎。"

B_3："这里有 3 个人在说谎。"

B_4："这里有 4 个人在说谎。"

B_5："这里有 5 个人在说谎。"

……

B_{n-1}："这里有 $(n-1)$ 个人在说谎。"

B_n："这里有 n 个人在说谎。"

"这个 n 是什么？"尤里边嚼着百吉饼边问。

"嗯，这个问题问得好。字母 n 是某个自然数。"

"人家不明白呢。就给出了 n…… 难不成要从无限个人里找？"

"不是无限的哦。因为已经给出了 n 这个数，所以只有 $B_1, B_2, \cdots, B_n$ 这 n 个人，人数不可能是无限的。"

"这样啊，原来不是无限的呀。"

"可以用跟刚才 5 个人时一样的思路来思考这个问题。"

"嗯？啊！我知道了，B_{n-1} 是老实人。"

"没错，你很聪明嘛！"

---

① 一般化是数学中带有普遍性的一种思想方法，指的是从考虑一个对象或较少对象的集合过渡到考虑包含已给对象的更大集合的一种思想方法。——译者注

“哦呵呵，很简单啊。因为老实人是 1 个，所以骗子就是 $(n-1)$ 个嘛。”尤里俏皮地说。

“这里用 n 这个字母把问题一般化了，也就是‘通过导入字母把问题一般化’，明白吗？”

“就是说 n 是几都无所谓？”

“对，n 只要是 $1, 2, 3, \cdots$ 这些自然数中的任意一个就行。”

“唔，这不对劲，很奇怪啊。”尤里说，“当 $n=1$ 的时候，就没有老实人了！”

谁是老实人？（当 $n=1$ 时）

C_1：“这里有 1 个人在说谎。”

“嗯？这种情况下答案就是‘没有老实人’啊。”我回答道。

“诶？太奇怪了！那么 C_1 是老实人？还是说他是骗子？”

“是骗子吧。”

“那样的话，就有 1 个骗子啊，骗子就是 C_1 本人。这样一来骗子就说了真话啦！”

“啊，是啊。但是 C_1 也不是老实人，明明只有他自己，他还说‘这里有 1 个人在说谎’，这样的话，C_1 这个老实人就把自己整成了骗子……嗯，这样问题就不成立了呢。”

“问题……不成立？”

“嗯，不成立。因为‘不是老实人就是骗子’这个前提条件很奇怪。所以当 $n=1$ 时，这个问题就不成立了。”

“就是说，没法判断 C_1 属于哪一方？”

“嗯，我们没法判断 C_1 是老实人还是骗子。话说回来，尤里你脑子转得真快啊。”

“喵哈哈，可是判断不了，感觉好讨厌啊。人家想‘咻’地一下把问题解开喵。”

“确实很讨厌啊。”

“我知道了，是‘出题人’在说谎！”

“这都哪儿跟哪儿呀……”

1.1.3 相同的回答

我想了一个新的谜题。

“尤里，你觉得这种谜题怎么样？”

使答案相同的问题是？

请想出这样的问题：假设回答的人不是老实人就是骗子，而且不管是老实人还是骗子，答案都是相同的。但是，回答的人只能用“是”或“否”来作答。

“不明白什么意思。‘答案都是相同的’是什么意思？”

“意思是，老实人的答案和骗子的答案相同。如果老实人回答‘是’，那么骗子也要回答‘是’。如果老实人回答‘否’，那么骗子也要回答‘否’……就是这种问题。”

“有这种问题吗？”

尤里一脸认真，开始思考。我喜欢她思考的神情，虽说她也有时候会直接放弃，表示“不知道”……

“如何？尤里，明白没？”

“很简单啊，这么问就好了：你是不是老实人？”

“对对，很棒很棒。”

“如果是老实人，那他就会老实回答‘是’；如果是骗子，那他就会说谎，回答‘是’。不管是老实人还是骗子，都会回答‘是’。”

“没错。老实人的‘是’是真话，骗子的‘是’是假话。像我这么问也可以：你是不是骗子？”

“嗯，这次老实人和骗子都会回答‘不是’了呢。”

“久等了。”我妈又拿来了饮料，“来，喝杯可可吧。”

“唔…… 我喜欢咖啡。”我说，“不过可可也行。”

“我喜欢阿姨冲的可可。”尤里说。

“尤里真乖。”我妈夸道。

“话说，哥哥，‘老实人和骗子’这个角色设定很了不起啊。因为老实人只说真话，只要开口就说的是真话。太厉害了。”

“是啊。尤里，骗子和老实人拥有一样的能力，这你明白吗？”

“诶？什么意思？”尤里看着我。

“骗子一定会说谎话，对吧？这样的话，骗子要想说谎，就必须跟老实人一样了解真相，要不然就可能会一不小心把真相说了出来。”

“噢，确实！要是‘一不小心把真相说了出来’就有意思了喵。”

“就算一不小心犯错了，也不能骗人哦，你们俩。”我妈说道。

1.1.4 回答是沉默

“啊，人家也想到了一个新的谜题。刚才我们想的是老实人和骗子要作相同回答的问题，对吧？那么下面这个问题…… 当然，这个问题也只能用‘是’或‘否’来回答哦。”

让人无法回答的问题是？

什么问题骗子能够回答，但老实人无法回答？

“嗯，这样的啊……”我一边说一边思考着。“提一个不知道答案的问题就行了吧，比如说——‘孪生质数是不是无限多’？”

“孪生质数是什么？”

“差为 2 的两个质数构成的组合，例如 3 和 5，5 和 7，等等。关于是不是有无限多，还没人知道。”

“这话有点不对吧。关于‘孪生质数是不是无限多’，只是现在还没人知道而已，说不定什么时候就会有人知道的。而且，遇到‘孪生质数是不是无限多’这种问题，就连骗子也会沉默吧。不知道真相的话，骗子就没法撒谎了呀。”

“确实如此。”

“哥哥，人家想了个这样的问题：这个问题，你会回答‘否’吗？”

“有意思！尤里，这个很有意思！由老实人回答时……如果答了‘是’，那么因为他没有答‘否’，所以就说明他在撒谎；如果答了‘否’，那么因为他答了‘否’，所以他还在撒谎。好绕啊。老实人不会说谎，所以不能回答‘是’，也不能回答‘否’……”

“对吧。骗子只要回答‘是’就好了，因为这个‘是’是谎话，所以没有关系。”

“骗子回答‘否’也没有关系啊，因为这个‘否’也是谎话。”

“好绕啊……”尤里笑了。

“确实。”我也笑了。看来老实人只能用“沉默”来回答了。

1.2 逻辑谜题

1.2.1 爱丽丝、博丽丝和克丽丝

“这个问题太有意思了！”

尤里“哗啦哗啦”翻着数学谜题集，笑出了声。

三个人的装束

爱丽丝、博丽丝、克丽丝三个人都分别戴着帽子和手表，穿着上衣。帽子、手表、上衣各有红、绿、黄三种颜色，而且同一样物品没有颜色相同的。此外，三个人身上的这三件物品颜色各不相同。请基于下列条件，猜一猜这三个人身上的三件物品的颜色。

- 爱丽丝的手表是黄色。
- 博丽丝的手表不是绿色。
- 克丽丝的帽子是黄色。

“呃…… 有这么有意思吗？”我说。

“你想想她们三个人的打扮嘛，这三人组看起来该多招眼呀！”

“确实…… 话说你知道答案了吗？”

“感觉好麻烦。算了，下一题。”

“这哪行啊，这时候应该‘用表格来想’。”

“用表格来想？”

1.2.2 用表格来想

“我们来画一个表示三人各自装束的表格。首先，写下题中条件。”

	帽子	手表	上衣
爱丽丝		黄色	
博丽丝		绿色以外	
克丽丝	黄色		

写下题中条件

尤里拿出她那副树脂边框的眼镜戴上之后，看向表格。

“你把已知条件都写下来了呀。”

“嗯。整理复杂的问题时，不要在脑海里凭空想象，要用表格来想。这样博丽丝的手表颜色就一目了然了。首先，不是绿色。然后，因为不能跟爱丽丝的手表颜色一样，所以也不是黄色。那么剩下的就只有红色了。”

“原来如此。”

	帽子	手表	上衣
爱丽丝		黄色	
博丽丝		红色	
克丽丝	黄色		

已知博丽丝的手表颜色

“那么接下来，如果认真看看表格，也就能知道博丽丝的上衣颜色。”

“…… 没错。是黄色吧？”

“对对。能解释一下为什么吗？”

“我一眼看上去就想到‘博丽丝的上衣是黄色吧’。”

“可是，为什么呢？”

“因为黄色已经被用了 —— 你看，爱丽丝的手表是黄色，克丽丝的帽子也是黄色。也就是说，爱丽丝的上衣和克丽丝的上衣不能是黄色。这样一来，上衣能是黄色的就只有博丽丝了。”

“解释得很好。”

	帽子	手表	上衣
爱丽丝		黄色	不能是黄色
博丽丝		红色	肯定是黄色
克丽丝	黄色		不能是黄色

爱丽丝的上衣和克丽丝的上衣不能是黄色

	帽子	手表	上衣
爱丽丝		黄色	
博丽丝		红色	黄色
克丽丝	黄色		

已知博丽丝的上衣颜色

“克丽丝的手表颜色也就马上明白了。”我说。

“嗯。爱丽丝的手表是黄色，博丽丝的手表是红色，所以剩下的能用在手表上的颜色只有绿色！”

“就是这样。”

	帽子	手表	上衣
爱丽丝		黄色	
博丽丝		红色	黄色
克丽丝	黄色	绿色	

已知克丽丝的手表颜色

“啊，哥哥！这样一来，克丽丝的上衣颜色也能确定。横着看克丽丝这边……既不能是帽子的颜色，又不能是手表的颜色，那就是红色了。克丽丝的上衣是红色。真是太俗气了！”

	帽子	手表	上衣
爱丽丝		黄色	
博丽丝		红色	黄色
克丽丝	黄色	绿色	红色

已知克丽丝的上衣颜色

“下面这一步就需要想一下了。”

“…… 我知道！爱丽丝的帽子。你看嘛，博丽丝的手表是红色，克丽丝的上衣也是红色。也就是说，爱丽丝的手表和上衣都不能用红色，所以只能让爱丽丝的帽子用红色！”

	帽子	手表	上衣
爱丽丝	红色	黄色	
博丽丝		红色	黄色
克丽丝	黄色	绿色	红色

已知爱丽丝的帽子颜色

“剩下的 ……”

“别说别说！剩下的都让人家来！…… 首先，是爱丽丝的上衣。”

	帽子	手表	上衣
爱丽丝	红色	黄色	绿色
博丽丝		红色	黄色
克丽丝	黄色	绿色	红色

已知爱丽丝的上衣颜色

“最后，是博丽丝的帽子 ……”

	帽子	手表	上衣
爱丽丝	红色	黄色	绿色
博丽丝	绿色	红色	黄色
克丽丝	黄色	绿色	红色

已知博丽丝的帽子颜色

“这样就搞定了。”

	帽子	手表	上衣
爱丽丝	红色	黄色	绿色
博丽丝	绿色	红色	黄色
克丽丝	黄色	绿色	红色

所有的颜色都定了

“好，填得很好。”我说。

1.2.3 出题者的心思

“太简单了，真没意思呀。”尤里说。

“刚刚你还说麻烦呢。一旦去体会出题者的心思，就会很有意思哦。”

“什么意思？”

“你看，这个问题给出了三个条件对吧？这些条件，不多也不少。”

- 爱丽丝的手表是黄色。
- 博丽丝的手表不是绿色。
- 克丽丝的帽子是黄色。

“哥哥你说什么呢？人家不明白。”

“我是说，条件要是比这些多，就太简单了，没有意思；但是，要是比这些少，就解不开了。”

“喔，出题者的心思呀…… 唔，会么？条件少了也能解开的呀！比如说，假设没有‘克丽丝的帽子是黄色’这个条件，只有下面这两个条件，嗯……就有下面这两个答案。”

- 爱丽丝的手表是黄色。
- 博丽丝的手表不是绿色。

	帽子	手表	上衣
爱丽丝	红色	黄色	绿色
博丽丝	绿色	红色	黄色
克丽丝	黄色	绿色	红色

	帽子	手表	上衣
爱丽丝	绿色	黄色	红色
博丽丝	黄色	红色	绿色
克丽丝	红色	绿色	黄色

没有“克丽丝的帽子是黄色”这个条件时的答案

“嗯。说‘解不开’是我搞错了，尤里。我应该说答案不只有一个。就是说，不止有一种思路。”

“哥哥你思考时总会去体会出题者的心思吗？”

“对啊，解题很有意思，出题也很有意思呀。所以我总会想，如果换成自己来出题，会怎么出呢…… 思考怎么出题这件事儿非常有意思。”

“就是说‘如何出有意思的题’是个有意思的题呗！”

1.3 帽子是什么颜色

1.3.1 不知道

“啊，我又发现了一个好像很有意思的问题。”尤里翻开了谜题集。

帽子是什么颜色？

主持人让 A、B、C(您)3 个人入座。

主持人：“现在我要给各位戴上帽子。帽子总共有 5 顶，要戴的是其中 3 顶。5 顶帽子中有 3 顶是红色，2 顶是白色。大家看不到自己帽子的颜色，但可以看到其他人帽子的颜色。”

主持人给 3 个人戴上帽子，并把剩下的 2 顶帽子藏了起来。

主持人：“A 先生，您的帽子是什么颜色？”

参与者 A：“…… 不知道。”

主持人：“B 先生，您的帽子是什么颜色？”

参与者 B：“…… 不知道。”

您是 C，能看见 A 和 B 的帽子，2 顶帽子都是红色的。

主持人：“C 先生，您的帽子是什么颜色？”

参与者 C：“……”

那么，C 先生，您的帽子是什么颜色？

“这场景真不可思议呀。”尤里说。

“确实。”

想象一下那个场面：我是 C，能看见 A 和 B 的帽子，2 顶都是红色。因为红色有 3 顶，所以我的帽子可能是剩下的那 1 顶红色，或者也有可能是白色。没那么容易就能知道？不，A 和 B 都说“不知道”自己的颜色。这也是提示。

“哥哥，你知道了？”尤里问我。

“我在想。”

一方面，A 能看见 B 和 C。既然 A 说了“不知道”，那么 B 和 C 就不会“都是白色”。

如果 B 和 C 都是白色，那么 A 就会知道自己是红色。因为 B 和 C 并非“都是白色”，所以 B 和 C 中“至少有 1 人是红色”。

另一方面，B 能看见 A 和 C。因为 B 也是这么想的，所以 A 和 C 中“至少有 1 人是红色”。唔…… 不好办。这问题也太难了吧？

“诶？哥哥，你还在想吗？”尤里一脸坏笑。

“诶？尤里你…… 解完了？”

“没想到这么简单，喵～”尤里得意洋洋。

好吧，那么我们来仔细分情况考虑。C 的帽子要么是白色，要么是红色。

假设 C 是白色，那么 ——

- A 能看到 B(红色)和 C(白色)。A 确实不知道自己的颜色。
- B 能看到 A(红色)和 C(白色)。嗯……

原来如此，A 说的那句“不知道”对 B 来说就成了提示了！

那么 B 应该会像下面这样想。

假设 C 是白色，那么 B 的想法是 ——

- A 能看见 B(颜色不确定)和 C(白色)。
- A 回答说“不知道”。
- 因为 A 不知道，所以 B 和 C“至少有 1 人是红色”。
- 因为 C 是白色，所以 B 是红色！

B 如果这么想，那么就会回答“我是红色”吧。

然而 ——

- 然而现实是，B 回答说“不知道”。
- 也就是说，C 是白色这个假设是错的。
- 因为 C 是白色或红色，所以 C 如果不是白色，那么就是红色。
- 也就是说，C 的帽子是红色！

“我知道了，C 的帽子是红色吧。”

“答对啦～”尤里回答。

1.3.2 对出题者的验证

我刚解释完我的思路，尤里就皱起了眉。

“话说，哥哥你刚才考虑的是‘假设C是白色’的情况，那么‘假设C是红色’的情况呢？不考虑也可以吗？”

“问得好。”我回应道，“不过，要解这道题，不用考虑也行。因为从问题中可以推导出‘C是白色或红色’这个条件。”

“那个，人家考虑到了‘出题者在说谎的情况’。”

“什么意思啊？”

“这个嘛……因为(1)C是白色或红色，(2)C不是白色，所以我们会想：(3)所以，C是红色。但是，如果(1)是假的，就不能推导出(3)了啊。”

“嗯，尤里你说得对。如果不满足‘C是白色或红色’这个前提条件，就算知道‘C不是白色’，也不能说‘所以，C是红色’。考虑‘假设C是红色’的情况相当于验证出题者有没有把题出错。我们试试吧。”

“嗯。”

假设C是红色，那么——

- A能看见B(红色)和C(红色)。然而，A不知道自己的颜色。
  →这跟A的回答相符。
- B能看见A(红色)和C(红色)。然而，B不知道自己的颜色。
  →这跟B的回答相符。

“确实跟他们的回答相符。假设C是白色，就不合道理了；然而假设C是红色就合乎道理了。因此，‘C是白色或红色’这个前提条件没有什么不对劲的。”

“了解。哥哥，这道题有点复杂，不过很有意思呢。”

“嗯，很有意思。要说哪里有意思……‘不知道’这句话能拿来当提示，还有站在 A 和 B 的立场，也就是对方的立场思考问题这里……”

“这就是爱吧！”

“……话说，尤里你比我解得快多了嘛！”

“嗯，不过人家不能像哥哥那样解释自己的思路。人家觉得因为并不‘都是白色’，所以‘至少有 1 人是红色’这里好厉害呀！人家都有点折服了。”

“在这个帽子谜题的世界里，回答‘不知道’的那个人看到的 2 个人里，至少有 1 人的帽子是红色——这就像‘定理’一样呢。”

“定理……”

“走吧，我们该回房间了。妈，谢谢你的百吉饼。”

“阿姨，多谢招待。”

“等会儿我去房间里给你们续茶哦。”

1.3.3 镜子的独白

一回到房间，尤里就“啪”地打了个响指。

“哥哥，刚刚那个帽子谜题，实际解起来挺简单的。”

“为什么？”

“在房间里装个镜子就行了，比如挂点闪亮亮的迪斯科球。”

“不准给我房间加多余的装饰……话说，靠镜子反射看帽子不是作弊么?!”

“这……这个房间里居然没有镜子！难道哥哥你是德古拉伯爵[①]?!”

“德古拉伯爵的房间里没有镜子吗？”

“镜子里照不出德古拉伯爵呀。”

“‘镜子里照不出’这个套路，象征性地表现了德古拉伯爵不存在于

① 德古拉伯爵，又译德拉库拉伯爵（dracula），是Bram Stoker 于1897年所著的小说中的一个最著名的吸血鬼，其作为吸血鬼的代表曾在多部描写吸血鬼的影片中出现。——译者注

这世上……”

“是是是，真不浪漫……好，我们来比绕口令！”

尤里“唰”地伸手指向我。

“绕口令？”

“你究竟能不能跟上人家呢？——迪斯科球，闪亮亮！德古拉伯舅，晕乎乎！”

“德古拉伯舅是什么鬼啊！”我笑喷了。

“咦？等一下。——迪斯科球，闪亮亮！德古拉伯爵，晕夫夫！”

“这又变成‘晕夫夫’了。”我笑到停不下来，“你想说的是‘德古拉伯爵，晕乎乎’吧？”

“对对，德古拉伯舅，晕夫……咦？”

尤里挑战了很多次。

“德古拉伯舅，晕夫夫！呼——总算说好了。”

“没说好，没说好。”

我们放声大笑。

“啊～真是的，我眼泪都笑出来了。”尤里拿出一面小镜子。

“啊，你带着镜子呢？”

“当然了。”

她突然不吱声了，一脸郑重地看着镜子。

“……尤里？”

“女孩子照镜子的时候别来打扰！”

“好好，那好吧。”

她变换着各种角度，检查着自己的脸跟发型。没想到，尤里还有这么女生的一面。

“话说……哥哥，要想当世界上最美的人其实很简单啊。只要世界上只剩下自己一个人，那自己肯定就是最美的人了。啊…… 不行。如果世界上只剩下自己，就没人欣赏了，这不就没意义了么。”

尤里拿着镜子站起身，像在表演一样一边拿捏着腔调唱了起来，一边还转起了圈。

“镜子呀镜子，在这世上谁最美？”

这时，我妈拿着茶壶进来了。

“哎呀尤里，你在扮演灰姑娘？”

“我想你肯定是搞错了。
我敢肯定，你去的一定是另一间208号房。
确实也只能这么认为。”那个女人说。
——村上春树《奇鸟行状录》(又名《发条鸟编年史》)

第2章
皮亚诺算术

被丢掉的小小豆子，
在一夜之间成长到了惊人的高度。
豆茎缠绕交织，像梯子般探向天空，
被云遮住了，望不到尽头。
——《杰克与豆茎》

2.1 泰朵拉

2.1.1 皮亚诺公理

随着一声“学长”，我转过了头。

“呀，泰朵拉。”

这里是我就读的高中。我此时在庭院里的一个小池塘边。这儿各处放置着长椅，午休时也有来吃午饭的学生。不过现在已经放学了。我一个人坐在长椅上，望着池塘。天很冷，但我的头脑却很清醒，感觉很舒畅。

“原来你在这里呀。”泰朵拉说道。

居然能发现我在这里……不愧是绰号“可爱的跟踪狂”的泰朵拉。不过也只有我妈这么叫她。

泰朵拉比我低一级，上高一。她非常适合短发，很是可爱，是一名娇小、好奇心旺盛、活力十足的女生。

我一直在教她数学。放学后在图书室里、天台上、教室里……她总会来找我，问我数学问题，是跟我关系很好的学妹。

我稍微挪了挪身子，泰朵拉坐在了我的旁边。柔和的甜香——女生为什么会这么好闻啊。

"来了新卡片……"泰朵拉说着拿出了一张卡片，"写了好多东西，我完全看不懂。"

皮亚诺公理（文字说明）

PA1 1是自然数。

PA2 对于任意自然数 n，其后继数 n' 都是自然数。

PA3 对于任意自然数 n，$n' \neq 1$ 都成立。

PA4 对于任意自然数 m, n，若 $m' = n'$，则 $m = n$。

PA5 假设对自然数 n 的谓词[1] $\mathrm{P}(n)$ 而言，下面的(a)和(b)都成立。

(a) $\mathrm{P}(1)$。

(b) 对于任意自然数 k，$\mathrm{P}(k)$ 成立，则 $\mathrm{P}(k')$ 成立。

此时，对于任意自然数 n，$\mathrm{P}(n)$ 都成立。

"哈哈，这样啊。"我说。

"啊，背面还有呢。"

我把卡片翻过来一看，后面还写着逻辑公式[2]。

① 在逻辑学里面，通常将命题里表示思维对象的词称为主词，表示对象性质的词称为谓词。例如，若 $\mathrm{P}(x) = x$ 为奇数，则 $x = 5$ 时以上命题成立，$x = 2$ 时以上命题不成立。像这样往变量 x 里代入一个值时，判断真伪的条件就叫作谓词。——译者注

② 又叫作"合式公式"（well-formed formula）。——编者注

皮亚诺公理(逻辑公式)

PA1 $1 \in \mathbb{N}$

PA2 $\forall n \in \mathbb{N} \left[n' \in \mathbb{N} \right]$

PA3 $\forall n \in \mathbb{N} \left[n' \neq 1 \right]$

PA4 $\forall m \in \mathbb{N} \ \forall n \in \mathbb{N} \left[m' = n' \Rightarrow m = n \right]$

PA5 $\Big(\mathrm{P}(1) \land \forall k \in \mathbb{N} \left[\mathrm{P}(k) \Rightarrow \mathrm{P}(k') \right] \Big) \Rightarrow \forall n \in \mathbb{N} \left[\mathrm{P}(n) \right]$

“这是什么题啊……”泰朵拉说。

“这是村木老师的研究课题吧。”

村木老师是我们学校的数学老师。这位老师人很古怪，喜欢出一些跟课程没有关系的问题。村木老师会把问题写在卡片上，然后发给我们。卡片不定期发放，问题难度也各有不同。不管看什么书，或是问什么人来解题都无所谓，没有提交期限，也不打分。我们自觉解题，把答案以报告的形式提交给老师。解村木老师的题算是一种开动脑筋的娱乐吧。但不仅如此，怎么说呢，对我们来说，这还是一场动真格的比赛。

“研究课题……就是说，我们要根据这张卡片自己出题自己解？”泰朵拉又看了一遍卡片。

“嗯，这是**皮亚诺公理**，非常著名。这就是说让我们思考这里的PA1~PA5。”

“了解……可是学长，我从老师那里拿到卡片以后，就一直在努力研究。可是完全——完完全全不懂这是什么意思。我只看懂了一个，后继数 n 是……”

“呀，泰朵拉，你留心点看，后继数不是 n，而是 n'。”

“啊，是呢……这么说，难道这里的 n' 指的不是 $n+1$？可是，后继数的意思是‘下一个数’，对吧？”

n' 是 $n+1$ 吗?

“这个嘛，从结果来看是这样。”

“那么，为什么要写成 n' 呢? 写成 $n+1$ 不就好了吗? 感觉这里是故意写得让人难懂似的…… 而且，我不明白，这个皮亚诺公理究竟在说什么啊? 尤其是‘逻辑公式’……”

“别急别急，不要看这又看那的，先从 PA1 开始，按顺序往下看。”

“啊 —— 好吧，学长你说的也对。”

“我在书上看到过皮亚诺公理，所以知道得多一些。泰朵拉，你是第一次接触皮亚诺公理，所以‘完完全全不懂’也是理所当然的。我们来一起看吧?”

“好!”

泰朵拉大大的眼睛里焕发着光芒。她也喜欢跟我一起研究数学呀。

“首先吧，皮亚诺公理要表达的是……”

“皮亚诺是人名吧? 皮亚诺先生?”

“嗯，皮亚诺是数学家 —— 用皮亚诺公理可以定义自然数。”

用皮亚诺公理可以定义自然数。

“定义 —— 自然数?! 这…… 这这…… 居然还能……”

“嗯，还能这样。”

“啊，不…… 不是说能不能…… 而是，有定义自然数的必要吗? 因为自然数…… 就是自然数呀。不用定义也不用干什么，我们就已经知道自然数是 $1,2,3,\cdots$ 啦。”

泰朵拉口中说着“$1,2,3,\cdots$”，并夸张地掰着手指示意。

“数学家皮亚诺呀，总结了自然数本质上的性质，提出了皮亚诺公理。**公理**指的就是不用证明也能成立的命题。**命题**则是能判断真假的数学性观点。我们要用这张卡片上的 PA1~PA5 这几个公理，定义由所有自然数构成的集合 ℕ。暂且忘掉我们以前学过的自然数吧。下面，假设集合 ℕ 满足皮亚诺公理。此时，集合 ℕ 中都包含怎样的元素呢？我们就从这一点出发，来研究一下皮亚诺公理吧。”

“好！…… 阿嚏！”

泰朵拉打了个可爱的喷嚏。

“这里冷，我们去‘加库拉’吧。”

2.1.2 无数个愿望

我跟泰朵拉并排走在校园内的林荫道上，前往“加库拉”。泰朵拉紧跟着我的步伐，不时小跑几步。

“学长，童话里总提到‘三个愿望’呢。”

“被关在瓶子里的精灵帮人实现愿望……”

“就是这个。听了这个故事以后，我就一直在想：等许完两个愿望以后，第三个愿望要是许‘再实现我三个愿望’就好了。”

“一直循环的话，不管多少愿望都能实现吧。”

“没错。嘿嘿……”

“‘再实现我三个愿望’是‘元愿望’吧。”

“元愿望？”

“关于愿望的愿望。这种愿望就叫元愿望。”

“啊，你说 Meta① 呀。关于愿望的愿望——”

“稍等。”我停下了脚步，“这样的话，一开始就许‘请实现我无数个愿望’不就好了？元愿望有这一个就够了。”

“可是这样一来，就把无数个要求用一句话说完了呀，这会不会显得

---

① 这里的 Meta 和元愿望的说法都源自元数学。元数学是一种用来研究数学和数学哲学的数学，即“数学的数学”。——译者注

太厚脸皮了啊……”泰朵拉握紧拳头强调道。

“话说，泰朵拉你的‘愿望’是什么？”

“能永远跟学长……啊呀呀！这……这是秘密！”

2.1.3 皮亚诺公理PA1

“加库拉”是一个活动中心，总有很多学生聚集于此。我们从自动贩卖机里买了咖啡，坐在了休息室的四人桌前。今天难得没什么人。我翻开笔记本，泰朵拉在我左边坐下。

皮亚诺公理 PA1

1是自然数。

$$1 \in \mathbb{N}$$

“你明白公理PA1里的 $1 \in \mathbb{N}$ 这个式子是什么意思吗？”

“嗯，应该是……元素和集合的关系吧。$1 \in \mathbb{N}$ 这个式子表示的是，1是 $\mathbb{N}$ 这个集合的元素。”

“对对，就是你说的这个意思。”

“嗯。”

我往笔记本上写着笔记。

$1 \in \mathbb{N}$ 1是集合 $\mathbb{N}$ 的元素。

“也可以用‘属于’这种说法。”

$1 \in \mathbb{N}$ 1属于集合 $\mathbb{N}$。

“属于……对对，‘1 belongs to $\mathbb{N}$’，对吧？”

泰朵拉的英语发音真优美。

“嗯。如果用图把 $1 \in \mathbb{N}$ 画出来，大概就是下面这样。”

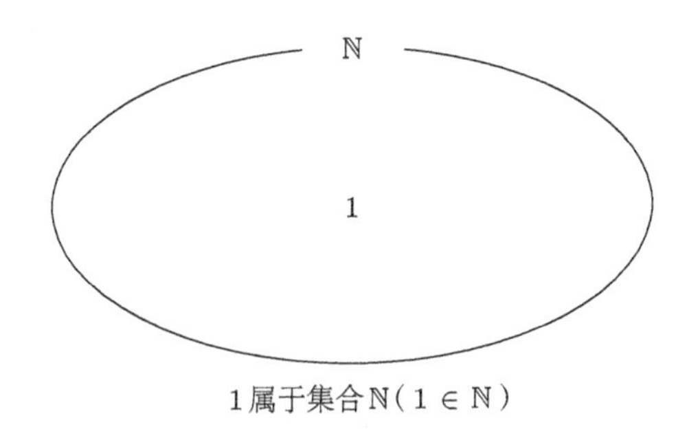

1属于集合ℕ（$1 \in \mathbb{N}$）

“了解。”

“那么，我们继续看公理 PA2。”

2.1.4 皮亚诺公理 PA2

皮亚诺公理 PA2

对于任意自然数 n，其后继数 n' 都是自然数。

$$\forall n \in \mathbb{N} \left[n' \in \mathbb{N} \right]$$

“这里虽然写作后继数 n'，事实上就是 $n+1$ 吧。”

“就结果来看是这样，不过公理 PA2 还没到那里。”

这好难解释啊……

“‘没到那里’？什么意思？”

只要我没能说清楚，泰朵拉就会马上提问。直到真正理解，她才会停止思考。她本人曾说“不管干什么我都比别人慢，我讨厌这样”，不过这种踏踏实实思考的态度非常好。

“我们来细看一下公理 PA2。这里写着‘对于任意自然数 n，其后继数 n' 都是自然数。’这里写的是 n'，并不是 $n+1$，对吧？话说回来，在我们接下来要定义的自然数中，‘加’这个概念还没有被定义出来呢。”

“啊？”

“就结果而言，n' 相当于 $n+1$，不过这是后话了。所以，我们不能先入为主地认为 n' 就是 $n+1$，并带着这个观念往下思考。”

“嗯，我差不多明白了。因为还没定义 $n+1$，所以不能那么认为……对吗？”

“对对，就是如此。话说，你觉得公理 PA2 到底在说什么？也就是说，由所有自然数构成的集合 $\mathbb{N}$ 里都包含什么样的元素？”

“嗯……因为对于任意自然数 n，n' 都是自然数，所以，对于自然数 1，2 也是自然数，对吧。”

“泰朵拉，我们还不知道 2 这个数呢。”

“啥？因为 1 是自然数，所以 1 加上 1 得出的 2 也是自然数吧……”

“不对不对，还不能‘加’1。我们还没定义‘加’呢。”

“啊！对了。我怎么一下子给忘了呢……”

“公理 PA1 保证了‘1 是自然数’，然后，再结合公理 PA2，我们就可以说‘$1'$ 是自然数’，明白没？这里的关键就在于，不要写 2，而要写成下面这样。”

$$1' \text{（1撇）}$$

“哈哈，就是 Literally 跟着公理 PA2 呀。”

“Literally？”

“就是从字面上跟着公理 PA2[①]。”她换了个说法。

---

① 即严格按照公理PA2中的用语去描述。——译者注

"…… 嗯，没错。这样就能说 $1' \in \mathbb{N}$ 了。这是因为，首先由公理 PA1 可知，1 是自然数，即 $1 \in \mathbb{N}$。然后由公理 PA2 可知，对于所有自然数 n，n' 都是自然数，即 $n' \in \mathbb{N}$。因此，如果把 1 套进 n 里，我们就可以说 $1'$ 是自然数，即 $1' \in \mathbb{N}$ 了。虽然很绕，不过一步步使用公理来表示 $1' \in \mathbb{N}$ 很重要哦。"

"啊，我感觉抓到点儿要领了。这就是所谓的'装作不知道的游戏'吧。只能用卡片上的公理，就算知道了结论，也要故意装作不知道的游戏。"

"说得好！就是这样。可以用'卡片上的公理'，也可以用'经过逻辑推理由公理推出的结论'。但是，除此之外都不准用。除了已定义的内容以外，一概装作不知道。确实是'装作不知道的游戏'。"

"嗯。用 PA1 和 PA2 的话，就知道 1 和 $1'$ 包括在我们定义的自然数的集合里了。我来画张图！"

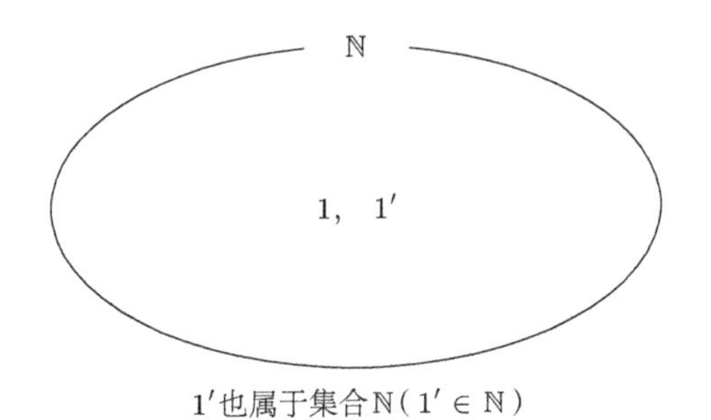

$1'$ 也属于集合 $\mathbb{N}$（$1' \in \mathbb{N}$）

"不错。"

"学长，话说回来，逻辑公式里出现的 $\forall n \in \mathbb{N}$ ……"

"嗯，这个是全称量化符号'$\forall$'（读作'任意'），意思就是'对于所有的○○'。卡片上是按下面这种格式写的。

$$\forall n \in \mathbb{N} \left[(\text{关于 } n \text{ 的命题}) \right]$$

这里的意思是，对于集合 $\mathbb{N}$ 的所有元素 n，'关于 n 的命题'都成立。有有时也用推出符号‘⇒’[1] 来这么写：

$$\forall n\left[n\in\mathbb{N}\Rightarrow(\text{关于}\,n\,\text{的命题})\right]$$

有时候条件中也会提前说明$n\in\mathbb{N}$，并在逻辑公式中省略$\in\mathbb{N}$。

$$\forall n\left[(\text{关于}\,n\,\text{的命题})\right]$$

这几种写法都是一个意思。看了很多数学书以后，你就会发现写法可以多种多样。”

“这样啊……那么，我们接着看公理 PA3 吧！”泰朵拉右手握拳，高高扬起手臂。

“不不，公理 PA2 还有可说的地方呢，泰朵拉。”

“啥？”

2.1.5　养大

“我们已知$1'$属于集合$\mathbb{N}$。也就是说，$1'$是自然数。那么，对$1'$使用公理 PA2 会如何呢？”

公理 PA2：对于任意自然数n，其后继数n'都是自然数。

“难不成……会出现后继数的后继数？”

“没错。在我们已知的自然数$1'$上再加上一个‘$'$’，得到的$1''$也是自然数。”

$$1''\in\mathbb{N}$$

“这样的话，嗯……也就是加多少个‘$'$’都行？”

① “⇒”为推出符号。例如，“A推出B”可表示为A⇒B。——译者注

“就是这样！”

$$1 \in \mathbb{N}, \quad 1' \in \mathbb{N}, \quad 1'' \in \mathbb{N}, \quad 1''' \in \mathbb{N}, \quad 1'''' \in \mathbb{N}, \quad \cdots$$

“呼……也是呢。因为 $1, 2, 3, 4, 5, \cdots$ 这样的自然数有好多，所以也得有 $1, 1', 1'', 1''', 1'''', \cdots$ 才行啊。”

“PA1 和 PA2 这两个公理，养大了我们的自然数。”

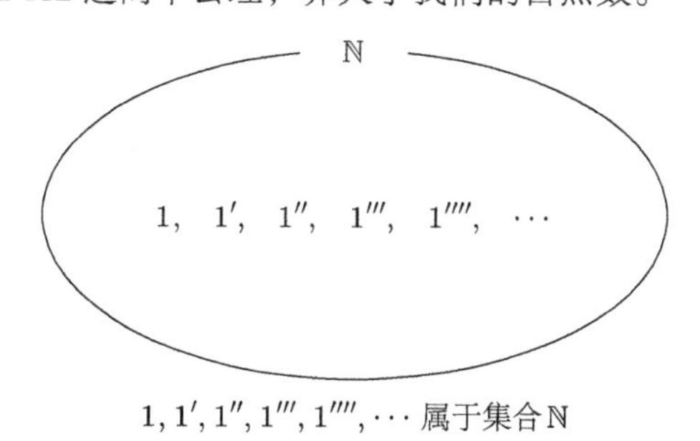

$1, 1', 1'', 1''', 1'''', \cdots$ 属于集合 $\mathbb{N}$

“这样啊……”

“然后把集合 $\mathbb{N}$ 写成下面这样。”

$$\mathbb{N} = \{1, 1', 1'', 1''', 1'''', \cdots\}$$

“这样就定义了自然数，对吧？”

“不，还没有呢。我们目前只用到了 PA1 和 PA2 这两个公理。”

“啊，对呀。但是抓到要领了，就不好玩儿啦。”

- 可以使用公理。
- 也可以使用“经过逻辑推理由公理推出的结论”。
- 可以重复使用公理。
- 我们就是这样定义集合 $\mathbb{N}$ 的。

“嗯，总结得很好。我们希望这个 $\mathbb{N}$ 能够成为所有自然数的集合。

那么，根据公理 PA1 和 PA2，我们已知集合 $\mathbb{N}$ 的格式是 $\{1, 1', 1'', 1''', 1'''', \cdots\}$。"

"嗯。这个集合也就是 $\{1, 2, 3, 4, 5, \cdots\}$。但是，我们现在要'装作不知道'。"

"对对，就是这么回事。这是'装作不知道的游戏'。"

"光靠两个公理就能生成无数个自然数，真厉害呀。简直就像让两面镜子面对面……'两面相对的镜子的谈话'呀。"

"不，光用 PA1 和 PA2，我们还不能说已经生成了无数个自然数。"

"诶？"

泰朵拉瞪大了双眼看着我。

2.1.6 皮亚诺公理 PA3

"不能说有无数个自然数吗？可是，不是说加多少个'$'$'都行的吗？没有尽头吧？"

"对。但是还不能说'已经生成了无数个自然数'。"

"……为什么？"

"你觉得呢？"

"可……可是，不都生成 $\{1, 1', 1'', 1''', 1'''', \cdots\}$ 了吗？"

"嗯。"

"那么……就有很多——"

"可是啊，没人能保证 1、$1'$ 和 $1''$ 各不相同。"

"这个……可是，$1'$ 跟 1 是不一样的吧。"

"公理 PA1 和 PA2 里都没提到 $1' \neq 1$。"

"咦？还要深究到这个份儿上吗……"

"没错。因此才有了皮亚诺公理 PA3。"

"哇啊……皮亚诺可真厉害。"

皮亚诺公理 PA3

对于任意自然数 n，$n' \neq 1$ 都成立。

$$\forall n \in \mathbb{N} \left[n' \neq 1 \right]$$

“我们可以根据公理 PA3，说 $1' \neq 1$ 吗？”

“当然。因为‘对于任意自然数 n，$n' \neq 1$ 都成立’，所以拿 1 套在 $n' \neq 1$ 中的 n 里，$1' \neq 1$ 就成立了。”

“哦哦，因为 1 是自然数…… 这样啊，原来如此。学长，刚刚我才发觉，‘对于任意自然数 n’ 这个说法超厉害的！不用管 n 是什么，只要留意一点就好，也就是只要留意 n 是不是自然数就好。我吧，对条件和逻辑这方面很不擅长…… 可能不太能理解这种‘不由分说’的地方。”

“嗯，你这方面跟尤里确实大不一样。尤里她好像就喜欢这种一锤定音的逻辑，这种‘不由分说’的感觉。不过，我也很明白你说的感觉。瞻前顾后这点跟我有点像啊。”

“诶？是是是…… 是么？”泰朵拉红了脸，“不好意思，我老说奇怪的话。”

“没有，没事的。你随便说，我也能从中学习嘛。”

我话音刚落，泰朵拉嘴角就漾开了微笑。

2.1.7 小的？

我一口喝下了冷掉的咖啡。这时，泰朵拉举起了手。

“公理 PA3…… 我不太明白。”

即使对方就在眼前，她也总会在提问的时候举起手。

“哪里呢？”

“公理 PA3 是不是在说‘1 是最小的’呢？”

公理 PA3：对于任意自然数 n，$n' \neq 1$都成立。

“嗯…… 可以说是，也可以说不是。”

“什么意思？”

“公理 PA3 主张 1 有着特别的作用。不过啊，还不能说 1 是‘最小的’。你觉得这是为什么呢？”

泰朵拉面露难色，开始思考。今天的加库拉意外地安静。平时的话，因为有学生们的谈话声或者管乐社团的练习声，这儿很是热闹。

她就像是一只毛茸茸的小松鼠。泰朵拉松鼠…… 我突然想到俄罗斯方块那样的游戏，从上面掉下来的不是方块，而是一个个小小的泰朵拉……这么想着，我差点“噗”地笑出来。

“为什么还不能说‘1 是最小的’呢？”她问道。

“嗯…… 因为我们现在要定义自然数的集合，而数学领域中平时我们认为理所当然的东西都还没有定义呢。”

“…… 不行，我不明白。”她有点懊恼。

“我们还没有定义‘小’这个概念呢。‘大’跟‘小’都还没有定义出来，所以我们还不能说‘1 是最小的’。”

“喔…… 就是说，连这么基本的东西都还没定义呢？”

“嗯。那么，我们回归正题。还剩下两条皮亚诺公理。”

“没错。”

2.1.8 皮亚诺公理 PA4

“皮亚诺公理 PA4……”

“嗯，是这条。”泰朵拉指向卡片。

皮亚诺公理 PA4

对于任意自然数 m, n，若 $m' = n'$，则 $m = n$。

$$\forall m \in \mathbb{N} \ \ \forall n \in \mathbb{N} \left[m' = n' \Rightarrow m = n \right]$$

“你应该会看了吧，这条。”

“或许吧…… 那个，字面意思和逻辑公式的意思我差不多懂了，‘$\Rightarrow$’是‘推出’的意思，对吧？”

“嗯。”

“‘若 $m' = n'$，则 $m = n$’的意思我明白。就是说‘若 m' 和 n' 相等，则 m 和 n 相等’。不过我不明白，这到底跟定义自然数有什么关系呢？”

“原来你是这里不明白。”

“而且…… 感觉‘若 $m' = n'$，则 $m = n$’像是理所当然的。因为 $m' = n'$ 就相当于 $m + 1 = n + 1$，所以 $m = n$ 就是理所当然了吧……”

“喂喂，你又用错公理了。思路反了。你思考了后继数的‘含义’，于是就注意到了 m' 意味着 $m + 1$，这样自然就会觉得‘若 $m' = n'$，则 $m = n$’是理所当然的了。你可没有完全遵守你自己说的‘装作不知道的游戏’的规则。”

“啊…… 我又搞错了吗？”

“是的。公理 PA4 主张的是，定义后继数时需注意后继数应满足‘若 $m' = n'$，则 $m = n$’。换句话说，这条公理是让我们定义一个求后继数的运算‘$'$’，而这个运算要能满足‘若 $m' = n'$，则 $m = n$’这个性质。”

“运算…… 原来如此，‘$'$’是运算呀。可…… 可是，这样一来，会怎么样呢？唔唔…… 脑袋好疼。明明是数学，却又不像是数学。跟平常不一样，脑袋转来转去都晕了……”

泰朵拉说着抱住了头。

“嗯。假设运算‘$'$’满足‘若 $m'=n'$，则 $m=n$’这个性质，那么……就能避开 Loop[①] 了。”

“Loop…… 是‘轮子’那个词的英语吗？”

“嗯。这里的 Loop 是我在心里画的概念图…… 我们已知 $\mathbb{N}$ 是 $\{1,1',1'',1''',1'''',\cdots\}$。在这里，我们用上运算‘$'$’，试想一下‘$'$’在这个元素上来回走。那么，我们就能看到下面这种链条关系。”

$$1 \longrightarrow 1' \longrightarrow 1'' \longrightarrow 1''' \longrightarrow 1'''' \longrightarrow \cdots$$

“哈哈，从 1 开始依次是后继数、后继数…… 一个个往下延伸呀。”

“对对。然后呢，这个虽然看起来像一条直路，但是比如，我们在中途让 $1'$ 等于 $1'''''$。”

“啊…… 确实可以。”

“比如，$1'$ 等于 $1'''''$，那么这个链条就不是一条直线了，而会构成一个周而复始的循环。”

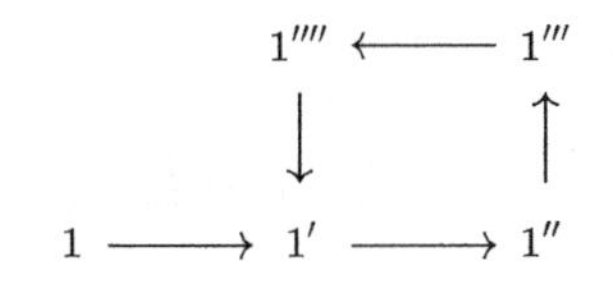

比如，$1'$ 等于 $1'''''$，那么就会构成一个循环

“为什么…… 啊，是这样没错。后继数一旦走到 $1'''''$ 之后，就会回到 $1'$。”

“这跟我们想生成的自然数的结构不一样。我们希望自然数不要构成循环，而要呈一条直线前进，对吧？”

“等一下！”

---

① 此处指“循环”。——译者注

泰朵拉一把抓住了我的胳膊，满脸认真。

“请等一下。我快明白了…… 我感觉自己已经‘抓到’了学长你说的那句‘思路反了’的意思。公理展现的是‘n'’应该具有的性质’，是吧？”

泰朵拉忘我地摇着我的胳膊，继续说道：

“没错。正因为皮亚诺想说‘1 是自然数’，所以才准备了公理 PA1，即 $1 \in \mathbb{N}$。正因为他想说‘任意自然数都有后继数’，所以才准备了公理 PA2，也就是 $n' \in \mathbb{N}$。然后，因为没有比 1 小的自然数…… 啊，不能说‘小’。嗯…… 正因为他想说‘没有后继数为 1 的自然数’，所以才准备了公理 PA3，即 $n' \neq 1$。然后…… 正因为他想说‘后继数一个个地一直延伸下去’，才准备了公理 PA4，对吧？！”

“泰朵拉…… 你刚刚收到了皮亚诺发出的信息哦！你明白了他想传达给你的自然数是什么样子！”

她放开方才还紧握着的我的胳膊，脸上泛起一阵红晕，站了起来。

“皮亚诺先生发出的信息…… 原来就是这样的啊。啊！”

泰朵拉叫了一声。

我随着她的视线看去 ——

米尔嘉微笑着站在那里。

2.2 米尔嘉

米尔嘉 —— 我的同班同学，擅长数学。不，不能说是擅长，应该说是在数学方面没有人能比得上她。她戴着金属边框的眼镜，一头乌黑的长发，是一名健谈的才女。不过，我不太明白，除了数学她都在想些什么…… 从我第一次遇到她那会儿开始，就是如此。我很难明白她的真实想法。

“原来你们在这儿啊。泰朵拉，你拿卡片来了么？”

米尔嘉慢慢地走向我们这边。

她向泰朵拉伸出手。

一举一动都优雅动人。

“嗯……”

泰朵拉把卡片交给米尔嘉，“咚”地坐在了椅子上。

“皮亚诺算术。”米尔嘉站着翻看卡片正反面后说道。

“这个叫皮亚诺算术吗？”泰朵拉问道。

米尔嘉用中指向上推了一下眼镜。

“PA1 ~ PA5 是 Peano Axioms，也就是皮亚诺公理。研究满足皮亚诺公理的集合 $\mathbb{N}$，再定义谓词 $\mathrm{P}(n)$，以及加法运算和乘法运算，就能研究 Peano Arithmetic，也就是皮亚诺算术。话说，你讲解完了没？”

我迅速把讲给泰朵拉的内容告诉了米尔嘉。

她绕到我座位后面，隔着我肩膀看着笔记。

发丝轻拂我的脸颊。

柑橘般的甜香包围着我。

我感到米尔嘉的手正搭在我肩上。

（好温暖）

“喔……嗯，是这样。虽然没什么错，不过循环么……”

她挺直身子，闭上眼睛。刹那间，周围的气氛紧张了起来。米尔嘉一闭眼，所有人都不由自主地沉默了。

“循环这个说法不贴切。”米尔嘉睁开眼睛说道。

“是吗……”我有点焦躁，“如果没有 PA4，也就是说，没有 $m' = n' \Rightarrow m = n$ 这条公理，就算沿着后继数‘$'$’形成的路径构成了循环，也不能抱怨什么吧。”

“先不说那个。我想说的是，PA4 防的是会合，而不是循环。虽说防止了会合也就防止了循环。”

“…… 会合？”

“我画张图解释一下吧。”

米尔嘉冲泰朵拉摆了摆手。

这手势是叫泰朵拉从我旁边让开？

一瞬间，现场气氛变得很僵。

泰朵拉犹豫了一下，站起身移到了她对面的座位。

米尔嘉坐在了泰朵拉的旁边。

…… 诶？她是想坐在那儿来着？

然后她继续往下讲。这、这个……

“举个例子，如果只有 PA1、PA2、PA3，自然数还可以形成下面这种结构。这更应该说是会合，而不是循环。”

米尔嘉拿过我的自动铅笔，画了一张图。

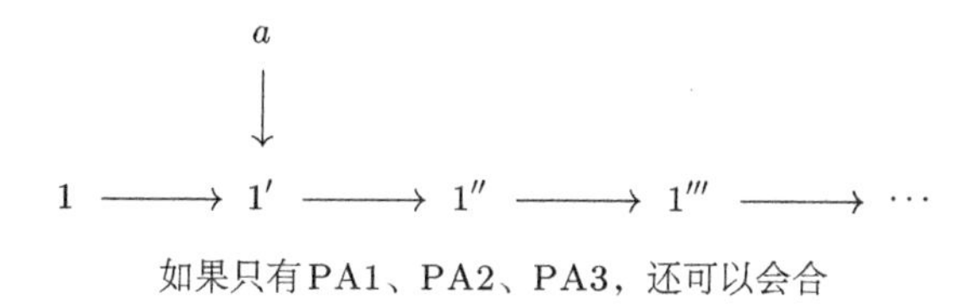

如果只有PA1、PA2、PA3，还可以会合

“太奇怪了。a 这个元素是哪儿来的？从 1 可到不了 a 吧？”我反驳道。

“好好读读公理，你就明白了。PA1、PA2、PA3，不管是哪一条，都没写着‘所有元素都是沿着 1 过来的’。并且，光凭这三个公理，我们也推导不出以上结论。因此，可以存在不能沿着 1 过来的元素，比如这里写着的 a。这就是说，如果只有 PA1、PA2、PA3，也能建立上面这种模型。就像你说的那样，PA4 防止了循环。不过，它也防止了 a 来会合。”

“米尔嘉学姐……”泰朵拉出声说道，“听你说完我想到，如果 PA4 禁止会合，那么是不是就不需要 PA3 里的 $n' \neq 1$ 了呢？”

“需要。”米尔嘉马上答道，“如果没有 PA3，而只有 PA1、PA2、

PA4，那么自然数还可以是这种结构。”

米尔嘉又画了一张图。

$$\cdots \longrightarrow a \longrightarrow 1 \longrightarrow 1' \longrightarrow 1'' \longrightarrow 1''' \longrightarrow \cdots$$

如果只有PA1、PA2、PA4，还可以是这种结构

“确实没有会合，然而，这并不是我们期待的自然数的结构…… 对吧？”米尔嘉上扬了尾音，问道。

“嗯。”我点头，“如果只有 PA1、PA2、PA4，集合可能就会从无限远的地方跑过来，再跑到无限远的地方去吧。”

“看来皮亚诺先生是经过深思熟虑以后，才得出这个公理的呀……”

“来研究最后一条公理 PA5。”米尔嘉说道。

2.2.1 皮亚诺公理PA5

来研究最后一条公理 PA5。

皮亚诺公理PA5

假设对自然数 n 的谓词 $\mathrm{P}(n)$ 而言，下面的(a)和(b)都成立。

(a) $\mathrm{P}(1)$。

(b) 对于任意自然数 k，$\mathrm{P}(k)$ 成立，则 $\mathrm{P}(k')$ 成立。

此时，对于任意自然数 n，$\mathrm{P}(n)$ 都成立。

$$\Big(\underbrace{\mathrm{P}(1)}_{(a)} \overset{\text{且}}{\land} \underbrace{\forall k \in \mathbb{N}\ \big[\mathrm{P}(k) \overset{\text{推出}}{\Rightarrow} \mathrm{P}(k')\big]}_{(b)}\Big) \Rightarrow \forall n \in \mathbb{N}\ \big[\mathrm{P}(n)\big]$$

公理 PA5 里新出现了一个概念，即自然数 n 的**谓词**。这个自然数 n 的谓词就是，在给出自然数 n 的具体值时，让 $\mathrm{P}(n)$ 成为命题的条件，

这里把它叫作 P(n)。其实我们管它叫什么都无所谓。公理 PA5 叙述了如何证明“对于任意自然数 n，P(n) 都成立”。—— 没错，这就是**数学归纳法**[①]。自然数的定义中出现了数学归纳法，耐人寻味。因为这暗示着数学归纳法跟自然数的本质有关。

如果自然数是有限的，例如只有 $1, 2, 3$ 这三个自然数。这样一来，只要证明 P(1), P(2), P(3) 这三个命题都成立，就能证明对于所有自然数 n，P(n) 都成立。

然而，自然数有无数个。我们不可能去实际调查无数个自然数。想就所有自然数提出某些主张，就必须用到数学归纳法。PA5 是一种机制，用于就所有自然数来提出某些主张。也正因如此，皮亚诺公理里才会有 PA5。

◎ ◎ ◎

“那个…… 米尔嘉学姐？”泰朵拉怯怯地开了口，“那个‘数学归纳法’，我其实还不太明白。虽说在课上也学习过……”

“那么，我就简单说说吧。数学归纳法分为两个步骤。”

米尔嘉开始讲解，看上去很开心。

2.2.2 数学归纳法

数学归纳法分为两个步骤。

步骤 (a)：证明命题 P(1) 成立。这就是所谓的出发点。

步骤 (b)：证明对于任意自然数 k，“P(k) 成立，则 P($k+1$) 也成立”。

如果能证明步骤 (a) 和步骤 (b)，那么就能证明对于所有自然数 n，P(n) 都成立。

---

① 这是一种数学证明方法，通常用于证明某个给定命题在整个(或者局部)自然数范围内成立。——译者注

这就是通过数学归纳法来进行的证明。

◎ ◎ ◎

“这就是通过数学归纳法来进行的证明。”米尔嘉说道。

“了解……”泰朵拉点头。

“那么我出一个简单的问题，你们马上就能解出来的那种。”米尔嘉继续说道，“没有加法运算‘+’就没法往下讲了，所以我在这里假设，我们已经通过皮亚诺公理定义了自然数，而且自然数跟加减乘除这些运算都已经定义完了。”

问题 2-1（奇数的和与平方数）

证明对于任意自然数 n，以下等式成立。

$$1+3+5+\cdots+(2n-1)=n^2$$

“啊，好……我来证明。根据数学归纳法……”

“不对。”米尔嘉大力敲了一下桌子，“首先来编个例子，平常都是这样的，蠢货才会忘记示例。”

“啊……我想起来了，‘示例是理解的试金石’对吧？”泰朵拉说着偷瞄了我一眼，“先写一个具体例子。”

$$1=1=1^2 \qquad \text{当} n=1 \text{时}$$
$$1+3=4=2^2 \qquad \text{当} n=2 \text{时}$$
$$1+3+5=9=3^2 \qquad \text{当} n=3 \text{时}$$

“那么，当 n 分别等于 $1,2,3$ 时，这个等式的确成立……那个……话说我写完具体例子才注意到，$1+3+5+\cdots+(2n-1)$ 这个式子，

是由 n 个奇数相加而成的。”

“没错。你注意到的这点很重要。”米尔嘉竖起食指，“人的心会把具体的例子压缩。下意识地找寻规律，发现较短的表示方法，这就是人心。比如‘由 n 个奇数相加而成’。有很多方法能用来证明问题 2-1，不过这里，你就试着用数学归纳法来想想吧，泰朵拉。”

“好，嗯……”

◎ ◎ ◎

嗯……将与自然数 n 有关的谓词 P(n) 定义如下。

谓词 P(n)：$1+3+5+\cdots+(2n-1)=n^2$

然后，按顺序证明步骤 (a) 和步骤 (b)。

步骤 (a) 的证明：首先，证明 P(1) 成立。因为 P(1) 即如下命题，所以 P(1) 成立。

命题 P(1)：$1=1^2$

这样一来，步骤 (a) 就证明完毕了。

步骤 (b) 的证明：接下来，证明对于自然数 k，P(k) 成立，则 P($k+1$) 成立。假设对于自然数 k，P(k) 成立。那么，这就相当于以下等式成立。

假设命题 P(k)：$1+3+5+\cdots+(2k-1)=k^2$

接下来，我们的目标是证明 P($k+1$) 成立。P($k+1$) 就是下面这种形式的等式。

目标命题 P($k+1$)：$1+3+5+\cdots+(2\underline{(k+1)}-1)=\underline{(k+1)}^2$

这里只是把有 k 的地方全换成 $(k+1)$。证明上面这个等式成立就是我们的目标。那么，我们先由等式 $\mathrm{P}(k)$ 变换出等式 $\mathrm{P}(k+1)$。等式 $\mathrm{P}(k)$…… 也就是下面这个等式。

$$1+3+5+\cdots+(2k-1)=k^2$$

我们思考一下把该等式的左边变成等式 $\mathrm{P}(k+1)$ 左边的情况。

为此，我们在该等式的两边加上 $(2(k+1)-1)$。

$$1+3+5+\cdots+(2k-1)+\underline{(2(k+1)-1)}=k^2+\underline{(2(k+1)-1)}$$

去掉括号。

$$=k^2+\underline{2(k+1)-1}$$

继续去括号。

$$=k^2+\underline{2k+2}-1$$

计算常数部分。

$$=k^2+2k+\underline{1}$$

因式分解。

$$=\underline{(k+1)^2}$$

好了。下面，我们把得到的等式重新写一遍。

$$1+3+5+\cdots+(2k-1)+(2(k+1)-1)=(k+1)^2$$

这跟 $\mathrm{P}(k+1)$ 的形式一致。也就是说，由假设命题 $\mathrm{P}(k)$，可以推导出目标命题 $\mathrm{P}(k+1)$。这样，我们就证明了步骤 (b) 成立。

然后，由于步骤 (a) 和步骤 (b) 都成立，所以根据数学归纳法，可证明对于任意自然数 n，$\mathrm{P}(n)$ 都成立。也就是说，以下等式对于任意自然数 n 都成立。

$$1+3+5+\cdots+(2n-1)=n^2$$

这就是我想说明的。——Q.E.D.[①]。

◎ ◎ ◎

“Q.E.D.。”泰朵拉说。

Q.E.D.—— 证明结束的标志。

“完美。”米尔嘉说。

看到泰朵拉精确地变形了等式，我也非常吃惊。

“泰朵拉，你不是说不太明白吗？为什么……”

“嗯…… 我会把等式套到数学归纳法的模式里。课上我们也有练习过。不过，我真的不太明白。那个，我对步骤 (b) 一头雾水。刚刚在证明步骤 (b) 的时候，我是这么说的：‘假设对于自然数 k，$\mathrm{P}(k)$ 成立’。可是…… 可是真的好奇怪啊！因为我一开始想证明的是‘对于任意自然数 n，$\mathrm{P}(n)$ 都成立’。然而在这里，我却感觉简直就是假设了想证明的条件。先假设想证明的条件，再往下证明，感觉好奇怪啊。虽然我会按照数学归纳法的模式来写出证明过程，可是却不明白为什么这样就算是证明出来了。”

泰朵拉把话一口气说完后，看了看坐在身旁的米尔嘉。

米尔嘉看着我，眼神里好像在说“来，该你了”。

---

① 意思是证明完毕或证讫。Q.E.D. 是拉丁片语 Quod Erat Demonstrandum（意思是“这就是所要证明的”）的缩写。这句拉丁片语译自希腊语，包括欧几里得和阿基米德在内的很多早期数学家都用过。——译者注。

“这个问题问得非常好，泰朵拉。”我说道。

◎　◎　◎

这个问题问得非常好，泰朵拉。

我举个简单的例子来解释一下。

数学归纳法可以比作多米诺骨牌。

我们想证明的是“一大串排放整齐的多米诺骨牌会全部倒下”。

步骤 (a) 相当于“最开始的那张多米诺骨牌会倒下”。

步骤 (b) 相当于“如果第 k 张多米诺骨牌倒下，那么第 $k+1$ 张多米诺骨牌也会倒下”。换句话说，就是“如果一张多米诺骨牌倒下，那么下一张多米诺骨牌也会倒下”，好好想想看。

- 如果一张多米诺骨牌倒下，那么下一张多米诺骨牌也会倒下。
- 事实上，多米诺骨牌会倒下。

这两个条件完全不同吧？泰朵拉。

◎　◎　◎

“噢噢…… 确实，想象一下眼前摆着多米诺骨牌的话，‘如果一张多米诺骨牌倒下，那么下一张多米诺骨牌也会倒下’跟‘事实上，多米诺骨牌会倒下’完全不同呢……”

“是吧。”我说，“而且，由于断句的问题，人们经常会产生一些误会。例如，数学归纳法的步骤 (b) 是下面哪一个？”

(1) 对于任意自然数 k，“$\mathrm{P}(k)$ 成立，则 $\mathrm{P}(k+1)$ 也成立”。

(2)“对于任意自然数 k，$\mathrm{P}(k)$ 成立”，则 $\mathrm{P}(k+1)$ 也成立。

“……啊！原来如此！数学归纳法里用的是 (1) 吧！我觉得我好像想到 (2) 那边去了。”

“没错。”我点头。

解答 2–1（奇数的和与平方数）

把等式 $1+3+5+\cdots+(2n-1)=n^2$ 成立写作 $\mathrm{P}(n)$，并使用数学归纳法。

(a) 因为 $1=1^2$，所以 $\mathrm{P}(1)$ 成立。

(b) 假设对于自然数 k，$\mathrm{P}(k)$ 成立，则以下等式成立。

$$1+3+5+\cdots+(2k-1)=k^2$$

在等式两边加上 $(2(k+1)-1)$，整理得到以下等式。

$$1+3+5+\cdots+(2k-1)+(2(k+1)-1)=(k+1)^2$$

以上等式成立，即 $\mathrm{P}(k+1)$ 成立。

因为以上 (a) 与 (b) 皆成立，所以根据数学归纳法，对于任意自然数 n，$\mathrm{P}(n)$ 都成立，即以下等式成立。

$$1+3+5+\cdots+(2n-1)=n^2$$

2.3 在无数脚步之中

2.3.1 有限？无限？

天色彻底暗了下来。

我们三人走出加库拉，一起前往车站。我们排成一列，在窄窄的小路上前后走着，最前面的是泰朵拉，然后是我，米尔嘉走在最后面。

我边走边想：

脚步，要一步步向前迈。我们不可能提前知道所有的脚步。

生活，要一天天往下过。我们不可能提前知道所有的生活。

我们不知道接下来会发生什么。

未来总是像一条朦胧、难解的道路。

不过……

不过，我们的回忆或许会留在这脚步之中。

曾在春雨中，与泰朵拉伞下同行……

也曾在茜红色的光线下，与米尔嘉相依前行……

一切回忆，都在这无数的脚步之中。

泰朵拉转过头，对我们说了句话：

"光用五条公理就能定义自然数，真厉害呀……"

"是啊。"我表示同意，"不过，这么一想，PA5 还真是复杂啊。虽说只是一条公理……"

"用有限抓住无限。确实很有魅力。"米尔嘉说道，"不过，就算是无限，也是受某种形式、某种限制、某种写法所制约的。我们不能用既定的形式来记叙尚未定型的无限。"

2.3.2　动态？静态？

"可以说，皮亚诺用叫作后继数的'下一步'，走向了叫作自然数的无限么？"我一面走，一面说着。

"也不能小看这'下一步'呢。"泰朵拉说道，"数学归纳法也是一步步地来证明的……"

“一步步地来证明……这种动态概念对么?”米尔嘉说道，“数学归纳法看上去像是一步步地来证明的。虽然这么想也没什么不好，但是，数学归纳法表示的是‘命题对于所有的自然数都成立’。这是静态概念。这个说法不是针对一个个自然数，而是针对由所有自然数构成的集合。利用逻辑的力量，一口气抓住全部。你用的‘多米诺骨牌的比喻’还不错，不过较为片面。”

“嗯……”我说道。

“我、我也……”泰朵拉开口，“我也这么想过，在学长教我数列的时候。比如，假设存在‘对于所有自然数，$a_n < a_{n+1}$ 都成立’这个说法，如果一个个去看数列，就会感觉‘啊，数列在渐渐变大’。可是光看‘对于所有自然数，$a_n < a_{n+1}$ 都成立’这个说法，就会有米尔嘉学姐说的那种静态的感觉。”

“用皮亚诺公理可以定义自然数集。定义自然数用到的是‘集合跟逻辑’。皮亚诺是想用集合跟逻辑来建立数学的基础。”

“用集合跟逻辑，建立数学的基础……”我重复道。

“啊！黄灯了！”

泰朵拉叫着，跑过了人行横道。这位活力少女刚刚跑过马路，信号灯就变成了红色，我跟米尔嘉在道路的这一侧站住了。

等绿灯。

泰朵拉冲我们这边招着手。

我挥手回应。

“啊，对了。”我对身旁的米尔嘉说道，“刚刚在加库拉……我没想到你会坐到泰朵拉的身边。”

沉默。

过了一会儿，米尔嘉直视着信号灯，突然开了口：

“…… 坐在对面更能看清楚你的样子。”

“诶？”

“绿灯了。”

2.4 尤里

2.4.1 加法运算？

“皮亚诺算术真有意思喵。”尤里说道。

今天还是与以往一样的周末。我和尤里在我的房间。尤里缠着我，让我给她讲皮亚诺算术。

“是吗？哪里有趣了？”

“这个嘛，根据公理能一锤定音。一开始只给出了 1，然后为了生成后继数，准备了运算‘$'$’。只用这点条件，就能一口气生成无数个自然数。而且，还事先准备了公理来防止出现会合。真是无懈可击呀！人家最喜欢这种了。皮亚诺滴水不漏，真行啊！”

“…… 你可真敢说啊，尤里。”

“话说，‘加法’也能定义吗？”

“没错。定义‘加法’没有你想象中难。”

加法运算的公理

ADD1 对于任意自然数 n，$n+1=n'$ 都成立。

ADD2 对于任意自然数 m,n，$m+n'=(m+n)'$ 都成立。

“诶？这样真的能定义加法吗？”尤里问道。

“嗯，可以呀。应该说这样能定义‘$+$’这种运算。”

“那么，我来试试 $1+2=3$！”

“好啊。不过要计算的不是 $1+2$，而是 $1+1'$。”

“…… 诶？啊，是呢。因为我们还不知道 2 呢。”

$$
\begin{aligned}
1+1' &= (1+1)' && \text{假设公理 ADD2 中，} m=1, n=1 \\
&= (1')' && \text{假设公理 ADD1 中，} n=1 \\
&= 1'' && \text{去括号}
\end{aligned}
$$

“因此，等式 $1+1'=1''$ 成立。然后，只要把 $1'$ 跟 $1''$ 分别起名为 2 和 3，就可以证明 $1+2=3$ 了。”

“那么，$2+3=5$ 呢？”

$$
\begin{aligned}
1'+1'' &= (1'+1')' && \text{假设公理 ADD2 中，} m=1', n=1' \\
&= ((1'+1)')' && \text{假设公理 ADD2 中，} m=1', n=1 \\
&= (((1')')')' && \text{假设公理 ADD1 中，} n=1' \\
&= 1'''' && \text{去括号}
\end{aligned}
$$

“因此，等式 $1'+1''=1''''$ 成立。然后，跟刚才同理，只要把 $1', 1'', 1''''$ 分别起名为 $2, 3, 5$，就可以证明 $2+3=5$ 啦。”

2.4.2 公理呢？

“话说回来，泰朵拉真是不可思议。嘴里说着不明白不明白，却‘唰唰地’就弄明白了。哥哥，那个泰朵拉到底是什么人啊？”

“我也经常这么觉得。泰朵拉她呀，之前还总跟我说不太会做数学呢。她很努力，也非常勤奋。尤里你也应该向她学习。”

“…… 唔，哦。”尤里皱起了眉，不过又马上耸耸肩继续说道，“米尔嘉大人也是风采依旧呢喵。米尔嘉大人到底是怎么学习的啊 ……”

尤里很崇拜米尔嘉，管她叫“米尔嘉大人”。

“米尔嘉也肯定是踏踏实实地在学呀。”

“是吗…… 话说数学归纳法也很有意思。关于所有自然数 n 的证明……

$$1+3+5+\cdots+(2n-1)=n^2$$

‘由 n 个奇数相加而得到的结果’ 相当于‘n 的平方’……咦？有点不对劲啊，哥哥。”

尤里慢慢抬起头，表情略显严肃。

“哪里啊？”

“为什么可以用等号？哥哥你刚刚定义了加号‘$+$’，还没有定义等号‘$=$’吧？”

我吓了一跳。

“啊…… 确实如此。”

尤里开始坏笑。

“不光没有定义等号‘$=$’，还没有定义属于号‘$\in$’呢！”

“这个…… 你说得对。”

“对吧！出现的大部分符号都还没定义呢！连全称量化符号‘$\forall$’，推出符号‘$\Rightarrow$’都没有定义。定义是由公理产生的吧？那么……”

尤里注视着我说道：

“哥哥，$=$、$\in$、$\forall$、$\Rightarrow$ 这几个符号的公理在哪儿喵？”

不管要证明整数的何种性质，
都必须在某处用到数学归纳法。
因为，只要追溯至基本概念就会发现，
整数本质上是通过数学归纳法定义的。
——高德纳[①]

① Donald Ervin Knuth，著名计算机科学家，算法与程序设计技术的先驱者、斯坦福大学计算机系荣休教授、计算机排版系统TEX和METAFONT字体系统的发明人，著作有《计算机程序设计艺术》系列等。——编者注

No.

Date . . .

我的笔记(皮亚诺算术)

皮亚诺公理

$$1 \in \mathbb{N}$$

$$\forall n \in \mathbb{N} \left[n' \in \mathbb{N}\right]$$

$$\forall n \in \mathbb{N} \left[n' \neq 1\right]$$

$$\forall m \in \mathbb{N} \ \ \forall n \in \mathbb{N} \left[m' = n' \Rightarrow m = n\right]$$

$$\Big(\mathrm{P}(1) \land \forall k \in \mathbb{N}\big[\mathrm{P}(k) \Rightarrow \mathrm{P}(k')\big]\Big) \Rightarrow \forall n \in \mathbb{N}\big[\mathrm{P}(n)\big]$$

加法运算的公理

$$\forall n \in \mathbb{N} \left[n + 1 = n'\right]$$

$$\forall m \in \mathbb{N} \ \ \forall n \in \mathbb{N} \left[m + n' = (m + n)'\right]$$

乘法运算的公理

$$\forall n \in \mathbb{N} \left[n \times 1 = n\right]$$

$$\forall m \in \mathbb{N} \ \ \forall n \in \mathbb{N} \left[m \times n' = (m \times n) + m\right]$$

不等号的公理

$$\forall n \in \mathbb{N} \left[\neg(n < 1)\right] \qquad n\text{不会小于}1$$

$$\forall m \in \mathbb{N} \ \ \forall n \in \mathbb{N} \left[(m < n') \Longleftrightarrow (m < n \overset{\text{或}}{\lor} m = n)\right]$$

第3章
伽利略的犹豫

相反，是语言不确切。

这东西无法表达的原因是它太确切了，

以至于语言无法表达。

——克利夫·刘易斯《空间三部曲2：皮尔兰德拉星》①

3.1 集合

3.1.1 美人的集合

“……哥，哥哥！哥哥！快——起——来！”

震耳欲聋的叫喊声把我从梦中唤醒。是尤里。

“别趴桌睡觉嘛！”

“我只是在闭目沉思。”我回道。

“你口水都流出来了喵！”

我慌忙拿手抹了抹嘴。

“骗！你！的！啦！”尤里笑了。

“呃……”忽然感觉好无力。

今天是周末。这里是我的房间。尤里跟平时一样来我家里玩儿。虽

---

① 祝平译，译林出版社，2011年1月。——译者注。

然她本人坚持说是来学习的……

“哥哥，今天教我‘集合’呗？”

“集合？”

“对啊。前几天我们数学课快下课的时候，老师说‘我来讲讲有意思的数学吧’，就讲起了集合。哥哥你之前不是也提过集合么？所以人家也很感兴趣……”

“嗯嗯。”

“不过啊，我们老师说‘集合就是聚集在一起，比如说美人的集合等’。老师话音刚落，大家立即在教室里炸开了锅。大家都在想：美人是谁呀？然后老师又说‘这个美人的集合，不是我要讲的那个集合’。真是的，简直莫名其妙嘛。”

“我倒觉得，对初中生来说，用数学的例子比较好呢。”我说道。

“数学的例子？”

“嗯。咱们就一起来看看吧。”我摊开笔记本。

“好呀。”尤里戴上她的树脂边框眼镜说道。

3.1.2　外延表示法

“尤里，你能举几个 2 的倍数吗？在自然数的范围内就行。”

“嗯，没问题。2 呀，4 呀。”

“没错。你试着从 2 开始依次说出 2 的倍数。”

“明白了，嗯……像 $2, 4, 6, 8, 10, 12, 14, 16, \cdots$ 这样？”

“嗯。我们把聚集在一起的所有的 2 的倍数叫作‘2 的倍数的集合’，然后，我们这么写它。”

$$\{2, 4, 6, 8, 10, 12, 14, 16, \cdots\}$$

“这不就是列出来吗？”

“集合就是以这种形式来写的。”

- 用半角逗号“,”把具体元素隔开。
- 元素可以按任意顺序排列。
- 如果有无数个元素，就在最后加上省略号“$\cdots$”。
- 然后把所有内容用大括号括起来。

“大括号是什么？”

“就是‘{ }’。”

“喔。那个…… 集合就是一堆数吗？”

“不一定是‘一堆数’。总之，是一堆‘东西’。”

“把东西聚在一起，用大括号括起来就好了吧？简单，简单！”

“不过称呼的时候就不要叫东西了，要叫**元素**。”

“元素？”

“我们把一个个属于集合的东西叫作元素。”

“元素……”

“比如说，10 是‘2 的倍数的集合’的元素。我们用符号‘$\in$’来表示这个概念。”

$$10 \in \{2, 4, 6, 8, 10, 12, 14, 16, \cdots\}$$

“数学家还真喜欢符号呀。”尤里耸耸肩。

“同理，要想表示 100 是‘2 的倍数的集合’的元素……”

“是这样吧！”尤里探出身子 —— 忽地飘来一缕洗发水的香味。

$$100 \in \{2, 4, 6, 8, 10, 12, 14, 16, \cdots\}$$

“没错。顺便说一句，用式子还能表示出 3 不是‘2 的倍数的集合’的元素。在‘$\in$’上划一条线，写作‘$\notin$’。”

$$3 \notin \{2, 4, 6, 8, 10, 12, 14, 16, \cdots\}$$

“简单，简单……话说，1也不包含在这个集合里呢。”

“嗯。呀！你刚刚说的是‘不包含’么？”

“怎么？”

“最好说‘1不属于这个集合’。”

“哥哥！你今天太严格了啦！净在意这些细枝末节的！”

“可是……”

“我腻味了，肚子也饿了。”

“尤里，可还没到吃点心的时候哟。”

“唔，我已经感觉到了阿姨跟我之间的心电感应！”

尤里“哔哔哔”地学着机器人，走出了房间。

没过一会儿，外面就传来了“阿姨～我要吃点心～”的撒娇声。

真是的……说得我肚子也饿了。

3.1.3 餐桌

我来到餐厅。尤里正在吃年轮蛋糕。

“啊，哥哥你吃吗？很好吃哦！”

“你也来一个吧？很好吃的。”我妈把盘子递到我跟前。

“尤里，你也太快就腻味了吧。”我把笔记本在桌上摊开，然后迅速往嘴里塞了一大口年轮蛋糕。哇，真甜呐……

“这个嘛，人家会腻味，是因为要记的东西太多啦。”

“好吧尤里，那我们用猜谜的形式来讲吧。”

“不愧是哥哥。果然是人家的专属老师！”

3.1.4 空集

“这个是集合吗？”我在摊开的笔记本上写了个式子。

$$\{\}$$

“哥哥，这里只有大括号，没有东西呀。”

“‘东西’是什么？”

“…… 哥哥你真坏，就是元素嘛。没有元素还算集合？”

“算，这叫作**空集**。空集也是正经八百的集合哦。”

“空集 …… 没东西聚在一起也算集合呀，空空的。”

“那么，这是集合吗？”我又继续写道。

$$\{1\}$$

“嗯。是集合啊。东西 …… 不，元素是 1，所以可以这么写。”这次换尤里写式子了。

$$1 \in \{1\}$$

“很好。刚刚还抱怨，你这不是记得很清楚嘛。”

“嘿嘿 ……”

“那么，这个成立吗？”

$$\{1\} \in \{1\}\,?$$

“嗯 …… 不好说，成立？”

“为什么？”

“因为 …… 唔，我不知道。”

“$\{1\} \in \{1\}$ 是不成立的。$\{1\} \notin \{1\}$ 才成立。”

$$\{1\} \notin \{1\}$$

“咦……”

“1 是 $\{1\}$ 的元素，但 $\{1\}$ 不是 $\{1\}$ 的元素。自然数 1 跟集合 $\{1\}$ 是不同的。”

“这样啊，$\in$ 这个符号只能像下面这么用，对吧。”

$$元素 \in 集合$$

“嗯，没错。‘元素 $\in$ 集合’是对的。不过，要注意一点：在某些情况下，某个集合也会成为其他集合的元素。”

“集合成为元素？那是什么意思？”

3.1.5 集合的集合

“举个例子，你看看这个式子，这个成立吗？”

$$\{1\} \in \{\{1\}, \{2\}, \{3\}\}$$

“哇，好多大括号…… 这个，成立么？”

“这个成立。你好好看看右边的集合。我把大括号写大点，这样方便看。”

$$\Big\{\{1\}, \{2\}, \{3\}\Big\}$$

“嗯。”

“$\{1\}, \{2\}, \{3\}$ 这三个元素属于这个集合。”

“啊！原来如此。$\{1\}$ 不光是集合，也是更大的集合的元素呀！”

“没错。一旦注意到这点，你就会明白，这个式子是成立的。”

$$\{1\} \in \Big\{\{1\}, \{2\}, \{3\}\Big\}$$

“有意思！我开始觉得集合有点意思了！这个嘛，就像盛着数的盘子叠在一起一样。”

1	1
2	2
3	3
$\{1\}$	盛着 1 的盘子
$\{2\}$	盛着 2 的盘子
$\{3\}$	盛着 3 的盘子
$\big\{\{1\},\{2\},\{3\}\big\}$	盛着“盛着 1 的盘子、 盛着 2 的盘子、 盛着 3 的盘子”的大盘子

“没错。”尤里的脑子转得真快啊。

“这样的话…… 哥哥，那这个式子也对吧？”

$$1 \notin \big\{\{1\},\{2\},\{3\}\big\}$$

“嗯，没错，1 没有直接盛在大盘子里。”

“还有还有，这个也对吧？”

$$\{1,2,3\} \in \big\{\{1,2,3\}\big\}$$

“对对。大盘子上盛着一个装有 1, 2, 3 的小盘子。你挺明白的嘛，尤里。”

“嘿嘿！”

“那么，我出一道题。你能写出一个集合，让它只包含 1 和 $\{1\}$ 这两个元素吗？”

“嗯…… 嗯！简单，简单。是这样吧？”

$$\left\{1, \{1\}\right\}$$

“喔，写得不错嘛。”

“对了，”尤里弹了个响指，“哥哥，这时候下面这两个式子都成立吧？”

$$1 \in \left\{1, \{1\}\right\} \quad \text{和} \quad \{1\} \in \left\{1, \{1\}\right\}$$

“当然了。”

“那么，能写成下面这种形式的，只有 1 和 $\{1\}$ 吧？……也是，这是理所当然的。”

$$\text{某元素 / 集合} \in \left\{1, \{1\}\right\}$$

“尤里！‘理所当然’也很重要哦！就算是理所当然的例子，也应该试着自己编编看。就算是理所当然的事儿，也应该试着用自己的话说说看。对学习来说，这是很重要的。尤里你能做到这点，相当了不起呀！”

“哥哥你能表扬我这点，也相当了不起呀！”

3.1.6 公共部分

“那么，我们再来说说，如何根据‘集合和集合’来生成新的集合吧。”我说道。

“生成新的集合？”

“首先是用于生成两个集合的**公共部分**的交集符号‘$\cap$’。用‘$\cap$’连接 $\{1, 2, 3, 4, 5\}$ 跟 $\{3, 4, 5, 6, 7\}$ 这两个集合而形成的式子表示的也是一个集合。这个集合是由同时属于两个集合的所有元素构成的。”

$$\{1, 2, 3, 4, 5\} \cap \{3, 4, 5, 6, 7\}$$

“同时属于两个集合……那个，不好意思，哥哥你刚说什么来着？”

“这个集合是由同时属于两个集合的所有元素构成的。换句话说，就是下面这样。”

$$\{1,2,3,4,5\}\cap\{3,4,5,6,7\}=\{3,4,5\}$$

“喔…… 啊，两个集合里有相同的数呀。”

“没错。所以，这些叫作公共部分，也叫相交。我们来试着给相同的元素画上下划线吧。”

$$\{1,2,\underline{3},\underline{4},\underline{5}\}\cap\{\underline{3},\underline{4},\underline{5},6,7\}=\{\underline{3},\underline{4},\underline{5}\}$$

“嗯。”

“像这样用**维恩图**来表示，就更一目了然了。”

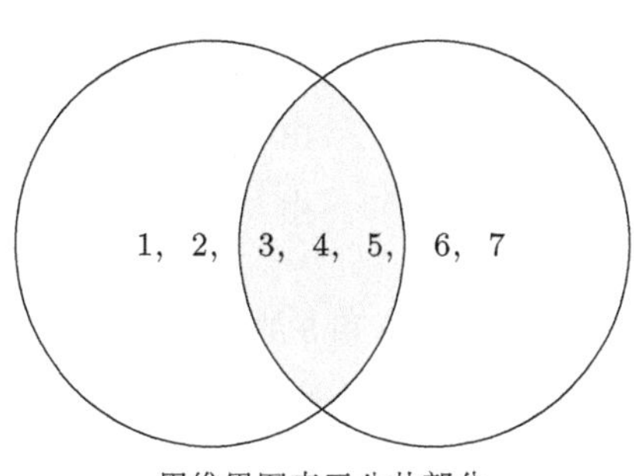

用维恩图表示公共部分

公共部分

由同时属于集合 A 和集合 B 的所有元素构成的集合。

$$A\cap B$$

“嗯！”

“那么，你知道下面这个集合是什么样的吗？”

$$\{2,4,6,8,10,12,\cdots\}\cap\{3,6,9,12,15,\cdots\}=?$$

“嗯？因为是由 6 和 12，还有‘…’构成的集合，所以是 {6, 12, …} 对吧？”

$$\{2,4,6,8,10,12,\cdots\}\cap\{3,6,9,12,15,\cdots\}=\{6,12,\cdots\}$$

“没错。$\{2,4,6,8,10,12,\cdots\}$ 是由 2 的所有倍数构成的集合。$\{3,6,9,12,15,\cdots\}$ 是由 3 的所有倍数构成的集合。沿用这种说法的话，尤里你刚刚说的 $\{6,12,\cdots\}$ 是什么集合呢？”

“6 的倍数…… 吧。由 6 的所有倍数构成的集合。”

$\{2,4,6,8,10,12,\cdots\}$	由 2 的所有倍数构成的集合
$\{3,6,9,12,15,\cdots\}$	由 3 的所有倍数构成的集合
$\{6,12,\cdots\}$	由 6 的所有倍数构成的集合

“对对。其中 6 这个数，是 2 和 3 的最小公倍数。”

“哦哦原来如此！…… 唔，这也难怪，因为是公共部分嘛。”

“…… 只激动了一下下而已么。那么，下面这个呢？”

$$\{2,4,6,8,10,12,\cdots\}\cap\{1,3,5,7,9,11,13,\cdots\}=?$$

“这个…… 咦？偶数和奇数的公共部分没有元素呀！”

“没有元素的集合有一个特殊的名字。”

“啊！空集！看，就是这样。”

$$\{2,4,6,8,10,12,\cdots\}\cap\{1,3,5,7,9,11,13,\cdots\}=\{\}$$

“嗯，答得很好。”

3.1.7 并集

“下面我们来讲讲并集。并集的符号是‘$\cup$’。看完例子你马上就会明白了。”

$$\{1,2,3,4,5\}\cup\{3,4,5,6,7\}=\{1,2,3,4,5,6,7\}$$

“我明白了。就是把两个集合的元素全部并到一起呗。”

“没错。用维恩图表示，就是下面这样。”

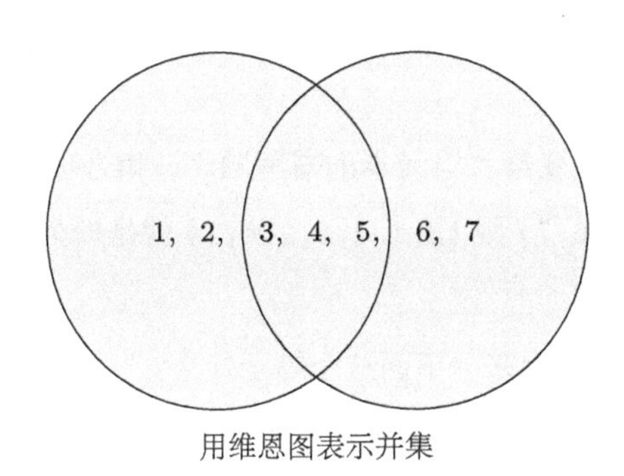

用维恩图表示并集

“‘由至少属于两个集合中的一个的所有元素构成的集合’叫作这两个集合的**并集**。”

并集

由至少属于集合 A 和集合 B 中的一个的所有元素构成的集合。

$$A\cup B$$

“话说回来，3, 4, 5 重复了，那么为什么不这么写呢？”

$$\{1,2,3,4,5\}\cup\{3,4,5,6,7\}=\{1,2,3,3,4,4,5,5,6,7\}?$$

“一般不那么写。因为 $\{1,2,3,3,4,4,5,5,6,7\}$ 和 $\{1,2,3,4,5,6,7\}$ 作为集合来说是相等的。”

“诶？人家不明白。”

“集合这东西吧，只由‘都包含哪些元素’来决定。我们不考虑它包含的某个元素的个数。使用‘$\in$’这个符号，我们只能知道‘某元素是否属于某集合’，而并不能知道属于某集合的某元素有多少个。所以，就算采用 $\{1,2,3,3,4,4,5,5,6,7\}$ 和 $\{1,2,3,4,5,6,7\}$ 这两种写法，我们也没法区分这两个集合。”

“喔……”

“而且，即使改变集合里元素的书写顺序，集合也还是那个集合。例如，$\{1,2,3,4,5,6,7\}$ 跟 $\{3,1,4,5,2,6,7\}$ 就是一个集合。”

“原来如此啊。”

“我们回到‘$\cup$’上来。下面这个等于什么？”

$$\{2,4,6,8,10,12,\cdots\}\cup\{1,3,5,7,9,11,13,\cdots\}=?$$

“嗯……把偶数和奇数合起来的那个。”

“‘那个’？尤里，它有一个特定的名字。”

“啊！是自然数吧！”

“没错。等于自然数集[①]。”

$$\{2,4,6,8,10,12,\cdots\}\cup\{1,3,5,7,9,11,13,\cdots\}=\text{自然数集}$$

3.1.8 包含关系

我妈端来了花草茶。

“我不爱喝这个。”我小声说道。

---

① 关于0是否是自然数，学界存在争议，本书认为“0不是自然数”。另外，自然数集即由所有自然数构成的集合，也称自然数集合。——译者注

“你说什么？”

“没什么……”

“这多好的饮料呀！”

不过，不爱喝的还是不爱喝嘛 —— 我腹诽着。

“好好闻啊。”尤里在一旁赞道。

“尤里真是个乖孩子。”我妈说着就回厨房了。

“目前为止……”我继续讲数学，“我们看了生成公共部分的交集运算，还有生成并集的并集运算。这两个运算都是由两个集合来生成新的集合。”

“嗯。”

“我顺便介绍一下其他的符号吧。还有一个跟它们很像的符号 $\subset$。它表示的是两个集合的**包含关系**。”

“包含关系？”

“就是表示一个集合‘包含于’另一个集合。”

“你那么说我哪儿懂啊，简直跟念咒似的。”

“呃…… 有吗？”

“哥哥你是人家的老师，教得教明白呀！”

“看一下具体例子，你马上就会明白啦。现在，我们思考下面这两个集合。”

$$\{1,2\} \quad 和 \quad \{1,2,3\}$$

“嗯。”

“集合 $\{1,2\}$ 的所有元素也都属于集合 $\{1,2,3\}$，对吧？”

“嗯。就是 1 跟 2 呗。”

“此时，我们说集合 $\{1,2\}$ 包含于集合 $\{1,2,3\}$。然后，这两个集合的关系可以像下面这样用符号 $\subset$ 来表示。”

$$\{1,2\} \subset \{1,2,3\}$$

“明白了。”

“可以说 $\{1,2\}$ 包含于 $\{1,2,3\}$，也可以说 $\{1,2\}$ 是 $\{1,2,3\}$ 的**子集**。”

“子集……咦？可以说‘包含’了？”

“对对。这里要用‘包含于’的说法。为了不把‘元素与集合的关系’跟‘集合与集合的关系’搞混。我来举几个例子吧。”

$$\begin{array}{rcll} 1 & \in & \{1,2,3\} & \text{1属于}\{1,2,3\} \\ 2 & \in & \{1,2,3\} & \text{2属于}\{1,2,3\} \\ 3 & \in & \{1,2,3\} & \text{3属于}\{1,2,3\} \\ \{\} & \subset & \{1,2,3\} & \{\}\text{包含于}\{1,2,3\} \\ \{1\} & \subset & \{1,2,3\} & \{1\}\text{包含于}\{1,2,3\} \\ \{1,2\} & \subset & \{1,2,3\} & \{1,2\}\text{包含于}\{1,2,3\} \\ \{1,2,3\} & \subset & \{1,2,3\} & \{1,\ 2,\ 3\}\text{包含于}\{1,2,3\} \end{array}$$

“咦，空集 $\{\}$ 也包含于 $\{1,2,3\}$ 呀。”

“没错。”

“而且，$\{1,2,3\}$ 也包含于它本身？”

“对的。当集合包含于它本身时，我们有时还会采用 $\{1,2,3\} \subseteq \{1,2,3\}$ 这种写法。另外，有时还会限定只有集合不包含于它本身时才能使用 $\subset$，而且为了明确表示集合不包含于它本身，还可能会采用 $\subsetneq$ 这种写法。不过，这些要是能明确定义下来就好了……”

“唔……话说，$\{2\}$ 也可以吧？”

“什么‘也可以吧’？”

“我的意思是，$\{2\}$ 也是 $\{1,2,3\}$ 的一部分吧……”

“尤里，再怎么说，你也得好好用一用新学的词吧。”

× $\{2\}$ 是 $\{1,2,3\}$ 的一部分。

√ $\{2\}$ 包含于 $\{1,2,3\}$。

√ $\{2\}$ 是 $\{1,2,3\}$ 的子集。

"…… 知道了啦，老师。$\{2\}$ 也是 $\{1,2,3\}$ 的子集吧！"

"嗯，是的，这位同学。"

"哥哥，既然要叫人家，就好好叫人家的名字嘛。"

3.1.9 为什么要研究集合

学习就此告一段落。

尤里从架子上拿下瓶子，掏出柠檬糖。

"话说，哥哥，∈、∩、∪、⊂ 这些，简直跟检查视力似的。出来这么一堆符号，像在玩解谜游戏，还算有意思。不过啊，集合很重要吗？"

"这个嘛 …… 对整理数学概念而言，集合很有用。数学书里经常会出现你说的这些好像是用来检查视力的符号。"

"就算数学书里经常会出现，可今天这些集合的知识，比如公共部分呀，并集呀，不都是理所当然的吗？为什么这些很重要呢？为什么数学家会去研究集合呢？"

尤里用认真的眼神看着我。有那么一瞬间，我看到了她的头发上闪着的微弱光泽。

"…… 我也解释不了，回头我去问问米尔嘉吧。"

"米尔嘉大人！对了，对啊！我想见米尔嘉大人！"

"来我们学校就能见到啦。"

"啊？等到人家入学那会儿，米尔嘉大人早就毕业了啦！"

"嗯？"其实我的意思是让尤里来学校玩儿，而非就读 …… 咦？毕业？对啊，还有一年多，我跟米尔嘉就都该毕业了 ……

“把米尔嘉大人叫到家里来嘛。你只要说‘有好吃的巧克力，来玩呗’，她应该就会来了吧。”

“你打算用食物来钓米尔嘉上钩？”

“总之，你要好好问问她哦，哥哥！”

为什么，数学家会研究集合呢？

3.2　逻辑

3.2.1　内涵表示法

“为了处理无限。”米尔嘉回答道。

“无限？”我不解。

这里是图书室。我坐在老地方，米尔嘉则背靠窗户面向我站着。她身姿飒爽，很是引人注目。

“为了处理无限。这是研究集合的目的之一。”她答道。

“可是，集合的元素有时候也是有限的吧？”

“当然。但是，集合是靠**无限集合**[①]来发挥它的本领的。不动用集合跟逻辑，就很难处理无限。”

“集合跟……逻辑？”

我开始思考——我明白集合跟逻辑都很重要，但是它们完全是两码事吧，集合是元素聚在一起，而逻辑像是……用数学将证明导向正确方向的指向标。

看到我一脸难以置信的表情，米尔嘉便继续解释。她一边用食指比划着圈圈，一边在窗前来回踱步。每当她转过身时，细长的发丝都会在

① 即由无限个元素组成的集合，又称无穷集合。——编者注

空中轻轻飞扬。放学后的图书室里，只有我们两个人 —— 悠闲的时光。

米尔嘉渐渐进入了“讲课”模式。

“集合以‘属于或不属于’为基础，逻辑则以二选一式的‘真或假’为基础。如果抛开集合的外延表示法，从内涵表示法来考虑，集合跟逻辑的关系就很清楚了。在集合的外延表示法中……”

◎ ◎ ◎

在集合的**外延表示法**中，我们将元素一个个列出，以表示集合。这是你教给尤里的方法，对吧？

$$\{2, 4, 6, 8, 10, 12, \cdots\} \quad \text{外延表示法的示例}$$

外延表示法具体列出了每个元素，因此一目了然。然而，它对无限集合而言则具有局限性，因为我们不可能把无限个元素都给一一列出。如果省略号“$\cdots$”里省略的内容不明确，就会引发问题。

相对而言，在**内涵表示法**中，我们将元素满足的条件作为命题写出，以表示集合。也就是说，我们是用逻辑来表示集合的。例如，要用内涵表示法来表示“2 的所有倍数的集合”，就要用到命题“n 是 2 的倍数”。在竖线“$|$”的左边写出元素的类型，在右边写出命题。

$$\{n \mid n\text{是}2\text{的倍数}\} \quad \text{内涵表示法的示例}$$

在内涵表示法中，因为我们会写出元素应满足的命题，所以产生误解的风险较低。只要我们通过命题来明确写出元素应该满足的条件，那么就能表示出有无数个元素的集合。处理无限集合时，内涵表示法要比外延表示法更方便。

即使在表示同一个集合时，内涵表示法的命题也未必只有一种写法。例如，下面这些集合指的就是同一个集合。

$$\{n \mid n\text{是2的倍数}\}$$

$$\{x \mid x\text{是2的倍数}\}$$

$$\{n \mid n\text{是偶数}\}$$

$$\{2n \mid n\text{是自然数}\}$$

虽然内涵表示法很有用，但我们还需要注意一下。

如果没完没了地使用内涵表示法，就会产生矛盾。

◎ ◎ ◎

“…… 就会产生矛盾。”米尔嘉说到这里，停下了脚步。

“矛盾？”我不解。

矛盾指的是某个命题跟它的否定都成立……

“因内涵表示法而产生矛盾的一个著名例子就是 ——”

她利落地在我身边坐下，凑到我耳边轻声说道：

“罗素悖论①。”

3.2.2 罗素悖论

如果假设“任何命题都能表示集合”，就会产生矛盾 —— 这就是**罗素悖论**。在此我们采用$x \notin x$这个命题。

问题 3-1（罗素悖论）

假设$\{x \mid x \notin x\}$是一个集合，请说明其中的矛盾。

---

① 英文写作Russell's Paradox，又称为理发师悖论，由英国哲学家罗素于1901年提出。——译者注

假设$\{x \mid x \notin x\}$是一个集合，我们用 R 来表示这个集合。

$$\mathrm{R} = \{x \mid x \notin x\}$$

在此，我们来研究 R 是不是它本身的元素，即 R 是不是集合$\{x \mid x \notin x\}$的元素。

因为我们已经假设$\{x \mid x \notin x\}$是一个集合了，所以按理说，R 要么属于这个集合，要么不属于这个集合。也就是说，以下命题不是真命题，就是假命题。

$$\mathrm{R} \in \{x \mid x \notin x\}$$

(1) 假设命题$\mathbf{R} \in \{\boldsymbol{x} \mid \boldsymbol{x} \notin \boldsymbol{x}\}$为真，则 R 是集合$\{x \mid x \notin x\}$的元素。此时，R 满足命题$x \notin x$。换句话说就是，下面的命题为真。

$$\mathrm{R} \notin \mathrm{R}$$

在此，我们用$\{x \mid x \notin x\}$来代换“$\mathrm{R} \notin \mathrm{R}$”右边的 R，则代换后的命题也为真。

$$\mathrm{R} \notin \{x \mid x \notin x\}$$

然而，这样就跟我们原本假设的以下命题相矛盾了。

$$\mathrm{R} \in \{x \mid x \notin x\}$$

(2) 假设命题$\mathbf{R} \in \{\boldsymbol{x} \mid \boldsymbol{x} \notin \boldsymbol{x}\}$为假，则 R 不是集合$\{x \mid x \notin x\}$的元素。此时，R 不满足命题$x \notin x$。换句话说就是，命题$\mathrm{R} \notin \mathrm{R}$是假命题。也就是说，以下命题为真命题。

$$\mathrm{R} \in \mathrm{R}$$

在此，我们用 $\{x \mid x \notin x\}$ 代换"$\mathrm{R} \in \mathrm{R}$"右边的 R，则以下命题也为真命题。

$$\mathrm{R} \in \{x \mid x \notin x\}$$

然而，这样就跟我们原本的假设"命题 $\mathrm{R} \in \{x \mid x \notin x\}$ 为假"相矛盾了。

由 (1) 和 (2) 可知，此处产生了矛盾，且无论命题 $\mathrm{R} \in \{x \mid x \notin x\}$ 为真还是为假，矛盾都会产生。

证明到此为止。

解答 3-1（罗素悖论）

我们讨论了集合 $\{x \mid x \notin x\}$ 是否是自身的元素。不管假设它是它本身的元素，还是假设它不是它本身的元素，矛盾都会产生。

耍小聪明，是躲不开罗素悖论的。因为罗素悖论是单凭集合中最重要的"$\in$"来产生矛盾的。

为了防止矛盾产生，就需要给集合的内涵表示法里用的命题加一些限制条件。

我举一个简单的限制条件的例子。设一个全集①U，如果在 U 的范围内思考集合，那么内涵表示法就相对稳妥一些。也就是说，不是像 $\{x \mid \mathrm{P}(x)\}$ 这样无限制地使用命题 $\mathrm{P}(x)$，而是像 $\{x \mid x \in \mathrm{U} \land \mathrm{P}(x)\}$ 这样，只针对集合 U 的元素 x 来使用命题 $\mathrm{P}(x)$。

① 全集指的是包含我们所研究的问题中涉及的所有元素的集合。——译者注

3.2.3 集合运算和逻辑运算

内涵表示法用命题来表示集合，因此，集合与逻辑密切相关也很正常。集合运算和逻辑运算的对应关系非常清楚。

集合	<---->	逻辑
集合 $\mathrm{A}=\{x \mid \mathrm{P}\}$	<---->	命题 P
集合 $\mathrm{B}=\{x \mid \mathrm{Q}\}$	<---->	命题 Q
公共部分 $\mathrm{A} \cap \mathrm{B}$	<---->	逻辑与[1] $\mathrm{P} \wedge \mathrm{Q}$（P 且 Q）
并集 $\mathrm{A} \cup \mathrm{B}$	<---->	逻辑或[2] $\mathrm{P} \vee \mathrm{Q}$（P 或 Q）
全集 U	<---->	真
空集	<---->	假
补集 $\overline{\mathrm{A}}$	<---->	否定 $\neg\mathrm{P}$（非 P）

补集 $\overline{\mathrm{A}}$ 指的是由属于全集 U，但不属于集合 A 的所有元素构成的集合。

德·摩根定律也很美。

集合	<---->	逻辑
$\overline{\mathrm{A} \cap \mathrm{B}}=\overline{\mathrm{A}} \cup \overline{\mathrm{B}}$	<---->	$\neg(\mathrm{P} \wedge \mathrm{Q})=\neg \mathrm{P} \vee \neg \mathrm{Q}$
$\overline{\mathrm{A} \cup \mathrm{B}}=\overline{\mathrm{A}} \cap \overline{\mathrm{B}}$	<---->	$\neg(\mathrm{P} \vee \mathrm{Q})=\neg \mathrm{P} \wedge \neg \mathrm{Q}$

德·摩根定律为什么美？

因为上面的四个式子能用同一种写法来表示……这么说，你应该不明白吧？

德·摩根定律的写法是下面这样的。

$$h(f(x, y))=g(h(x), h(y))$$

---

① 又称合取。——译者注

② 又称析取。——译者注

只要把这里出现的 $f(x,y)$、$g(x,y)$、$h(x)$ 这三种函数像下面这样具体写出来，我们就会发现，德·摩根定律能表示上面所有的式子。

$f(x,y)$	$g(x,y)$	$h(x)$	$h(f(x,y))$	$=$	$g(h(x),h(y))$
$x \cap y$	$x \cup y$	$\overline{x}$	$\overline{\mathrm{A} \cap \mathrm{B}}$	$=$	$\overline{\mathrm{A}} \cup \overline{\mathrm{B}}$
$x \cup y$	$x \cap y$	$\overline{x}$	$\overline{\mathrm{A} \cup \mathrm{B}}$	$=$	$\overline{\mathrm{A}} \cap \overline{\mathrm{B}}$
$x \wedge y$	$x \vee y$	$\neg x$	$\neg(\mathrm{P} \wedge \mathrm{Q})$	$=$	$\neg \mathrm{P} \vee \neg \mathrm{Q}$
$x \vee y$	$x \wedge y$	$\neg x$	$\neg(\mathrm{P} \vee \mathrm{Q})$	$=$	$\neg \mathrm{P} \wedge \neg \mathrm{Q}$

内涵表示法是通过逻辑来表示集合的。不管是多么抽象的概念，只要能通过逻辑来表示，就能以集合的形式令它“开花结果”，令它成为数学的研究对象。虽说我们在使用内涵表示法时仍然需要留心不能引发矛盾，但数学的研究对象的范围会得到惊人的拓展。

不管是代数、几何，还是分析，我们都能用集合跟逻辑来表示研究对象。

而且，数学本身也能成为数学的研究对象。

只要使用集合跟逻辑，就连“用数学研究数学”都能办得到。

“……就连‘用数学研究数学’都能办得到。”米尔嘉说道。

米尔嘉流畅的解说竟让我有了丝丝醉意。

“‘用数学研究数学’指的是？”

咣当——

图书室入口传来了很大的声响。

是活力少女——泰朵拉。

3.3 无限

3.3.1 双射鸟笼

“哎哟哟哟哟……”泰朵拉揉着膝盖走了进来。

“怎么了？”我问道。

“对、对不起，打扰到你们了。我不小心撞到门口那个运书的手拉车了……应该是瑞谷老师放在那儿的吧，好危险呀。”

“……泰朵拉，那车子一直都放在那儿吧。”

“这个……东西太多了，我眼睛有点花。”

“你肯定是想把所有东西都一眼看完吧。”我回应道。

“嗯……话说，今天讨论什么问题？”泰朵拉问道。

我跟她大概说了说集合、逻辑，还有无限的问题。

“无限好难啊，数不清楚呢……”泰朵拉嘀咕道。

“数不清楚？”米尔嘉问道。

“无限个也就是没有止境，所以数不清楚吧。”

“有时候就算不知道‘个数’，也能知道‘个数相等’。例如……”米尔嘉摊开双手，“像这样让双手的指尖碰在一起，拇指对拇指，食指对食指，然后小指对小指。”

米尔嘉让双手的指尖碰在一起——

在她胸前形成了一个小小的“鸟笼”。

“就算不知道右手有几根手指，也不知道左手有几根手指，只要能像这样把双手的指头一一对应，就可以说双手的手指根数相等。”

“诶？”泰朵拉一头雾水。

“打个比方，假设从某个有限集合到另一个有限集合，存在下面这样的映射。此时，两个有限集合的元素个数相等。这种映射一般称为**双射**[①]。”

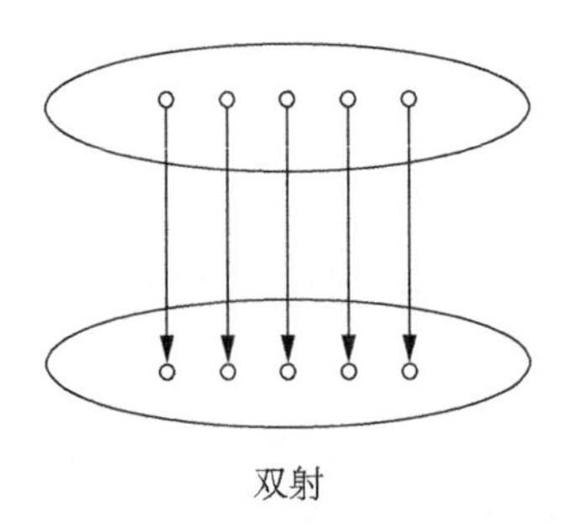

双射

“我提个问题。**映射**是什么来着？”泰朵拉问道。

“就是‘对应关系’啦，泰朵拉。”我回答，“就像米尔嘉把左手手指跟右手手指互相对应一样，映射就是让某些东西与某个集合的元素对应的方法。”

“你这表述太模糊了。”米尔嘉评价道，“假设存在集合 A 和集合 B，对于集合 A 的任意元素，集合 B 中都有唯一元素与之对应。此时，我们把这种对应关系称为 A 到 B 的映射。这个嘛，也可以说映射是将函数概念一般化而得来的。”

米尔嘉停了一下，又继续往下讲。

“我们来简单总结一下各种映射——满射、单射、双射。”

① 也称一一映射。——编者注

满射指的是没有“多余元素”的映射，允许出现“重复”。

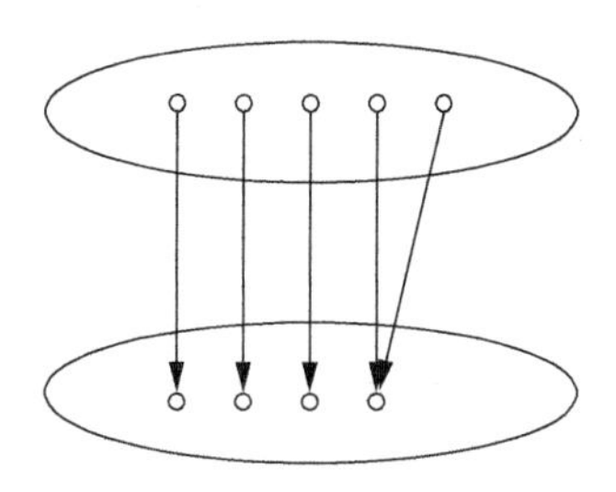

没有“多余元素”的映射——满射的示例

如果有“多余元素”，就不是满射。

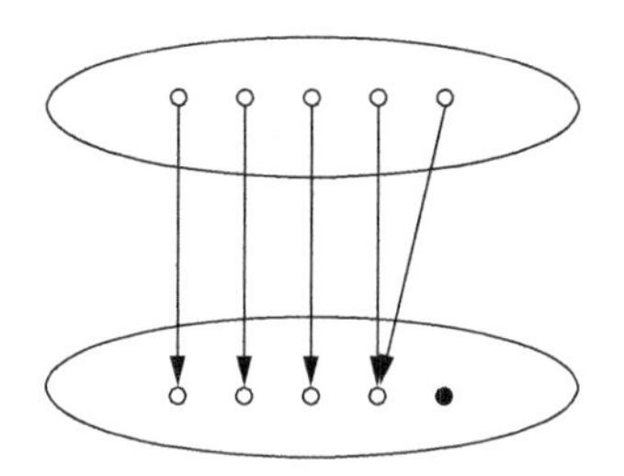

因为有“多余元素”，所以不是满射的映射的示例

单射指的是没有“重复”的映射，允许出现“多余元素”。

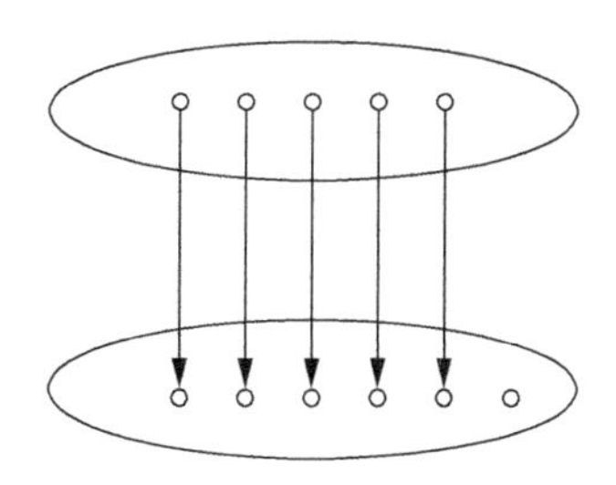

没有“重复”的映射——单射的示例

下面这种因为有“重复”，所以不是单射。

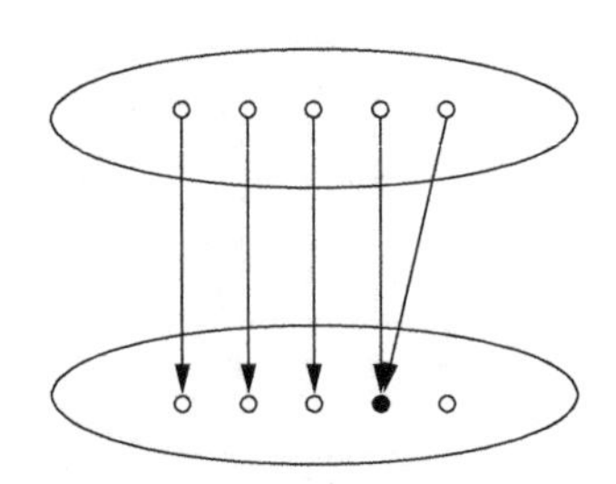

因为有“重复”，所以不是单射的映射的示例

双射指的是满射且单射的映射。

也就是说，双射是没有“多余元素”且没有“重复”的映射。

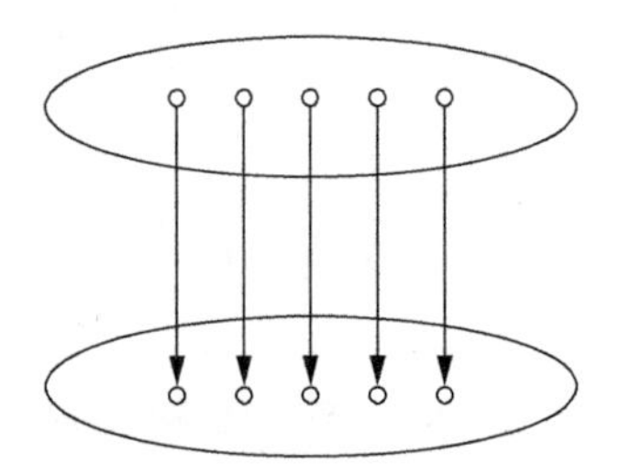

没有“多余元素”且没有“重复”的映射——双射的示例

双射的话，可以建立逆映射。

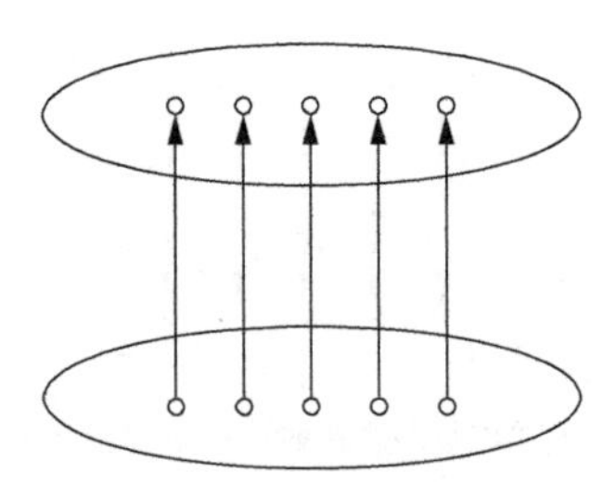

双射的话，可以建立逆映射

如果存在双射，那么自然就会想到两个集合的元素个数相等。

◎ ◎ ◎

“…… 确实自然就会想到。” 泰朵拉点头，像米尔嘉那样用手比出了一个小小的鸟笼。是“双射鸟笼”。

米尔嘉的语速越来越快，口若悬河。

“我们试着把用映射来思考元素个数的方法，从有限集合应用到无限集合吧。无限集合的元素个数也可以通过映射来研究，然而在无限集合里，会发生一些有悖直觉的不可思议的事情。因为太不可思议了，所以连那个伽利略[1] 都走上了回头路……”

“伽利略？” 我不解。

3.3.2 伽利略的犹豫

我们来聊聊“伽利略的犹豫”吧。

伽利略知道，能生成从自然数到平方数的双射。

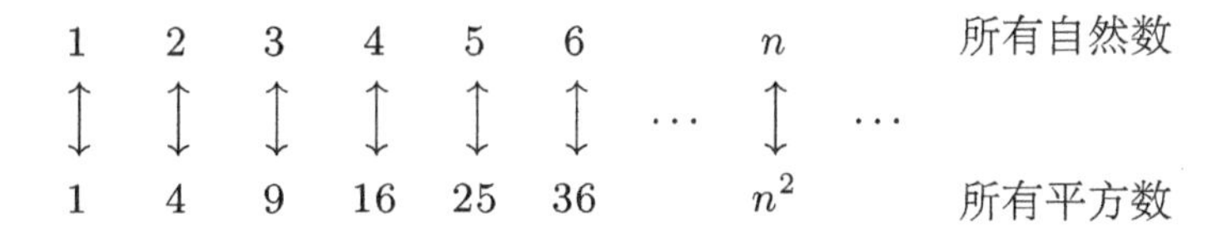

伽利略想，既然“存在双射即个数相等”，那么可以说自然数和平方数的个数相等么…… 不，不对劲。因为平方数只不过是自然数的一部分。

$$\textcircled{1}, 2, 3, \textcircled{4}, 5, 6, 7, 8, \textcircled{9}, 10, 11, 12, \cdots$$

---

① 16世纪意大利物理学家、天文学家及哲学家，科学革命中的重要人物，提出了伽利略悖论。伽利略悖论认为，有多少整数就有多少完全平方数，虽然大部分整数自身不是完全平方数。——译者注

整体和部分的个数相等 —— 这明显很奇怪。因此伽利略认为，在“无限”这个条件下，不能说个数在双射中是相等的。

17 世纪，伽利略就在此处折返。

伽利略：在“无限”这个条件下，不能说个数在双射中是相等的。

19 世纪，康托尔[①]和戴德金[②]也发现了这个数学事实，但他们没有像伽利略那么想。戴德金认为，整体和部分之间存在双射正是无限的定义。这是一场惊人的思维大颠覆。

戴德金：无限指的是在整体和部分之间存在双射。

康托尔深入研究了无限集合中元素的“个数”。这里的“个数”一般被称为“基数”[③]。

当发现错误时，人们一般都会认为自己失败了，从而折返。然而，戴德金认为这不是失败，而是一个发现。如果将“在整体和部分之间存在双射的集合”定义为无限集合，那么不管元素个数是有限还是无限，个数在双射中都是相等的。

出错了、不合逻辑 —— 之所以会陷入这种泥潭，是因为碰上了前所未有的概念。我们可以认为自己失败了，然后折返。不过，我们也可以认为这是一个新的发现，然后继续前进。

在扩展概念时，人们经常会碰到这种情况。

- 不存在加 1 后等于 0 的自然数。

  —— 那就将其作为负数 -1 的定义。

---

① 19世纪德国数学家，创立了现代集合论并提出了集合的势和序的概念。——译者注

② 19世纪德国数学家，提出了戴德金 η 函数、戴德金 ζ 函数、戴德金和、戴德金分割、戴德金环等重要理论。——译者注

③ 也叫浓度、基、势。——译者注

- 不存在平方后等于 2 的有理数。
  —— 那就将其作为无理数 $\sqrt{2}$ 的定义。
- 不存在平方后等于 -1 的实数。
  —— 那就将其作为虚数单位 i 的定义。
- 在整体跟部分之间存在双射。
  —— 那就将其作为无限集合的定义。

扩展概念时的困难之处就在于“飞跃前的停滞”。

◎ ◎ ◎

“…… 就在于‘飞跃前的停滞’。”米尔嘉说道。

“原来如此。”我点头。

“每个人都会犹豫。这种犹豫经常会体现在数的命名上。”

“命名？是指什么？”泰朵拉问道。

“咱们来个英语单词测试吧。”米尔嘉指着泰朵拉说道。

“负数？”米尔嘉问道。

“Negative Number。”泰朵拉回答。

“无理数？”

“Irrational Number。”

“虚数？”

“Imaginary Number。”

“否定的、不合理的、想象中的……”米尔嘉从座位上站起来，“这些英语单词充分体现了人类面对全新概念时产生的犹豫。”

她扭头望向窗外。

“要向新的道路前进时，任谁都会犹豫啊。”

3.4　表示

3.4.1　归途

米尔嘉说要跟盈盈练习钢琴，就去了音乐室。

我跟泰朵拉从学校出来，踏上平时常走的那条曲曲折折的小路，向着车站前进。

我回忆着米尔嘉的讲解，开始自言自语似地嘀咕。

“集合跟逻辑……集合的内涵表示法是通过逻辑来表示集合的。我们把‘满足某个命题的东西’视为‘该集合的元素’。用命题的形式来表示条件，就是创造‘集合’这个对象。换句话说，‘美人的条件’创造了‘美人的集合’……”

“是这么回事吗……”泰朵拉也慢慢地开了口，“你说的‘表示’是‘写出来’的意思吧？我们没法把无限个元素具体写出来，但是可以把无限个元素拥有的共同性质写出来……”

泰朵拉走在我身旁，我默默地听她讲着。

“英语的 Describe 从词源上讲是 De-Scribe，Scribe 是‘写’的意思……”泰朵拉说到这里，好像进入了自己的世界，眼中完全没有我。“实际上，就是写在什么上面。这……就是表示的本质？即使同为‘表示’，Describe 又跟 Express 不一样。Express 是‘向外’(Ex) 推出 (Press)，是把心里的东西一把推出去，那么 Describe 是往那些东西上面写吗？Represent 呢？Denote 呢？”

泰朵拉停下脚步，从书包里拿出辞典。

“你那本是英英辞典？”我问道。

她“唰”地一下抬起头。

“什么？啊，是的。对不起，我刚刚一个人想入迷了。”

“嗯，你心里的想法都被 Express 出来了哟。”

3.4.2 书店

泰朵拉让我陪她选参考书，我们就顺路来了书店。

“学长，数学参考书要选什么样的才好呢？我已经买了一大堆了……”

泰朵拉仰望着摆满了数学参考书的书架。

“这么说来，我一直挺奇怪，你挺在意每本参考书在表述上的差异吧？”

“啊，以前是的……怎么说呢，我有时候感觉非得买很多书才行。这算是一种不安么？感觉只要买了那些学霸们用的参考书，我的成绩就也能跟他们一样高……就像买游戏攻略书似的。”

“你现在也还这么想吗？”我忍俊不禁。

“不要笑人家嘛。这个嘛……我现在想法有点不一样了。我觉得不在于‘买或不买’参考书，而在于‘用或不用’自己的脑子吧。买了参考书不看也没用，而且光看也没用，一定要好好动笔，认真思考才行。可是，有时候我还是会禁不住想：如果手边有本好的参考书，是不是‘唰唰唰’地就能搞懂了呢……”

泰朵拉从书架上拿了一本参考书，翻了开来。耳边传来了轻轻的翻书声。她翻了几页，又把书放回了书架上。

“要是我，我选的时候就会想：什么参考书适合自己呢？”

“学长的意思是？”

“你看啊，每个人不懂的地方、想不通的地方都不一样吧。尤其是数学，有时候光是理解了一句关键的话，整个人就开窍了。所以，我都是仔细考虑自己不明白哪些知识以后，再去选择相匹配的参考书。”

“诶？学长，你刚刚说的话超——级重要啊！麻烦你再说具体点，让我也能理解！”

泰朵拉凑到我面前。

“…… 嗯，举个例子吧。假设你不明白‘数学归纳法’，然后你对着镜子问，也就是问自己‘我自己都不明白哪些地方呢？’你可能会不由自主地想回答‘我全都不明白！’不过，这时不能放任自己，要牢牢站住脚。然后，耐心找出自己是从哪里开始不明白的。找出对自己而言的‘不明白的初始点’。如果你发现‘就是这儿！’，也就是找到了初始点，那你再来书店，翻开参考书，找到写有‘初始点’相关内容的那页，踏踏实实地读，花上大把时间来思考这本书是否能解答自己的疑问。衡量完一本参考书后，再拿另一本重复同样的过程。只要这样来回读，就有可能找到适合自己的参考书。也就是说，没有一本参考书是适合所有人的，我们要找出适合自己的那一本参考书。”

“可是，感觉会花上很多时间……”

“这也没办法呀，因为面对式子的时候……”

“任何人都是一个小数学家，对吧？”泰朵拉接过我的话说道。我们相视而笑。

“学习啊，最基本的就是要问自己‘我都不明白哪些地方呢？’”

“学长讲的我最容易懂了…… 要是能把学长你摆在我的书架上，那该多好啊……”

泰朵拉吐了吐舌头，偷看了我一眼。

3.5　沉默

美人的集合

“研究出集合是为了处理无限？！”尤里很吃惊。

在接下来的那个周末，我在自己家里把米尔嘉的话复述给了尤里。

“无限有这么厉害吗？我不太能理解啊……”

“我也还不明白，得一点点学啊。”

“唔……”

“不用着急，尤里你经常动脑，也能准确地把问题用语言表述出来。数学又不会跑掉，所以我们沉下心来对待它就好了，明白吗？尤里你没问题的。”

“是、是喵……”

“当然了。你能理解的数学深奥到我都想象不到。”

“……话说，哥哥。”

尤里慢慢摘下了眼镜。

“嗯？”

“那个，人家……”

尤里把眼镜折叠好，放进口袋，看着我。

“嗯。”

“你觉得人家属于‘美人的集合’吗？”

“诶？这个的真假对每个人来说都不一样，这不能算是命题啊……”

“如果把哥哥你当作‘美人测定仪’的话，就能当命题了呀。”

“这个……”

“可以把全集限制成你身边的女生。”

“这……”

“哥哥，你觉得人家是‘美人的集合’的元素吗？”

“……”

“不说‘是’，也不说‘不是’。沉默就是你的答案吗？”

即使数学新导入了一个抽象的概念，
只要明确定义了这个概念，
那么就算它看似漂浮于虚空之中，
也会立即化身成集合与其元素，飘落到地面上，
随之混入各种各样的数学之中，朝气蓬勃地开始发光发热。
——志贺浩二① [13]

① 日本数学家，生于1930年，东京工业大学名誉教授。——译者注

第4章 无限接近的目的地

去参加舞会吧，灰姑娘。
但是别忘了：
只要半夜12点一过，
马车就会变回南瓜，车夫就会变回老鼠。
而你，就会变回那个蓬头垢面的灰姑娘。
——《灰姑娘》

4.1 家中

4.1.1 尤里

“啊～真是的！我不甘心不甘心不甘心啦！”

“怎么了，尤里？”

今天是二月份的一个周六，这里是我的房间。

就在不久前，玄关那边才传来尤里充满活力的声音“打扰了”，以及我妈的回应“来啦，外面很冷吧？”

不过，尤里一进房间就满脸阴沉，跟刚刚的声音正相反。她可很少会这样。

“昨天，人家输给了一个讨厌的男生。烦死了！讨厌讨厌讨厌！”

尤里摇晃着头，把马尾辫甩来甩去。

“喂喂，你在学校跟男生吵架了？”

“没有，是数学啦。那家伙出了这么一道题。”

问题 4-1

下面的等式对吗？

$$0.999\cdots = 1$$

“原来是这么一回事儿啊。”

“然后嘛，人家就回答说：‘这等式怎么可能对呀’。”

“为什么？”

“因为是 $0.999\cdots$ 呀，刚好比 1 小不是吗？”

“是么？话说，那个男生怎么说的？”

“他一脸得意地说‘这个等式是对的’。啊～好不甘心啊！”

“他说了为什么对吗？”

“那家伙说‘1 等于 1’，然后就开始证明了。”

4.1.2 男生的“证明”

1 等于 1。

$$1 = 1$$

将等式两边同时除以 3。左边写成小数形式，右边写成分数形式。

$$0.333\cdots = \frac{1}{3}$$

将等式两边同时乘以 3。

$$3 \times 0.333\cdots = 3 \times \frac{1}{3}$$

分别计算等式的左右两边。

$$0.999\cdots=1$$

这样，就证明了 $0.999\cdots=1$。

◎ ◎ ◎

“我当时没能反驳他，好不甘心啊！”

“我觉得，作为初中生来说，他已经答得不错了啊。”我表示。

“诶？这样证明就可以？”

“嗯。不过严格来说，还有地方不对劲。”

“嗯……其实说真的，人家回家以后也想到了一个‘证明’。可是，$0.999\cdots=1$ 是错的呀。因为等号‘=’是在分毫不差、精确相等时使用的符号啊。数学的魅力不就在于这种精确性吗？所以，我有‘疑惑’，这里就应该像 $0.999\cdots<1$ 这样用不等号，而不是等号……”

“那你就跟我说说你想出来的‘证明’，还有心中的‘疑惑’吧。我们一起来思考，好吧？”

尤里刚刚嘴角还拉成倒 V 字形，听到我这句话，表情一下子明朗了起来。

“嗯！”

4.1.3 尤里的“证明”

“首先，你来讲讲你的那个‘证明’。”我翻开了笔记本。

$0.999\cdots=1$ 的证明

“人家可能会证错，别笑人家哦。”

“当然不会。”

“人家认为，应该先研究 0.9，然后研究 0.99，再然后研究 0.999。”

“喔。”

“然后，1 跟 0.9 很接近，但是偏差 0.1。”

“你说的‘偏差’指的是？”

“啊……那个，就是只差 0.1。”

“你的意思是，它们的差是 0.1？”我往笔记本上写了个等式。

$$1 - 0.9 = 0.1$$

“嗯。对对，是差。原来如此，用等式来写就好了啊！我是照这个思路思考的，一开始是 0.9。”

◎　◎　◎

一开始是 0.9。

$$1 - 0.9 = 0.1$$

然后是 0.99。

$$1 - 0.99 = 0.01$$

继续这样下去。

$$\begin{gathered}1 - 0.9 = 0.1 \\ 1 - 0.99 = 0.01 \\ 1 - 0.999 = 0.001 \\ 1 - 0.9999 = 0.0001 \\ 1 - 0.99999 = 0.00001 \\ \vdots\end{gathered}$$

无限循环以上步骤后，$0.999\cdots$ 跟 1 的偏差就是 $0.000\cdots$ 了。

$$1-0.999\cdots=0.000\cdots$$

这样，右边的 $0.000\cdots$ 就等于 0 了。

$$1-0.999\cdots=0$$

因为偏差是 0，所以最后 $0.999\cdots$ 等于 1！

$$0.999\cdots=1$$

这样一来，嗯……Quod Erat Demonstrandum[①]。证明完毕。

◎ ◎ ◎

“证明完毕。”尤里说。

“你思考得很好嘛，尤里。你一个初中生能解释成这样，我觉得已经很棒了。”

“好开心喵。”她用猫语笑着回应我，然后又马上恢复了认真的表情，“可是，人家不喜欢‘你一个初中生’这个前提。”

“要想解释清楚，就得用数学方式把‘无限循环以上步骤’的部分说明白才行。”

“这样啊。那个，其实人家不太明白‘无限循环’那部分。人家还是觉得‘$0.000\cdots$ 比 0 要大一点’。这样的话，‘$0.999\cdots$ 就比 1 小一点’了。”

“哦哦，这就是你的‘疑惑’啊。”

“没错。哥哥，你听我说啊。”

---

① 即第 2 章中泰朵拉说的 Q.E.D.，意思是证明完毕或证讫。—— 译者注

4.1.4　尤里的“疑惑”

没错。哥哥，你听我说啊。

关于“$0.999\cdots=1$ 不成立”的疑惑

0.9 比 1 小。

$$0.9<1$$

同样，0.99 也比 1 小。

$$0.99<1$$

重复以上步骤，就会出现下面这样的算式。

$$\begin{aligned} 0.9&<1\\ 0.99&<1\\ 0.999&<1\\ 0.9999&<1\\ 0.99999&<1\\ &\vdots \end{aligned}$$

也就是说，不管走到哪儿，0.999… 都还是比 1 小啊！

$$0.999\cdots<1\,?$$

可是我很疑惑，这样…… 真的对吗？

◎　◎　◎

“原来你是这么思考的啊。”

“嗯。我按着 0.9, 0.99, 0.999 往下思考发现，就刚刚的‘证明’来说，$0.999\cdots$ 会非常非常接近 1。而现在我很疑惑，因为‘不管走到哪儿，$0.999\cdots$ 都比 1 小’。它们俩在我脑子里打架。好烦啊，不明白喵。”

尤里“呼 ——”地叹了口气，看向我，仿佛在问“那正确答案是什么呢？”

4.1.5 我的讲解

“尤里，你把问题整理得很好，不过我还是想按照自己的方式再来总结一下。首先，我们思考这样一个‘数的序列’—— 数列。为了好懂，我们给这些数起名叫 $a_1, a_2, a_3, \cdots, a_n, \cdots$ 吧。”

$$
\begin{aligned}
a_1 &= 0.9 \\
a_2 &= 0.99 \\
a_3 &= 0.999 \\
a_4 &= 0.9999 \\
a_5 &= 0.99999 \\
a_6 &= 0.999999 \\
&\vdots \\
a_n &= 0.\underbrace{999999\cdots9}_{n\text{个}} \\
&\vdots
\end{aligned}
$$

“a_n 呀。”尤里点点头。

“在这里，n 表示的是这一串 9 的个数。这样一来，似乎就存在以下性质。就是这两个性质在打架吧？”

(1) n 越大，a_n 就越接近 1。

(2) 但是，不管 n 有多么大，a_n 都小于 1。

“对对，就是这两个性质。因为它们看起来都对，所以人家才烦恼的。

到底哪个是错的呢？”

“尤里，听好了……”我注视着她。

“嗯……”她也注视着我。

“(1) 和 (2) 都是对的。”

“诶？”

“它俩都是对的。下面这两个说法，都是对的。”

(1) n 越大，a_n 就越接近 1。

(2) 但是，不管 n 有多么大，a_n 都小于 1。

“诶？可是，要是 (2) 是对的，$0.999\cdots < 1$ 就成立了啊。”

“不，不成立。$0.999\cdots < 1$ 是错误的，$0.999\cdots = 1$ 才正确。”

$0.999\cdots < 1$	错误
$0.999\cdots = 1$	正确

“抱歉，哥哥。人家现在超级混乱……”

“混乱？”

尤里沉思，我默默地等待着。默默沉思的时间。这个时间对数学来说非常重要。不被任何人搭话，不被任何人打扰，集中精神思考的时间……从厨房隐隐传来了我妈做菜的声音。

“我明白了，改变‘等号’的定义！数学家还真喜欢定义呀，我们定义‘在差很小的时候用等号’吧！”

我震惊了。

“答得很厉害！但是不对。$0.999\cdots = 1$ 里的等号，跟 $1 = 1$ 里的等号是一个意思。这里不再重新定义。$0.999\cdots$ 跟 1 是分毫不差、精确相等的。”

“可是，那……不明白喵。”尤里一脸的不甘心。

这时。

“呀！啊！”

是我妈的喊声。

我跟尤里赶紧跑去厨房。

“怎么了？”

只见我妈穿着围裙，冲着敞开的冰箱慌了神。

“没有鸡蛋了，昨天晚上给用了！”

我妈转过身，盯着我，然后突然换了张温柔的脸。

“那个，打扰你们学习，不好意思……”

“咦？没鸡蛋不能做饭吗？”

“没有鸡蛋的蛋包饭，怎么能叫蛋包饭呢！”我妈理直气壮地说。

“我们还在学习呢……”

“没鸡蛋可就变成饭包饭了哟……”我妈双手合十，眼睛朝上望着我。

“好，好，知道啦。我去超市就是啦。”

“人家也去！”

4.2 超市

目的地

我让尤里坐在自行车后座上，载着她一起到了超市。外面真冷。

嗯……鸡蛋，鸡蛋。6 颗装的应该够了吧？

结完账走出超市的时候，尤里一把拉住了我的胳膊。

“呐，哥哥……那边有好东西。”

尤里指着的地方是卖冰激凌的。

“不行啦，我妈在等着呢。再说了，你不冷吗？”

“不要这样嘛……”尤里绕到我前面，像祈祷似地双手合十，眼睛朝上望着我。为什么大家拜托我办事的时候都同一个动作啊……唉，算了。

我买了两个香草味儿的甜筒，在吧台边上坐下。

“给，尤里。”

“嘿嘿，谢谢哥嘎！”

尤里笑容满面。

“真会哄人。话说，你心情好了？”

“嗯？什么啊？”

“忘了就算了。”

我俩舔着冰激凌，开始闲聊。

“话说，哥哥你将来要做什么？”

“诶？这个……话说回来，尤里你呢？”

“嗯……当律师吧。”

“诶?！是不是受电视剧影响的？”

“才……这，这个嘛，或许有。因为很帅气喵。可是，那个，哥哥你会不会在意妻子的收入比你高？”

“你这什么问题……”

“你不会在意吧？这点小事。”

“……话说刚刚那道题，画成图就是这样。”

我把冰激凌换到左手，在特价广告单的背面画了张图。

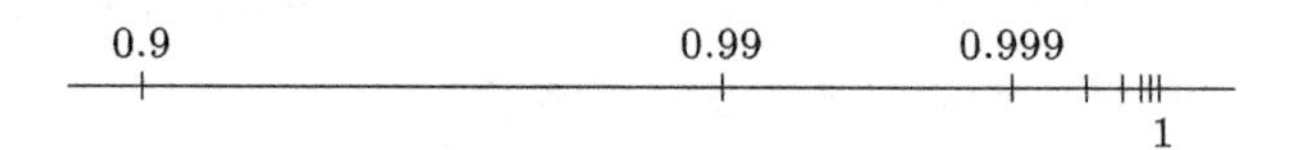

“这个人家知道啦。”尤里回答。

“在这里，$0.9, 0.99, 0.999$ 这个数列**无限接近** 1。然后，无限接近的地方，也就是**目的地**，为 $0.999\cdots$。”

“所以嘛，哥哥，0.9, 0.99, 0.999 这个往下延伸的数列虽然不会变成 1，但是会无限接近 1。这点我倒也不是不那么不懂。”

“到底懂还是不懂啊？”

“我感觉就像哥哥你画的那样，无限接近 1。可是，就算无限接近，0.999⋯ 也不能变成 1 呀。”

她满脸不开心，舔了一口冰激凌。

“尤里，那我现在问你个问题，你用‘是’或‘否’来回答。——0.9, 0.99, 0.999 这样一直延伸下去，其中会有数等于 1 吗？”

“否。无论 0.9 的后面有多少个 9，都应该会小于 1。”

“回答正确。”我说。

“啊～真是的，感觉好烦躁啊！明明无论 0.9 的后面有多少个 9，都不等于 1。为什么 0.999⋯ 会等于 1 呢？！”

“这个嘛，稍等。尤里，这个问题呢？——0.9, 0.99, 0.999 这样一直延伸下去，会无限接近某个数吗？”

“是。如果在 0.9 的后面不断地添加 9，就会接近 1，会无限接近。”

“嗯。回答正确。”我点点头，“下面重点来喽。0.9, 0.99, 0.999 这样一直延伸下去，无限接近‘某个数’的时候，这‘某个数’啊，有以下书写形式。”

$$0.999\cdots$$

“**书写形式**？慢着，等一下！”尤里喊道。

她的发丝如黄金般闪烁了一下。

“怎么了？”

“我明白了，哥哥！人家明白了！让我来确认一下。”

“当然可以。”

“话说，0.999⋯ 表示‘某个数’吧？”

“没错。”

0.999 ··· 表示“某个数”。

“0.9, 0.99, 0.999 这样一直延伸下去，就会无限接近 0.999 ··· 所表示的‘某个数’吧？”

“嗯，就是这样。”

0.9, 0.99, 0.999 这样一直延伸下去，就会无限接近“某个数”。

“虽然接近，可是即使 0.9, 0.99, 0.999 这样一直延伸下去，‘某个数’也是出不来的。这点也对吧？”

“嗯。很好，很好。”

即使 0.9, 0.99, 0.999 这样一直延伸下去，“某个数”也是出不来的。

“那这个 0.999 ··· 所表示的‘某个数’就等于 1 啊！”

0.999 ··· 所表示的“某个数”就等于 1。

“嗯。这就对了，你怎么突然明白了啊？”

“哥哥，人家明白啦。我也很明白自己不明白哪里了。人家啊，才意识到 0.999 ··· 表示‘某个数’。”说着她舔了一口冰激凌，冰激凌已经开始流到甜筒上了。

- 0.999 ··· 表示“某个数”。
- 0.9, 0.99, 0.999 这样一直延伸下去，就会无限接近“某个数”。
- 即使 0.9, 0.99, 0.999 这样一直延伸下去，“某个数”也是出不来的。
- 0.999 ··· 所表示的“某个数”就等于 1。

“嗯嗯，我知道谁是犯人了，哥哥。犯人就是‘0.999 ···’这个写法！

这让人分不清楚嘛！”

尤里咔吧咔吧地连冰激凌带甜筒一起嚼。

“这个嘛，写数列的时候，都是像 $0.9, 0.99, 0.999, \cdots$ 这样，在最后加上省略号‘$\cdots$’。所以我会认为在 $0.9, 0.99, 0.999$ 的后面肯定会出现‘$0.999\cdots$’。可是，不是这样的。$0.9, 0.99, 0.999$ 的后面不会出现 $0.999\cdots$。都是因为写成 $0.999\cdots$ 才会分不清！真是的！写个 ♡ 之类的不就好啦！比如说，像下面这样。

- $0.9, 0.99, 0.999, \cdots$ 无限接近 ♡。
- 并且，♡ 等于 1。

这么告诉我的话，我就完全不会混乱了啊。”

“是啊。”

“哥哥把刚刚我起名叫 ♡ 的数写作‘$0.999\cdots$’了吧？这规矩要一开始就说明白嘛！真是的！这不就只是数的写法的问题了嘛！”

“看来你完全理解了啊，尤里。”

“哥哥，这个得想好久才能明白啊。就算老师讲了，我也一定会理解错。$0.999\cdots$ 指的不是数列里出现的数，指的是数列去向的目的地，可以不用到达那里。我很明白哥哥说的是什么啦。确实，$0.999\cdots$ 跟 1 是分毫不差、精确相等的。因为它是 $0.9, 0.99, 0.999$ 接近的目的地嘛。”

“就是如此。”

“咦？这么说的话……这两个就完全不一样了呢。”

$0.999\cdots$	等于1
$0.999\cdots9$	小于1

“对对。像 $0.999\cdots$ 这样，在数的最后加上省略号的，是数列去向的目的地；像 $0.999\cdots9$ 这样，在中间加上省略号，最后又写上一个 9 的，

是数列中出现的数。天差地别呀。”

“这，这个，好混乱啊！”

“可是，尤里你已经不会弄错了吧？”

“嗯……”

我忽然注意到了脚边的白袋子。

这是啥来着？

袋子里放着——一盒鸡蛋。

“完蛋了！我妈还在等着呢！”

解答 4–1

下面的等式是对的。

$$0.999\cdots = 1$$

4.3　音乐教室

4.3.1　字母的导入

“那个男生是尤里的男朋友吗？”泰朵拉问道。

“不是啦，怎么可能。”我回答。

“他肯定是想待在喜欢的女生身边吧。”泰朵拉露出不同于以往的笑容说道。

这里是音乐教室。现在已经放学了，米尔嘉和盈盈正在弹钢琴。我跟泰朵拉在教室的角落里小声聊着天。

盈盈是个美少女，有着一头波浪般的卷发，跟我和米尔嘉不在同一个班，但在同一个年级，都上高二。她还是钢琴爱好者协会“最强音”的会长。这位钢琴少女，除了上课以外基本上都泡在音乐教室里。听说她甚至获得了学校的批准，能够自由进出音乐教室。

盈盈和米尔嘉交替弹着钢琴，每弹完一曲，就对曲子进行评价。刚才，盈盈说想分别弹出“机械的巴赫①”跟“空中的巴赫”，米尔嘉则说想弹出“正式的巴赫”跟“超群的巴赫”的区别。真复杂，不明白她们在说什么。

我把我跟尤里的对话告诉了泰朵拉。

“尤里真聪明啊。我还觉得 $0.999\cdots$ 小于 1 呢。”

泰朵拉平常总是慌里慌张的，可是一提到尤里，不知怎么地，就会稍稍沉着一些。

“学长你跟尤里解释的时候，是用下面这种形式来表示‘n 个 9 排列成的数’的，对吧？”泰朵拉说道。

$$a_n = 0.\underbrace{999\cdots9}_{n\text{个}}$$

“嗯，对。因为用 n 这样的字母来表示，解释起来会轻松一些。a_n 的 n 叫作下标。与其用‘$0.999\cdots9$ 里的 9 的个数’这种麻烦的说法，倒不如用下标这种说法，直接把它叫作‘a_n 的 n’更简洁，对吧？”

“啊，对。在思考数学的时候，我也希望自己能‘导入新的字母’，就像这个 n。可是，脑子不往那边转 —— 我感觉字母多了，就会变复杂。”

泰朵拉说着拿起自动铅笔，就像试笔时一样在自己的笔记本上写了写字母表。

现在是盈盈正在弹钢琴。米尔嘉抱着手臂站在她身后。有一瞬间，她朝我这边看了一眼，可是马上又把视线收了回去，看盈盈弹奏了。

① 巴洛克时期（即17世纪前后）的德国作曲家，管风琴、小提琴和大键琴演奏家。——译者注

4.3.2　极限

我跟泰朵拉继续解释。

“那我们来好好讲讲**极限**吧。”

◎　◎　◎

假设把 n 持续增大，a_n 就会无限接近“某个数”。此时，我们将这里的“某个数”称为**极限值**，写成下面这样。

$$\lim_{n\to\infty} a_n$$

举个例子，a_n 无限接近“某个数”(我们把这个数叫作 A)时，我们就说，“极限值等于 A”，可以用式子写成下面这样。

$$\lim_{n\to\infty} a_n = \mathrm{A}$$

对了，我们有时也不用 lim，比如像下面这么写。

$$n \to \infty \quad \text{时} \quad a_n \to \mathrm{A}$$

然后，我们把“数列无限接近‘某个数’”叫作**收敛**。也就是说，“收敛”跟“存在极限值”是等价关系。

我们把求极限值叫作“求极限”。

泰朵拉盯着我写的数学公式。

我盯着泰朵拉。

“学长，这种写法很好懂啊。”她指着下面这个式子说道。

$$n \to \infty \quad \text{时} \quad a_n \to \mathrm{A}$$

数列的极限

持续增大 n，则 a_n 会无限接近数 A。

$\iff \quad \lim\limits_{n\to\infty} a_n = \mathrm{A}$

$\iff \quad n\to\infty$ 时 $a_n\to \mathrm{A}$

$\iff \quad$ 数列 $\{a_n\}$ 收敛于 A

“是啊。人们在讲极限的时候经常这么用。”

“可是，下面这种写法对吗？”

$$\lim_{n\to\infty} a_n = \mathrm{A}$$

“嗯，对呀。有哪里奇怪吗？”

“不能用箭头来表示‘无限接近’的感觉吗？”

$$\lim_{n\to\infty} a_n \to \mathrm{A} \quad ?$$

“原来你是这个意思啊。不过，‘→’是对会变化的量用的。$n\to\infty$ 的意思是持续增大变量 n，$a_n\to\mathrm{A}$ 指的是通项 a_n 接近数 A。”

“嗯。”

“不过，在 a_n 收敛的时候，$\lim\limits_{n\to\infty} a_n$ 表示的是一个已经确定了的‘数’。这个数不可能再变化了，所以我们不用箭头。”

$$\lim_{n\to\infty} a_n \to \mathrm{A} \qquad \text{错误}$$

$$\lim_{n\to\infty} a_n = \mathrm{A} \qquad \text{正确}$$

“这样啊……”泰朵拉说着又捏了一把自己的脸颊，“话说，数列不总是收敛的吧？”

“嗯，没错。比如，我们思考一下这样的数列。”

$$10, 100, 1000, 10000, \cdots$$

“这个…… 越来越大了呢。”泰朵拉一下子把手举得高高地说道。

“没错。这个数列会无限变大。换句话说就是，它不会无限接近‘某个数’。因此，这个数列不收敛。我们把不收敛称为‘发散’。数列 $10, 100, 1000, 10000, \cdots$ 是发散数列。我们把像这个数列这样无限变大并发散的情况称为发散至正无穷大。”

“等…… 等一下，学长。不能认为它‘无限接近无穷大’吗？”泰朵拉问道。

“这是不行的。无穷大不是一个数，所以就不是无限接近‘某个数’了。所以我们不说‘极限值无穷大’，也不说‘收敛至正无穷大’。我们只说‘发散至正无穷大’。”

“嗯…… 这样呀。”

4.3.3 凭声音决定音乐

“#C[①] 不行啦！”盈盈喊道。

“是么……”米尔嘉回应道。

“就不能‘哨哨哨’地接下去啦！”

“喔…… 右手难唱原来是因为这个吗……”

盈盈跟米尔嘉一边说着话一边走到了我们这边。盈盈的表情有些纠结。

“休息？”我问。

“你们聊什么呢？”米尔嘉反问我。

---

① 此处指升 Do，即 Do, Re, Mi, Fa, So 的 Do。——译者注

"lim 好难啊。"泰朵拉说。

"是吗？"米尔嘉歪了歪头。

"我感觉差不多明白了什么是'无限接近'，但是一旦出现像 lim 这样的式子…… 我就不能很直观地看懂了。"

"lim 来自于 Limit，也就是极限。"米尔嘉说。

"是这样，可是一扯到式子我就……"

"打扰一下。"盈盈突然探出身子插了句嘴，"数学中之所以会用到式子，是因为式子是最好的表现手法。"

然后盈盈停顿了一下，看着自己的掌心，若有所思。她又翻过手，看着自己的手背。格外纤长的手指 —— 果然是弹钢琴的手指啊。

"音乐是凭声音的。"她看着自己的手说道，语气中透出少有的认真。"总之最后是'声音'。如果能用语言表现世界，那用语言就可以了。不过，有些世界只能用声音来表现。"

随后盈盈用她那纤长的手指，指向自己的胸口。

"音乐 —— 属于我。能把我这胸口撕裂，并暴露出我正在激烈蠢动着的内心的，只有音乐。我是这么想的。我为了音乐呼吸，为了音乐进食。"

她的语气异于往常。我们一时语塞。

"有时候，有些人会说'我不懂音乐'。这些人用一句'不懂'就打发了所有无法用语言充分表达的事物，而不去直接品味音乐。就算不能用语言表现也无所谓。正是因为不能付诸言语，才凭声音来表现。想用言语形容的人不去听声音，光是一个劲儿寻找辞藻，而不去听演奏者奏出的关键的声音，不品味声音响起的时间以及声音飘荡的空间。不要寻找辞藻了！去聆听声音！…… 就是这么回事。"

"不去听声音？这就像想学数学却不看式子吧？"我联想道。

"啊！没错！"泰朵拉也发话了，"不认真看式子，就是不去看数学家创造出来的世界。不好好看式子，而被自然语言拖了后腿的话，就不是在研究数学了。是这个意思吧？”

“自然语言？”我不解。

“啊，就是 Natural Language[①]。”

“音乐跟数学完全是两码事，但又有着相似之处。”我说道，“演奏者奏出了声音，我们就要好好听。数学家写出了式子，我们就要好好看。就是这样。”

“重要的是，音乐拿声音当语言，数学则拿式子当语言。”泰朵拉说道。

“语言……？”盈盈问道。

“啊，就是最重要的‘表现形式’(Representation)。”泰朵拉回答。

“可能不一定是式子。”我说，“关于‘极限’的解释用到的是‘无限接近这个值’这种表述，而不是‘变成这个值’。要仔细看数学书上是怎么写的，这很重要。”

“总之……”盈盈说，“我创作音乐，创造音乐。我不确定未来能不能以音乐为生，但是，肯定会跟音乐有关，一定会……”

这时，盈盈两手“啪”地拍了一下。

“哎呀，我怎么都说出来了，羞死了，羞死了！”她看似害羞地一把拢起了长发。

“没事，盈盈你没问题的。你弹钢琴和作曲不是都很厉害么？”

“……你这人虽然钝，人倒是不错。”

“钝？”

“这个，‘纯’跟‘钝’长得很像啊。纯粹的迟钝。喏，就像‘三角函数’跟‘三角关系’只有一个词不同。知道么，‘天真’跟‘天才’只有一个字不同。还有‘质数’跟‘质优’也只有一个字不同……我去喝口水。”

---

① 即自然语言，指的是一种自然地随文化演化而来的语言，如英语、汉语、日语。与自然语言对应的有世界语。世界语属于人造语言，是一种为某些特定目的而创造的语言。——译者注

盈盈唬了我们一通，从音乐教室走了出去。

4.3.4 极限的计算

“你告诉泰朵拉基本的极限了吗？”米尔嘉问我。

“诶？”

“比如说，这种题。”她往我笔记本上写了个式子。

问题 4–2（基本的极限）

$$\lim_{n\to\infty} \frac{1}{10^n}$$

“啊，这个，嗯……”泰朵拉困惑地看着我。

“那我来求一下这个式子的值。”我拿过自动铅笔。

◎ ◎ ◎

我来求一下这个式子的值。

$$\lim_{n\to\infty} \frac{1}{10^n}$$

这道题是求 $\frac{1}{10^n}$ 的极限值，也就是求下面这个 ♣。

$$n\to\infty \quad \text{时} \quad \frac{1}{10^n} \to ♣$$

首先，我们来把数列具体写一下。因为“示例是理解的试金石”。

$$\frac{1}{10^1},\ \frac{1}{10^2},\ \frac{1}{10^3},\ \frac{1}{10^4},\ \frac{1}{10^5},\ \ldots,\ \frac{1}{10^n},\ \ldots$$

也就是说，我们只要回答下面这个问题即可：当持续增大 n 时，是

否存在 $\frac{1}{10^n}$ 无限接近的数？如果存在，则这个数是多少。

光看分母的话，很简单吧？分母是这么一个数列。

$$10^1,\ 10^2,\ 10^3,\ 10^4,\ 10^5,\ \cdots,\ 10^n,\ \cdots$$

像下面这样写会让我们容易明白一些。

$$10,\ 100,\ 1000,\ 10000,\ 100000,\ \cdots,\ 10^n,\ \cdots$$

当持续增大 n 的时候，10^n 也会无限增大，如果用式子来表示，就是下面这样。

$$n \to \infty \quad 时 \quad 10^n \to \infty$$

如果持续增大 n，分数 $\frac{1}{10^n}$ 的分母也会无限增大。因为分母无限增大，所以分数 $\frac{1}{10^n}$ 自身会无限接近 0。用式子表示时，可以写成下面这样。

$$n \to \infty \quad 时 \quad \frac{1}{10^n} \to 0$$

用 lim 这种写法的话，就是以下形式。

$$\lim_{n \to \infty} \frac{1}{10^n} = 0$$

这样一来，我们就会知道存在极限值，且这个极限值为 0。

解答 4-2（基本的极限）

因为当 $n \to \infty$ 时，$10^n \to \infty$，所以 $\frac{1}{10^n} \to 0$。因此答案如下：

$$\lim_{n \to \infty} \frac{1}{10^n} = 0$$

◎ ◎ ◎

“原来如此……”泰朵拉感叹道，“刚才听了学长你说的，我想‘当 $n\to\infty$ 时，$10^n\to\infty$’能不能写成下面这样？”

$$\lim_{n\to\infty} 10^n = \infty$$

“嗯，可以呀。有什么不对吗？”

“嗯……这样的话，怎么说呢，就好比 10^n 的极限值是 ∞ 似的，因为刚刚学长你说了，咱们不说‘极限值无穷大’……”

“哦哦，这个呀。我刚刚没解释清楚。∞ 确实不是数。在这里，我们是像下面这样来展开并定义等号的，泰朵拉。”

$$\lim_{n\to\infty} 10^n = \infty \quad\Longleftrightarrow\quad n\to\infty \quad \text{时} \quad 10^n\to\infty$$

“数列 $\{10^n\}$ 可以说是‘发散至正无穷大’吧？”

“嗯，可以。”我点头。

米尔嘉一直默默地听着我们的谈话，这时她突然开了口。

“下一道题。”

问题 4-3（基本的极限）

$$\lim_{n\to\infty}\sum_{k=1}^{n}\frac{1}{10^k}$$

“诶……这跟刚才的不一样吗？”泰朵拉问道。

“刚才是谁强调说‘不认真看式子，就是不去看数学家创造出来的世界’来着？”米尔嘉问道。

“啊……是……是我说的。我看。”

泰朵拉又看了一遍笔记本。

“…… 我明白了，是不一样。我看漏了$\sum$（Sigma，西格玛）。可是，我算不太出来这个。lim、$\sum$，还有……”

“换人。”米尔嘉的手滑过我的肩膀，回到了钢琴的旁边。

“我们想计算的是……”我对泰朵拉说道，“下面这个式子。

$$\lim_{n\to\infty}\sum_{k=1}^{n}\frac{1}{10^k}$$

要想计算这个式子，我们得把精力放在求和上。

$$\sum_{k=1}^{n}\frac{1}{10^k}$$

然后，思考如何用带n的式子来把上面这个式子表示出来。如果留着$\sum$，处理起来会很复杂。首先，为了证实自己的理解——”

“要举出具体例子，是吧？”泰朵拉拿起了自动铅笔。

$$\sum_{k=1}^{1}\frac{1}{10^k}=\frac{1}{10^1}\qquad（当n=1时）$$

$$\sum_{k=1}^{2}\frac{1}{10^k}=\frac{1}{10^1}+\frac{1}{10^2}\qquad（当n=2时）$$

$$\sum_{k=1}^{3}\frac{1}{10^k}=\frac{1}{10^1}+\frac{1}{10^2}+\frac{1}{10^3}\qquad（当n=3时）$$

“对对。你能把通项也写出来吗？”

“啊，对呀。能写。”

$$\sum_{k=1}^{n}\frac{1}{10^k}=\frac{1}{10^1}+\frac{1}{10^2}+\frac{1}{10^3}+\cdots+\frac{1}{10^n}\qquad（通项）$$

“嗯，这样就准备 OK 了，泰朵拉。接下来我们要用到常用的‘等式变形’。我们在等式两边同时乘以 $\frac{1}{10}$，然后把项偏移一个位置。”

$$\sum_{k=1}^{n} \frac{1}{10^k} = \frac{1}{10^1} + \frac{1}{10^2} + \frac{1}{10^3} + \cdots + \frac{1}{10^n} \qquad \text{表示通项的等式}$$

$$\frac{1}{10} \cdot \sum_{k=1}^{n} \frac{1}{10^k} = \frac{1}{10} \cdot \left(\frac{1}{10^1} + \frac{1}{10^2} + \frac{1}{10^3} + \cdots + \frac{1}{10^n} \right) \qquad \text{在等式两边同时乘以 } \frac{1}{10}$$

$$\frac{1}{10} \cdot \sum_{k=1}^{n} \frac{1}{10^k} = \frac{1}{10} \cdot \frac{1}{10^1} + \frac{1}{10} \cdot \frac{1}{10^2} + \frac{1}{10} \cdot \frac{1}{10^3} + \cdots + \frac{1}{10} \cdot \frac{1}{10^n} \qquad \text{把右边展开}$$

$$\frac{1}{10} \cdot \sum_{k=1}^{n} \frac{1}{10^k} = \frac{1}{10^2} + \frac{1}{10^3} + \frac{1}{10^4} + \cdots + \frac{1}{10^{n+1}} \qquad \text{项偏移后的等式}$$

“项偏移，就是每一个项里的 10 的指数都增加 1，对吧？”

“没错。这里我们从‘表示通项的等式’两边分别减去‘项偏移后的等式’。这样一来，中间的项就会相互抵消，‘唰’地一下消失。”

$$
\begin{array}{rrcll}
 & \displaystyle\sum_{k=1}^{n} \frac{1}{10^k} & = & \displaystyle\frac{1}{10^1} + \frac{1}{10^2} + \frac{1}{10^3} + \cdots + \frac{1}{10^n} & \text{表示通项的等式} \\
-) & \displaystyle\frac{1}{10} \cdot \sum_{k=1}^{n} \frac{1}{10^k} & = & \displaystyle\qquad\quad \frac{1}{10^2} + \frac{1}{10^3} + \cdots + \frac{1}{10^n} + \frac{1}{10^{n+1}} & \text{项偏移后的等式} \\
\hline
 & \displaystyle\left(1 - \frac{1}{10}\right) \cdot \sum_{k=1}^{n} \frac{1}{10^k} & = & \displaystyle\frac{1}{10^1} \qquad\qquad\qquad\qquad - \frac{1}{10^{n+1}} & \text{相减后的结果}
\end{array}
$$

“啊！原来如此。除了开头跟结尾，其他的都抵消掉了。”

“接下来计算这个结果。”

$$\begin{aligned}
\left(1-\frac{1}{10}\right)\cdot\sum_{k=1}^{n}\frac{1}{10^k} &= \frac{1}{10^1}-\frac{1}{10^{n+1}} && \text{相减后的结果}\\
\frac{10-1}{10}\cdot\sum_{k=1}^{n}\frac{1}{10^k} &= \frac{1}{10^1}-\frac{1}{10^{n+1}} && \text{计算左边}\\
\frac{9}{10}\cdot\sum_{k=1}^{n}\frac{1}{10^k} &= \frac{1}{10^1}-\frac{1}{10^{n+1}} && \text{再计算左边}\\
\sum_{k=1}^{n}\frac{1}{10^k} &= \left(\frac{1}{10^1}-\frac{1}{10^{n+1}}\right)\cdot\frac{10}{9} && \text{在等式两边同时乘以 }\tfrac{10}{9}\\
&= \frac{1}{10^1}\cdot\frac{10}{9}-\frac{1}{10^{n+1}}\cdot\frac{10}{9} && \text{展开}\\
&= \frac{1}{9}-\frac{1}{9\cdot 10^n} && \text{计算}
\end{aligned}$$

“接下来，只要考虑‘当 $n\to\infty$ 的时候，这个式子的右边会怎么样’就行了。”

$$\sum_{k=1}^{n}\frac{1}{10^k}=\frac{1}{9}-\frac{1}{9\cdot 10^n}$$

“当 $n\to\infty$ 的时候，这个式子的……”泰朵拉嘀咕道，“$\frac{1}{9\cdot 10^n}$ 这部分，极限值会变成 0 吧？因为分母 $9\cdot 10^n$ 会无限变大。”

“没错。”我说，“换句话说，答案是这样。

$$n\to\infty \quad \text{时} \quad \sum_{k=1}^{n}\frac{1}{10^k}\to\frac{1}{9}$$

也就是说，是下面这样。”

$$\lim_{n\to\infty}\sum_{k=1}^{n}\frac{1}{10^k}=\frac{1}{9}$$

解答 4-3（基本的极限）

$$\lim_{n\to\infty}\sum_{k=1}^{n}\frac{1}{10^k}=\frac{1}{9}$$

“做完了？”不知何时，米尔嘉站在了我们身后，手里拿着乐谱，“那我们来算 $0.999\cdots$ 吧。”

问题 4-4

计算 $0.999\cdots$。这里，我们把 $0.999\cdots$ 定义如下。

$$0.999\cdots = \lim_{n\to\infty} 0.\underbrace{999\cdots9}_{n\text{个}}$$

“米尔嘉，你是按照这个思路来出题的呀……”我说道。

“你之前没注意到吗？”说着，米尔嘉在笔记本上展开了式子。

$$\begin{aligned}
0.999\cdots &= \lim_{n\to\infty} 0.\underbrace{999\cdots9}_{n\text{个}} \\
&= \lim_{n\to\infty} \left(0.9 + 0.09 + 0.009 + \cdots + 0.\underbrace{000\cdots0}_{n-1\text{个}}9\right) \\
&= \lim_{n\to\infty} \left(\frac{9}{10^1} + \frac{9}{10^2} + \frac{9}{10^3} + \cdots + \frac{9}{10^n}\right) \\
&= \lim_{n\to\infty} 9\cdot\left(\frac{1}{10^1} + \frac{1}{10^2} + \frac{1}{10^3} + \cdots + \frac{1}{10^n}\right) \\
&= \lim_{n\to\infty} 9\cdot\sum_{k=1}^{n}\frac{1}{10^k} \\
&= 9\cdot\lim_{n\to\infty}\sum_{k=1}^{n}\frac{1}{10^k} \\
&= 9\cdot\frac{1}{9} \qquad \text{根据解答4-3} \\
&= 1
\end{aligned}$$

“也就是说，$0.999\cdots$ 等于 1。”米尔嘉说道。

解答 4-4

$$0.999\cdots = \lim_{n\to\infty} 0.\underbrace{999\cdots9}_{n个} = 1$$

“$0.999\cdots$ 原来是能计算出来的呀……”

“因为我们定义的时候就定义了‘它能计算出来’啊。”我说。

“无限会欺骗感觉。”米尔嘉说道，“没有几个人能模仿**欧拉**[①]老师。处理无限的时候，如果依赖感觉就会失败。”

“这样啊……”泰朵拉应道。

“不要依赖感觉——”米尔嘉看着我说。

“要依赖逻辑。”我接道。

“不要依赖语言——”

“要依赖式子。”

“是这样。”米尔嘉微笑道。

“啊，所以……”泰朵拉说道，“在思考极限的时候，才要用 lim 这样的式子，而不用‘无限接近’这个词，对吧？”

“不过，为了更进一步讨论，我们还需要精确定义 lim 本身。”米尔嘉在我们身边踱着步说道，“当然，不能用‘无限接近’这个词。”

“诶……那要怎么办？”

“式子。”米尔嘉简洁地回答道。

“用式子，来定义 lim？这，这这……怎么可能……”

① 18世纪的瑞士数学家、自然科学家。——译者注

"当今时代，能。"米尔嘉竖起食指，"人类是近些年才将极限掌握到如此程度的。**柯西**[①]将极限概念导入数学，是在进入19世纪后；**魏尔斯特拉斯**[②]用式子来定义极限，则是在19世纪后半期。"

这时，盈盈回来了。

"米尔嘉亲，继续练习！"

"用式子，来定义lim……"泰朵拉小声念着。

米尔嘉"砰"地敲了一下她的头。

"是ϵ-δ语言[③]！"

4.4 归途

前途

米尔嘉和盈盈还要继续练习，所以我就跟泰朵拉两个人去车站了。她在我身后走着，距离我半步。不知从何处飘来了梅花的香气。

"感觉今天聊了好多啊。"

"对啊。"

我想起我们今天在音乐教室里聊的内容。盈盈很认真地看待音乐，打算从事音乐方面的工作。她在仔细考虑这件事，说"音乐属于我"。

"那个，学长你……将来有什么目标？"

"这个嘛……泰朵拉你呢？"

---

① 19世纪法国数学家、物理学家、天文学家。由于在数学分析学领域有诸多贡献而被称为"法国高斯"。——译者注

② 19世纪德国数学家，曾受聘于柏林大学，被誉为"现代分析之父"。——译者注

③ 数学分析中的一个方法，只使用(有限的)实数值来讨论极限。——编者注

“我呀，我打算…… 从事能应用英语的工作。不过，最近我们在学计算机，计算机方面的工作好像也很有意思。我要是能像盈盈那样，能说自己正在为了无限接近目标而学习，那就好了……”

“是啊。”

如果换成泰朵拉，那她最后应该会说“英语属于我”吧。—— 这么说来，尤里说过想当律师。虽然不知道她有几分是认真的，不过这行没准还挺适合她呢。

“…… 是吧。”泰朵拉说道。

“是啊。”我恍惚地随口答道。

米尔嘉将来会干什么呢？会当数学家吗？话说回来，感觉那个才女哪行都能干……

…… 咦？

回过神来，泰朵拉已经落在我后面老远。她一个人停了下来。

“怎么了？”我赶紧折回去。

“……”她不回答，眼睛看着地面。我看不到她的表情。

“喂，怎么了？”我弯下腰，看着她的脸。

“我……”她用微弱的、模糊的声音说道，“我这人，什么都不行呢。”

“…… 为什么这么说？”

“我这人，什么都不行啊。”泰朵拉仍旧看着地面说道，“米尔嘉能谈论很高深的数学，盈盈能创作出很棒的音乐，可是我…… 我什么都不会。对我而言，因为学长你，数学才变得有意思了。可是，我净问问题来浪费学长你宝贵的时间。我什么…… 什么都为你做不了。”

“泰朵拉…… 你错了。我因为你，才有了毅力。分类讨论的时候，举例的时候，我都会想起你。这种对一件事坚持到底的努力精神，我是从你身上学到的。”

“……”她还低着头。

“所以啊，你还是可以跟之前一样，来随便问我问题。这还能反过来让我学到一些东西。”

“学长……”泰朵拉抬起头，面色绯红，“谢谢你。是呢……如果我有不明白的，那我就不客气，直接问你。可是，如果烦到你的话，请你一定要说哦。”

泰朵拉注视着我，接着说道：

“因为高考很重要。”

我们把数列$1, \frac{1}{2}, \frac{1}{3}, \cdots, \frac{1}{n}, \cdots$逐步接近的“目的地”

称为该数列的**极限值**，记作〔$\lim\limits_{n\to\infty} \frac{1}{n}$〕。

然后，我们称数列$1, \frac{1}{2}, \frac{1}{3}, \cdots, \frac{1}{n}, \cdots$**收敛**于0。

注意，这里只是把数列指向的目标称为该数列的极限值，

并没有说数列会到达该目的地。

这绝不，绝不（Never！ Never！）

意味着数列在“经过无限的操作后”等于0。

——《无限的悖论》[12]

第5章
莱布尼茨[1]之梦

持久不能成为衡量真假的标准。

虽然蜻蜓的一天、樟蚕的一夜，

在其一生中都只是一段短暂的时光，

但绝非没有意义。

——《来自大海的礼物》[6]

5.1 若尤里，则非泰朵拉

5.1.1 “若……则……”的含义

“我不明白‘若…… 则……’！”

今天是周六。尤里一进到我的房间，就嚷嚷道。

“什么啊？这么突然。”我抬起头，把视线从桌子上移开。

“你看你看，逻辑里不是有个‘若 A，则 B’吗？这个，我不理解。”

我叹了口气，面向尤里。

“尤里啊，你把话捋顺了再说。”

“可是，哥哥你已经听懂了吧？”

“…… 听懂是听懂了。”

① 17世纪德国哲学家、数学家，历史上少见的通才，被誉为“十七世纪的亚里士多德”。——译者注

“不愧是哥哥喵！”尤里坏笑道。

我又深深地叹了口气，把笔记本新翻开了一页。她拉过椅子坐在我身旁，戴上了那副树脂边框的眼镜。

“假设有两个命题，即 A 跟 B。把 A 跟 B 用‘若……则……’连起来，形成一个新的命题‘若 A，则 B’。用式子写出来，就是下面这样。”

$$A \Rightarrow B$$

“哦哦。”尤里点头。

“命题就是判定真假的数学性观点。既然有命题 A 跟命题 B 两个命题，那真假的组合就总共有四种。对于每一种组合，命题 $A \Rightarrow B$ 的真假都是确定的。我来动手画个**真值表**[①]试试。”

A	B	A⇒B
假	假	真
假	真	真
真	假	假
真	真	真

“对对，就是这个，就这个我不理解。”

“尤里你知道怎么看真值表吗？”

“喂，看不起人嘛？比如最上面那行，意思就是‘若 A 为假且 B 为假，则 $A \Rightarrow B$ 为真’。”

“嗯，没错。那你不理解哪一行呢？”

“我不理解第一行和第二行。第三行和第四行我理解。”

“那个嘛……”

“你看嘛，你想想‘若……则……’的意思啊！”尤里抢了我的话，“在

① 表示逻辑事件的输入和输出之间全部可能状态的表格，即列出逻辑公式真假值的表。通常以1表示真，以0表示假。——译者注

第一行和第二行里，A 是假的吧？也就是说‘若 A，则 B’这个前提不成立。前提都不成立了，可‘若 A，则 B’仍为真，不觉得很奇怪吗？”

“也是啊，我应该怎么解释呢……”我发愁。

“那家伙说‘思考意思以后，肯定会觉得奇怪’。可是他光说‘这样就对啦’，却不给我讲。”

（那家伙？）

“那个……尤里你有没有想过，什么样的真值表才适合‘若……则……’？”

“诶……没，没想过。”

“既然你能理解第三行和第四行，那我们就先把它们放在一边。然后，我们把第一行和第二行的所有情况列出来，研究一下哪种情况才适合‘若……则……’。”

“嗯……嗯！原来如此……哥哥你好厉害！”

“那我们来画个真值表吧。”

A	B	(1)	(2)	(3)	(4)
假	假	假	假	真	真
假	真	假	真	假	真
真	假	假	假	假	假
真	真	真	真	真	真

“这就是所有的了？”尤里探出身子看着表格。

“很热的，别靠过来嘛。来，(1) ~ (4) 里哪个适合‘若……则……’？”

“总之，前提都不成立了，命题还是真的那种情况太奇怪了！”

“那是 A 为假时，‘若 A，则 B’也为假的那些咯？那就是 (1) 啊。”

“嗯！”

“可是啊，尤里，你好好看看表格。(1) 只在 A 跟 B 都为真时为真。所以，(1) 指的是‘A 且 B’。”

“啊，这样呀。‘若……则……’跟‘且’相同，有点奇怪喵……”

“顺便说一下，(2) 就是 B 本身。‘若 A，则 B’跟 A 没有关系，这很奇怪吧？”

“啊，真的……嗯，那 (3) 呢？”

“(3) 是 A = B。也就是说，A 跟 B 的真假相同时，(3) 为真。”

“‘若……则……’和‘相同’应该不一样啊，呜！”尤里哼唧道。

“是吧？所以，除了 (4)，其他都不适合‘若……则……’。说起来，要拿什么放在‘若……则……’里，本来就是人为决定的事儿。”

“嗯……虽说还有不太明白的地方，不过我明白怎么靠真值表来判断哪个适合‘若……则……’了。哥哥，谢啦。”

5.1.2 莱布尼茨之梦

“尤里你还真是喜欢条件跟逻辑啊。很少有人初二就能理解到这种程度。”我说。

“还好吧。”

尤里站起身，开始打量我书架上的书。咦？她够到了之前够不到的那一层。个子长高了不少啊。

“**莱布尼茨**曾经用计算来理解逻辑。”我说。

“莱布尼茨？那是谁？”尤里回过头。

“跟牛顿一个时期的，17 世纪的数学家。牛顿你知道吧？”

“当然，研究苹果掉下来的那个园艺家。”

“不对不对！……真是的。是发现万有引力定律的那个物理学家。”

“是喵？”

尤里装傻，我笑着表示：别开玩笑了啦！

“莱布尼茨啊，把‘思考’看作了‘计算’。他想要用机械性计算来实现逻辑性思考。”

“那就是说，他要做一台会思考的机器？就像计算机。”

“对对。用现代说法来表示‘莱布尼茨之梦’，应该就是这样吧。他是这么说的。”

> …… 只要是人，都能单凭计算来判断当下哪怕是最复杂的真理。今后，人们不会再争论已经掌握的事物，而会奔赴新的发现。①

“哇啊！好酷！不过，不可能靠计算判断就能让人不再争论吧？全世界还有那么多争论。”

“确实…… 总之，莱布尼茨当时想实现的是：即使不去思考含义也能把问题解决，即机械性地解题。”

“诶？不思考含义怎么可能解题啊？哥哥你也说过要好好思考问题的含义啊！这…… 到底是什么意思？”

“‘解题时不思考含义’跟列式子时的思路很像。一思考含义就容易出错。你看，上了初中，从算术课变成数学课的时候，老师不也说过让你‘列式子’吗？”

“啊！嗯，说过说过。就算是那些能用心算回答的简单问题，老师也让我列式子，烦死了。还有些考试不列式子就会扣分。因为这样，我还曾经先写了答案再补式子呢，傻乎乎的。”

“那个啊，是一种练习，好让你学会怎么在读了题，列出式子以后进行机械性的计算，也就是让你学会不思考含义地往下计算。从具体例子来理解问题，这固然很重要，但还需要从某一阶段开始，把思维从‘含义的世界’转移到‘式子的世界’。说白了，就是列式子。只要去到‘式子的世界’，不用思考含义，也能让式子变形。我们可以用各种各样的方法来解方程式。最后让得出的结果从‘式子的世界’返回到‘含义的世界’，

---

① 摘自莱布尼茨的著作《莱布尼茨著作集1：逻辑学》(尚无中文版)。

就能解开原来的问题了。”

“嗯…… 不太明白。”

“诶？真不明白么。比如求苹果价钱的题，‘设价钱为 x 日元’，列一个方程式。这就算向着‘式子的世界’启程了。接下来解方程式，求出 $x=120$，这就是求解。然后想着‘x 表示价钱’，并回到‘含义的世界’。这样一来，就能得出答案是 120 日元。所以啊，所谓‘式子的世界’就像照出这个世界的镜子似的。照得好的话，就能用式子的变形来解决这世上的问题。”

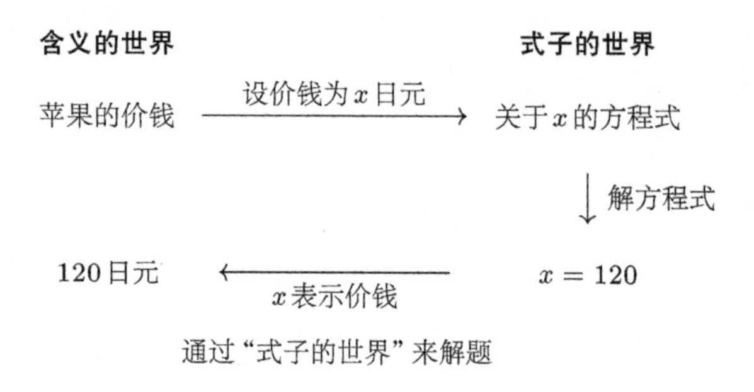

通过“式子的世界”来解题

“这也太顺利了吧？”尤里盘起胳膊。

“当然，这是在照得好的前提下。”

“就是说…… 如果能组织好式子，就能用式子解开能用式子解开的问题？这不是理所当然的嘛！”

5.1.3　理性的界限？

尤里“呜喵呜喵”地喊着，伸展着双臂。“呼 —— 啊，对了，哥哥，你知道**哥德尔不完备定理**吗？”

“嗯，我听说过，不过不知道具体内容。”

“那个，我之前跟那家伙吵了一架之后，慢慢熟悉了起来。刚才那个‘若…… 则……’就是他跟我讲的。他喜欢数学…… 可能是我们年级里书读得最多的人。”

“那个定理是怎么回事？”

“按他说的，哥德尔不完备定理是一个很复杂的数学定理，这个定理证明了数学是不完备的。因此，数学这种由人类的头脑创造出的最严谨的学问，也是不完备的。好像是叫理性的界限。他说哥德尔不完备定理证明出了理性的界限……那家伙放了学都还在一个劲儿地说呢。”

“放了学？”

“人家连一半都没听懂。他也说不知道这个定理的具体内容，我这才打算来问问哥哥你……”

“你俩放学以后一直都在讨论？”

“嗯？嗯。打扫完卫生，他就一直在教室黑板上画着奇怪的图，一边画一边给我讲。他没有哥哥你讲得那么好，不过挺有意思的。”

“你回去晚了，你妈不会担心么？”

“啥？哥哥你在说什么啊……莫名其妙！”

尤里说着，又开始打量我的书架。我看着她的辫子，辫子像小马的尾巴般晃来晃去……不知为何，我心里不太舒服。

5.2　若泰朵拉，则非尤里

5.2.1　备战高考

“早安，学长！”

“你还是这么有活力啊，泰朵拉。”

清晨。上学路上，泰朵拉过来跟我打招呼。

“学长，那个……有点事想跟你商量。”

“怎么了？这么严肃。”

我放慢脚步，倾听泰朵拉说的话。

“那个，虽然边走边说有点不好，不过我还是想请教一下学长如何‘备战高考’。我马上升高二了，有点担心高考……”

“原来是担心高考啊。”

现在是二月，高三学生正处在高考季[①]。整个学校都紧张兮兮的。他们都抱着这样的心态：熬过这个季节，迎来“春天”。这份紧张也传染给了我们这些高一、高二的学生。

“高考要怎么准备才好啊？我一点都不懂。高考是一场超大型的实力考试吧？跟学校定期举行的考试不一样，没有范围。嗯……中考那会儿，我已经很紧张了。我要往笔记本上一遍又一遍地抄相同的知识，这花掉我好多好多时间……而我那些朋友理解得快，记得也快，所以我想，是不是我没找对方法啊……”

我没说话，点了点头。泰朵拉深吸一口气，继续说道：

“我很庆幸一上高中就开始跟学长你聊数学。我数学成绩进步相当大。多亏了学长你，我才好像掌握了一点诀窍。”

“诀窍？”

“嗯。‘严谨地思考’‘重视定义’‘重视语言’……”

“喔，你是这个意思啊。”

“我数学成绩上去了很多。英语我也很喜欢，应该没什么问题。但是我有时候会想，需要为了备战高考特别地下一番工夫么？虽然我朋友说，数学跟英语好，就没什么好怕的了……”

我们刚要过马路，信号灯就变成了红色。在我俩等绿灯的时候，我突然意识到一件事。

“话说，我突然想到，泰朵拉，有没有什么东西是你很怕的？”

---

① 日本与中国不同，新学期一般在每年四月开始，并在来年的三月左右结束，而大学升学考试一般在二月左右。——编者注

“诶？”她抬起头，大大的眼睛滴溜转了一圈。

“在谈备战高考这个重大话题之前，先谈谈具体怕什么。”

泰朵拉眨了两三下眼，咬着指甲，努力想着。

“嗯，我觉得…… 我正式考试很弱。”

她说完就不吭声了。

“正式考试很弱 …… 是怎么个感觉？”我温柔地问道。

“嗯 …… 会焦虑吧。时间分配得不好，而且没办法把思考到一半的题放弃而往下做别的 …… 所以，我碰到考试就非常紧张，心想要是碰到难题了该怎么办。我很怕这种状况 ……”

“原来如此。那练习一下‘计时赛’，也就是在规定时间内解题如何？就像练习限时考试似的。”

“哈哈 …… 我还没怎么这么做过呢。”

“认真思考很重要，但速度也很重要。”

“说的是呢 ……”

信号灯变成了绿色，我跟泰朵拉又走了起来。

5.2.2 上课

我们穿过住宅区的曲折小道，向着学校走去。

“咱们高中好歹是重点高中，课程表里也包括如何备考这个课程。所以，我觉得只要好好上课，基本就没问题了。不过，光去上课并不一定就能学得好，这是肯定的。所以，还得掌握授课内容。”

“掌握 …… 授课内容，是吗？”

泰朵拉忽然用两只手比了一个公主抱的手势。这授课内容还真是相当多呀。

“上课重要的是集中精神听讲。这点泰朵拉你应该基本上没什么问题。听老师讲的内容，然后原原本本地去理解。做笔记也很重要，不过先得好好听。一听讲，就会有疑问。不过，不能把老师的话抛到一边，自己想自己的。要先把在意的地方赶快记下来，课后再仔细讨论。上课期间要集中精神听讲，不能因为有疑问，就在上课期间一直想着，这样可能会听漏重要的知识点。这就糟糕了。学习是从认真听讲开始的。”

“嗯，这点我深有同感。”

“先不说这个。其实，我也跟你一样，不清楚怎么备战高考。现在就在重复着‘听讲 —— 复习 —— 看参考书’这个过程。虽说我也一直在留心，尝试自己动脑来认真思考。”

“学长你经常提到‘自己动脑来思考’呢。”

“嗯。自己动脑来思考是非常重要的。下课以后也要花时间来思考。然后，真真正正地去理解。当然，没必要总是先理解了全部内容，再往下学习。有时候也会留下一些疑问。但是，这个时候我不会‘装懂’。我会提醒自己‘这里我还不懂’。要一直思考，直到自己真正理解为止。越较真，学习就越有趣。”

“……”泰朵拉无声地点了点头。

“如果你还没有明白，那么就算全世界的人都说‘明白了，很简单啊’，你仍然要鼓起勇气说‘不，我还不明白’。这一点很重要。就算别人再怎么明白，如果自己不明白，那也没有意义。要花时间来思考，思考到理解为止。这样得到的东西就一辈子都属于自己。谁也抢不走，认真学习，细心积累，会带给你自信。那种‘就算考试也不会焦虑’的自信。”

“……”泰朵拉点了几下头。

“啊，不好意思，我只顾着自说自话了。”

“没事儿…… 我身边都没有人会跟我说这些。老师没有这么说过，爸妈也没有这么说过。我，对我，对泰朵拉来说，学长你果然非常……重要。”

“我很开心你能这么说。”

到学校了。

我们穿过校门，到了教学楼入口的换鞋处。入口是按年级划分的。

“那放学后再见。”我说。

……然而，她在原地踟蹰，没有挪动脚步。

“怎么了？”

“学长！”

“在！”

泰朵拉一下子提高了嗓门，我也不由得大声应道。她用大大的眼睛认真地、直直地注视着我。

“学长，那个、那个……那什么，那个……学长，那个……”

“怎么了，泰朵拉。”

“那个！”

预备铃响了。

“那……那，那放学后再见……”

5.3 若米尔嘉，则米尔嘉

5.3.1 教室

放学后，我们班的教室。

虽然课上完了，班会也开完了，可米尔嘉还在看书。

“在看什么书？”

米尔嘉没说话，拿起书，给我看了看封面。

Gödel's Incompleteness Theorems

“外文书啊……”

“哥德尔不完备定理。”米尔嘉回答道。

“咦！话说，之前尤里跟我提过这个定理，是什么……证明了‘理性的界限’的定理？”

“尤里跟你说这个？”她抬起头，一脸严肃。

“……嗯。”

“理性的界限……这理解得不好。”米尔嘉评价道，“那你呢？”

“我？”

“你跟尤里正确解释了没？”她直勾勾地盯着我。

“……没。”我慑于米尔嘉的目光，把我跟尤里的谈话告诉了她。

“莱布尼茨之梦啊……嗯。”

米尔嘉静静地把书放下，闭上双眼，沉默了一会儿。她闭眼的时候，不知为何，我总是不由自主地沉默。或许我是在等待由米尔嘉内部而生的某样东西。或者是因为，她毫无防备闭上双眼的样子，非常地……

“学长！米尔嘉学姐！好久不见！”

活力少女进了教室。我把目光从米尔嘉身上移开。

“啊，米尔嘉学姐，你在想事情啊……对不起。”泰朵拉慌忙用双手遮住嘴。因为是高年级的教室，之前她都不好意思进来，不过最近也习惯了，都是大大方方地跑过来。

“好久不见？……今天早上我们不是刚见过么？”我说。

虽然泰朵拉慌慌张张地冲了进来，米尔嘉却毫无反应，仍然闭着眼，还在思考。

泰朵拉用指头戳了戳我，指了指米尔嘉扣在桌面上的书。书的封底上印着的标记跟学校图书室里的不一样。

这标记是什么？藏书印？

“双仓图书馆。”米尔嘉睁开眼说道，“泰朵拉你也来啦。正好，我们来玩命题逻辑[1]的形式系统[2]吧。”

5.3.2 形式系统

“下面，我们来生成一个命题逻辑的**形式系统**玩儿。”

米尔嘉拿着白色粉笔，站在了黑板前。

我跟泰朵拉在教室的最前排坐了下来。

“研究逻辑学的方法分为两种，**语义学**和**句法学**。”

说到“语义学”时，她在黑板上写了个 Semantics；说到“句法学”时则写了个 Syntax。

“简单来说，语义学就是使用真假值的方法。把真值或假值分配给命题，研究命题的关系。不过我们下面要用的是句法学。不用真假值，而是通过关注逻辑公式的形式来往下研究。总之，就是不思考含义，只思考形式。”

逻辑学的研究方法

语义学(Semantics)	使用真假值
句法学(Syntax)	不使用真假值

---

① 英文写作 Propositional Logic，亦称命题演算，是由命题逻辑的重言式组成的系统。由两种方式形成：给出公理，根据确定的推理规则推导出一系列重言式，这称作公理演算；还有一种是借助自然演算，不给出公理，利用一系列推理规则推出定理。——译者注

② 英文写作 Formal System。形式系统是一个完全形式化了的公理系统。就其本身而言，只讲符号、公式和公式的变换。在一个公理系统内，使用特殊的人工语言，用一系列特定的符号表示逻辑概念或简单命题，用公式表示复合命题或真值形式，把证明变成符号与符号之间的变换。形式系统包括各种初始符号、形成规则、公理、变形规则。命题演算就是一个形式系统。——译者注

“句法学研究的是**形式系统**。接下来我们要生成一个形式系统，暂且将其称为‘形式系统 H’吧。”

“那个，我想问一下……”泰朵拉举起手，“形式系统……这个概念太抽象了，我不知道该怎么理解才好……”

“泰朵拉，你可以先不用理解，它马上就会变具体了。”米尔嘉温柔地回应道，继续写着板书。

“接下来，我们按照下面这个顺序来逐一定义概念。”

- **逻辑公式**
- **公理和推理规则**
- **证明和定理**

“公理、证明、定理……这些数学概念我们都很熟悉了。下面我们要在形式系统中定义这些概念，然后以数学的微缩模型的形式来感受生成好的形式系统 H。”

“数学的……微缩模型?!”泰朵拉感到不可思议。

米尔嘉掸了掸手上沾到的粉笔末。

“生成形式系统是‘**用数学研究数学**’的第一步。”

“用数学……研究数学?”从刚刚开始，泰朵拉就一直在鹦鹉学舌般重复米尔嘉的话。不过……我自己也完全不知道她要讲什么了。

“先别管这些。”米尔嘉说，“我们看逻辑公式。”

5.3.3 逻辑公式

“我们如下定义形式系统 H 中的逻辑公式。”

逻辑公式（形式系统 H 的定义 1）

▷**逻辑公式 F1** 若 x 是变量，则 x 是逻辑公式。

▷**逻辑公式 F2** 若 x 是逻辑公式，则 $\neg(x)$ 也是逻辑公式。

▷**逻辑公式 F3** 若 x 和 y 都是逻辑公式，则 $(x) \vee (y)$ 也是逻辑公式。

▷**逻辑公式 F4** 只有 F1~F3 规定的内容是逻辑公式。

“我们设这个 F1 里写的**变量**为 A, B, C, ⋯ 这样的大写英文字母。不过，因为只有26个英文字母，所以到 Z 以后我们就得像 $A_1, A_2, A_3, \cdots$ 这么写，这样才可以生成无数个变量。”

米尔嘉说着用手指向泰朵拉。

“那我出道题看一下你们是否理解了。”

A 是逻辑公式吗？

“这…… 嗯，我觉得是。”泰朵拉答道。

“为什么？”

“A 为什么是逻辑公式…… 这个，怎么说好呢？”

“说理由就行了。因为 A 是变量，而我们在 F1 里定义了‘若 x 是变量，则 x 是逻辑公式’，所以 A 是逻辑公式。”米尔嘉说道。

“啊…… 了解。原来这样啊，拿定义当理由就行了啊。”

“那下一道题。”米尔嘉不给留任何空档。

$\neg(A)$ 是逻辑公式吗？

“嗯，是。”

“为什么？”

“嗯……因为A是逻辑公式，而F2里写着‘若x是逻辑公式，则$\neg(x)$也是逻辑公式’，用A代换里面的x，就能出来$\neg(\text{A})$。”

“很好……下一道题。”

$(\text{A}) \land (\text{B})$ 是逻辑公式吗？

“嗯，是逻辑公式。”

“错了。”米尔嘉立即说道，“逻辑公式的定义中没有出现‘$\land$’这个符号。F3里的是‘$\lor$’而不是‘$\land$’。$(\text{A}) \land (\text{B})$不是形式系统H中的逻辑公式。”

“我……没好好看。”泰朵拉轻轻敲了一下自己的脑袋。

“接下来看这道题。”

$\text{A} \lor \text{B}$ 是逻辑公式吗？

“这个……这次是‘$\lor$’。是，这个是逻辑公式。”

“很遗憾，答错了。”米尔嘉说道，“要注意是否有括号。”

$\text{A} \lor \text{B}$	不是形式系统H中的逻辑公式
$(\text{A}) \lor (\text{B})$	是形式系统H中的逻辑公式

泰朵拉重新看了一遍米尔嘉写的板书。

“啊……确实，F3里写的是‘若x和y都是逻辑公式，则$(x) \lor (y)$也是逻辑公式’……不可以省略括号吗？”

“也有省略的写法。不过，在句法学里，字符串……也就是字符的排列方法很重要，为了强调这一点，我们暂且把括号也明确地写出来吧。”

“嗯，知道了。”

泰朵拉往摊开的笔记本上迅速写着笔记。

“下一道题。”

$(\neg(\mathrm{A}))\vee(\mathrm{A})$ 是逻辑公式吗？

“怎么这么复杂……是，$(\neg(\mathrm{A}))\vee(\mathrm{A})$ 是逻辑公式。”

“为什么？”

“嗯……因为 $\neg(\mathrm{A})$ 和 A 都是逻辑公式，F3 里写着‘若 x 和 y 都是逻辑公式，则 $(x)\vee(y)$ 也是逻辑公式’，所以用 $\neg(\mathrm{A})$ 代换里面的 x，用 A 代换 y，就能得出 $(\neg(\mathrm{A}))\vee(\mathrm{A})$ 也是逻辑公式了。”

“好的。下一道题。”

$\neg(\neg(\neg(\neg(\mathrm{A}))))$ 是逻辑公式吗？

“这、这个嘛，1, 2, 3, 4……嗯，这个是逻辑公式。”泰朵拉用心数完括号说。

“没错。理由呢？”

“理由啊……因为 F2 里写着‘若 x 是逻辑公式，则 $\neg(x)$ 也是逻辑公式’，所以重复用它就行了。”

A	1. 是逻辑公式（根据 F1）
$\neg(\mathrm{A})$	2. 是逻辑公式（根据 1 和 F2）
$\neg(\neg(\mathrm{A}))$	3. 是逻辑公式（根据 2 和 F2）
$\neg(\neg(\neg(\mathrm{A})))$	4. 是逻辑公式（根据 3 和 F2）
$\neg(\neg(\neg(\neg(\mathrm{A}))))$	5. 是逻辑公式（根据 4 和 F2）

“这个很像皮亚诺算术里的后继数啊……”我说。

“啊！确实如此，很像很像。”泰朵拉点头。

“在定义逻辑公式时，我们使用了逻辑公式本身。”米尔嘉说道，“这就是所谓的**递归定义**[①]。”

① 也叫作归纳定义，是一种实质定义，指用递归的方式给一个概念下定义。——译者注

5.3.4　“若……则……”的形式

“那么…… 在这里，为了方便理解形式系统 H 中的逻辑公式，我们来定义一个符号‘$\rightarrow$’。”米尔嘉说道。

符号“$\rightarrow$”(形式系统 H 的定义 2)

▷ **符号 IMPLY**　把 $(x) \rightarrow (y)$ 定义为 $(\neg(x)) \vee (y)$。

“它的意思是，一旦遇到 $(x) \rightarrow (y)$ 这种形式，就将其看作 $(\neg(x)) \vee (y)$ 的略写。举个例子，如果写成下面这样。

$$(\mathrm{A}) \rightarrow (\mathrm{B})$$

就相当于写了以下逻辑公式。”

$$(\neg(\mathrm{A})) \vee (\mathrm{B})$$

“嗯，我懂了。”泰朵拉点头。

“那不用‘$\rightarrow$’能写下面这个逻辑公式吗？”

$$(\mathrm{A}) \rightarrow (\mathrm{A})$$

“嗯…… 能。”泰朵拉走上前去，在黑板上写了下面这个逻辑公式。

$$(\neg(\mathrm{A})) \vee (\mathrm{A})$$

“很好。”

“$(\mathrm{A}) \rightarrow (\mathrm{A})$ 总为真呢。”泰朵拉说道。

“你说的‘真’是？”米尔嘉眼神一变。

“诶？‘若 A，则 A’总为真…… 对吧？”泰朵拉回答道。

“现在我们在讨论形式系统。没有什么‘真’和‘假’，泰朵拉。”

“啊！米尔嘉学姐，这……是‘装作不知道的游戏’吗？”

“装作不知道的游戏？”米尔嘉反问道。

“就是说……或许之后，我们会把 $(A) \rightarrow (A)$ 定义为‘若 A，则 A’，但是在定义之前，我们都不能随便把它拿来用。就算知道，也必须装作不知道——就是这么个游戏。”

“唔……嗯，这么说也行。”米尔嘉略表同意，“讨论形式系统时，我们要降低体温，去感受机器的心情。不能让含义牵着我们的鼻子走。举个例子，逻辑公式 $(\neg(A))\vee(A)$ 说到底就是把字符排列如下。这里没有什么真假，我们只关注它的形式。”

$$\boxed{(}\boxed{\neg}\boxed{(}\boxed{A}\boxed{)}\boxed{)}\boxed{\vee}\boxed{(}\boxed{A}\boxed{)}$$

“请问……‘不思考含义’的意义是什么呢？”

“有时，如果人们在思考了含义的基础上进行论证，根据就会变得不明确。如果不去思考含义，只关注形式，根据就会变得明确。因为不管怎么说，人们只会使用明确定义过的事物。”米尔嘉回答道。

哦……所以米尔嘉才会每次都问“为什么”啊，原来是想要根据呀。

泰朵拉沉思。不知为何，今天的泰朵拉很踏实，不再是平日里那个慌慌张张的小女生，给人一种谨慎认真的印象。

“话虽这么说……”泰朵拉开了口，“可是现在我们只得出了‘$(A) \rightarrow (A)$ 是 $(\neg(A))\vee(A)$ 的省略形式’这一点线索呀。这个……就论证而言，感觉也太简单了。”

“因为我们才定义了‘逻辑公式’而已呀，泰朵拉。下面我们进入到‘公理’。”

看着两位美少女讨论数学，我禁不住心潮澎湃。

原来如此。刚刚，我们是在制作数学的微缩模型。讲皮亚诺算术那会儿，我们定义了自然数集 $\mathbb{N}$ 和自然数的加法运算。这里的形式系统 H 则更加根本，因为它连真假都没有。

唔……刚刚，米尔嘉说什么来着？

我看着黑板上的词语。公理、推理规则、证明、定理……？连支撑数学的最重要的概念——证明——都能被我们以微缩模型的形式建立起来吗？

用数学研究数学——我细细品味着米尔嘉的这句话。

5.3.5　公理

"我们刚刚定义了逻辑公式，下面来定义**公理**。在形式系统 H 里，公理指的是 P1 ~ P4 中任一种形式的逻辑公式。"

公理（形式系统 H 的定义 3）

▷**公理 P1**　$((x) \vee (x)) \rightarrow (x)$

▷**公理 P2**　$(x) \rightarrow ((x) \vee (y))$

▷**公理 P3**　$((x) \vee (y)) \rightarrow ((y) \vee (x))$

▷**公理 P4**　$((x) \rightarrow (y)) \rightarrow (((z) \vee (x)) \rightarrow ((z) \vee (y)))$

注意，x, y, z 表示任意的逻辑公式。

"P1 ~ P4 是公理的形式，也叫**公理模式**。只要把逻辑公式代入公理模式中的 x、y、z 里，什么都能成为公理。那这次换你来答。"

米尔嘉推了推眼镜，看着我。

$((\mathrm{A}) \vee (\mathrm{A})) \rightarrow (\mathrm{A})$ 是公理吗？

“嗯，是公理啊。”我答道，“P1 里写着 $((x) \vee (x)) \to (x)$，用逻辑公式 A 代换这里面的 x，就变成了 $((\mathrm{A}) \vee (\mathrm{A})) \to (\mathrm{A})$，对吧？”

“很好。”米尔嘉点头，“那这个呢？”

$(\mathrm{A}) \to (\mathrm{A})$ 是公理吗？

“我觉得成立……”我答道，“不对，这就考虑到真假了。光看形式的话——我认为，不是公理。”

“为什么？”米尔嘉问道。

“看公理的定义就知道了。”我答道，“公理的定义有四个，P1～P4。不管把任何逻辑公式套到里面的 x、y、z 里，都不会变成 $(\mathrm{A}) \to (\mathrm{A})$ 这种形式。”

“唔……差不多吧。”

“米尔嘉学姐……”泰朵拉带着哭腔说道，“你们在说什么，我一点儿都跟不上。”

“是吗？”米尔嘉一脸平静，“哪里不明白？”

“全都不明白……啊，不，我明白你们在说公理，也明白公理就是某种形式的逻辑公式。我不明白的是……怎么说呢，为什么要把这个弄成公理。”

“那我们从头开始讲吧。”

5.3.6 证明论

“为了从形式上研究数学，我们在前面以字符串的形式定义了逻辑公式。接下来我们要从形式上来定义公理、证明、定理等。以**希尔伯特**[①]为首的数学家们发现了用于形式系统的公理。也就是说，他们想出了能用来生成形式系统中的逻辑公式的集合。”

“那是数学家们先天地假设了公理为真，对吧？”

---

① 德国著名数学家，被称为“数学界的无冕之王”，是天才中的天才。——译者注

“不对，并不出现真假。”米尔嘉说道。

“不出现真假，也有公理……吗？”

“句法学是基于与‘证明’的关系来思考公理的。公理指的是能在证明时无条件地使用的逻辑公式。也可以说，公理就是‘即使没有证明，也可以视为定理’的逻辑公式。”

泰朵拉似乎对米尔嘉的话有了些许感触，只见她眼神中透露出十分的认真，咬着指甲。

“那个，我……我想问一下，‘为真’和‘已被证明’是……不同的概念吗？”

“这问题提得好，泰朵拉。确实不同，虽说这个话题有点跑偏了。——一看公理的示例就会发现，公理越来越复杂，让人们很难理解。像 $((A) \vee (A)) \rightarrow (A)$ 这样的还好，要是遇到像 $((A) \rightarrow (B)) \rightarrow (((\neg(A)) \vee (A)) \rightarrow ((\neg(A)) \vee (B)))$ 这样的公理，人们就头疼了。因为人们很难去掌握这种结构。不过……我们回忆一下：这里我们研究的公理只有字符串这种形式。也就是说，假如这里有一台计算机之类的机器，我们就能检验给出的逻辑公式是否为公理。因为我们不需要思考含义，只要机械地检验字符串的形式即可。我们还可以做一台‘公理测定仪’。”

“不好意思，我再打断一下。”泰朵拉举起手，“我还卡在‘公理’这个词上。我记得……从 P1 ~ P4 的形式来看的话，是不能构成 $(A) \rightarrow (A)$ 的。这点我明白。可是，可是……我不明白为什么由 P1 ~ P4 得出的逻辑公式，能当‘公理’来用呢？”

“唔……”米尔嘉把手指贴在嘴唇上开始思考，“我们现在卡在含义和形式的夹缝中间。我们想从形式上研究数学，为此就要定义一个能从形式上表示数学中的观点的逻辑公式。然后，我们还想从形式上定义公理、证明、定理。在数学中，公理是证明的起点。在我们的形式系统中，公理——也可以说成‘形式公理’——就是‘形式证明’的起点，即‘逻辑公式’。从‘形式公理’出发，通过‘形式证明’，就可以生成‘形式定理’。”

数学 <----> 形式系统

命题 <----> 逻辑公式

公理 <----> 形式公理

证明 <----> 形式证明

定理 <----> 形式定理

“数学，真的可以用形式系统来表示么？”

“这问题很深奥。”

然后，米尔嘉似唱非唱地说道：

“蔷薇的颜色、蔷薇的形状、蔷薇的香气——拥有以上一切的花，才叫作蔷薇。那形式系统到底有没有数学的颜色、形状和香气呢？这个问题我们改天再想。”

5.3.7 推理规则

“我们刚刚定义了逻辑公式和公理。公理已经以公理模式的形式给出。把逻辑公式代入 P1 ~ P4 的 x、y、z 里，就能生成无数个公理。不过……”

米尔嘉在黑板前来回踱步，继续“上课”。

“不过，形式是有限的。光靠公理模式不能生成新形式的逻辑公式。因此，我们定义一下**推理规则**吧。从形式上表示我们的逻辑推理的，就是推理规则。”

推理规则（形式系统 H 的定义 4）

▷ **推理规则 MP** 根据 x 和 $(x) \rightarrow (y)$，可推出 y。

注意，x、y 表示任意的逻辑公式。

“这个推理规则有个特殊的名字，叫作 MP，即**假言推理**[1]，这里 MP 是 Modus Ponens 的首字母。如果不习惯这里的‘根据 x 和 $(x)\rightarrow(y)$，可推出 y’，理解起来就会很困难。比如，根据逻辑公式 A 和逻辑公式 (A)→(B)，可用推理规则 MP 推出 B。下面再举个稍微复杂点的例子。只看形式哟。”

> 根据逻辑公式 $(A)\rightarrow(B)$ 和逻辑公式 $((A)\rightarrow(B))\rightarrow((\neg(C))\vee(D))$，可用推理规则 MP 推出 $(\neg(C))\vee(D)$。

“……”泰朵拉默默地举起了手。

“请讲。”米尔嘉像老师一样说道。

“嗯……这个 Modus Ponens 指的是，若‘x 为真’且‘若 x，则 y 为真’，则‘y 为真’吗？”

“你怎么想的？”

“我觉得……不是。我们是在用句法学生成形式系统，所以不会出现真假的概念。这个推理规则也必须看形式吧？而不是思考含义……”

“没错，泰朵拉。”

“话说……我感觉这个‘装作不知道的游戏’到这里就已经难得不能再难了。原来一边听一边还不能被含义牵着走是这么难啊。”

“习惯问题。只要能降低自己的体温就行。”米尔嘉冲我们投来了一个温柔的笑容，然后一边挥动着手指，一边讲道，“当然，人们是不可能不思考含义的。而且，这种形式系统也不是胡乱生成出来的。其背后肯定有目的——生成这种有意思的系统的目的。重要的是，不能由人来进行思考，而要从形式上、机械性地进行思考。”

---

① 复合判断的推理方法之一。从一个假言判断的前提出发，通过断定它的前件或后件（包括其否定），而推出它的后件或前件（包括其否定）的演绎推理。例如：如果两个角是对顶角，那么这两个角相等。——译者注

“莱布尼茨之梦……”我无意中小声说道。

“那么，思考时能不思考含义吗？”米尔嘉继续往下讲，“连不能描述含义的机器都能思考的事情是什么呢？机械性的思考、形式上的数学——该怎么研究这种形式上的数学呢？”

“形式上的数学？那是？”我忍不住插嘴道。

“当然，我们研究形式上的数学本身也要用到数学。”

“话说，形式上的数学……难不成……”

“没错，这就跟‘用数学研究数学’连上了。”

米尔嘉说完，注视着我们。

5.3.8 证明和定理

“来，看看我们了解到哪儿了。”米尔嘉说道。

- 定义了逻辑公式。
- 定义了公理。
- 定义了推理规则。

“这样，我们就能从形式上表示‘证明’了。我们基于公理，进行推理，然后构成证明——这是数学中重要的一环。在此我们要做的是把证明从形式上表示出来。形式系统 H 中的**证明**可以如下定义。”

证明和定理（形式系统H的定义5）

我们把以下逻辑公式的有限序列称为逻辑公式 a_n 的**证明**。

$$a_1, a_2, a_3, \ldots, a_k, \ldots, a_n$$

注意，对于所有的 $a_k (1 \leqslant k \leqslant n)$，下面 (1) 或 (2) 成立。

(1) a_k 是公理。

(2) 存在小于 k 的自然数 s, t，根据 a_s 和 a_t 可推出 a_k。

此外，我们把存在“证明”的逻辑公式 a_n 叫作**定理**。

“在此我们定义了形式系统 H 中的‘证明’和‘定理’。总体来说，证明就是逻辑公式的序列。不过，要想让逻辑公式的序列成为证明，那么排列顺序要遵循一定的规则。排在序列里的逻辑公式有两个条件：(1) 自己是公理；或者，(2) 自己前面一定存在能推理出自己的逻辑公式。你们明白我在说什么吗？”

“规则的含义……我完全没听懂。”泰朵拉说道。

米尔嘉稍稍放慢了语速。

“现在，假设我们要把几个逻辑公式排成一列，来做一个叫证明的东西。规则 (1) 是，公理可以随时排列。规则 (2) 是，可以把能根据任意一个已排列好的逻辑公式推理出来的逻辑公式排列在那些已排列好的逻辑公式的后面。根据这两条规则排列而成的逻辑公式的序列就叫作证明。当然，这里所说的‘公理’是指形式系统 H 中的公理，‘推理’是指使用了形式系统 H 中的推理规则的推理。明白吗？”

“就是说，只排列‘公理’或者‘根据公理推理出的逻辑公式’？”泰朵拉一脸纠结地问道。

“稍微有点不同。”米尔嘉回答，“除了‘根据公理推理出的逻辑公式’，还可以把根据‘根据公理推理出的逻辑公式’推理出的逻辑公式也排列出来。也就是说，可以列出的逻辑公式包括‘公理’，或‘根据公理推理出的逻辑公式’，或根据‘根据公理推理出的逻辑公式’推理出的逻辑公式，等等。也就是列出能根据‘公理’通过有限次的连续推理得出的逻辑公式。”

“啊，没错，我就是想说这个。”泰朵拉说。

“我们根据这两个规则来生成一个逻辑公式的序列。”米尔嘉继续说道，“这个逻辑公式的序列就是‘证明’。这样一来，位于‘证明’最末尾的逻辑公式 a_n 就是名副其实的‘定理’了，因为该逻辑公式是根据‘公理’反复‘推理’而得到的。这样一来，我们就定义了逻辑公式、公理、推理规则、证明，以及定理。以上内容中没有出现实数，也没有出现直线，更没有二次函数、方程式、矩阵。我们只是在形式上建立了数学最为基础的部分。”

德沃夏克[①]的《念故乡》从教室的扬声器里传了出来。

“这么晚了？学校的时间管理太严格了。”米尔嘉看向窗外。

天色已经完全暗下来了。

“那我给你们留个作业。”米尔嘉看着我微笑道，“(A) → (A) 是定理吗？”

5.4 不是我，还是我

5.4.1 家中

这里是我家。现在是夜晚，我一个人坐在桌前。

学校的摸底考试就快到了，整个年级一起考。按理说我应该提前复习一下的，但现在却没有那个心情。我自己看课本，把后面的问题都提

① 19世纪世界重要的作曲家之一，捷克民族乐派的主要代表人物，e小调第九交响曲《自新大陆》享誉世界。——译者注

前解完了，所以上数学课就跟复习似的。高中难度的数学已经过完一遍了，课上的练习也基本都是满分。不管是课本还是问题集，都没什么难度。

比起学校里的题，书上写的题、村木老师出的题，还有跟米尔嘉讨论数学时出现的那些题更令我感到兴趣十足。

我翻开笔记本。这是用来做“我自己的数学”的专用笔记本，上面还有米尔嘉和泰朵拉写的不少东西。

我在新的一页上总结了“形式系统 H”的重点。

关于形式系统H的总结

▷**逻辑公式 F1** 若 x 是变量，则 x 是逻辑公式。
▷**逻辑公式 F2** 若 x 是逻辑公式，则 $\neg(\mathrm{x})$ 也是逻辑公式。
▷**逻辑公式 F3** 若 x 和 y 都是逻辑公式，则 $(x) \vee (y)$ 也是逻辑公式。
▷**逻辑公式 F4** 只有 F1~F3 规定的内容是逻辑公式。

▷**符号 IMPLY** 把 $(x) \rightarrow (y)$ 定义为 $(\neg(\mathrm{x})) \vee (y)$。

▷**公理 P1** $((x) \vee (x)) \rightarrow (x)$
▷**公理 P2** $(x) \rightarrow ((x) \vee (y))$
▷**公理 P3** $((x) \vee (y)) \rightarrow ((y) \vee (x))$
▷**公理 P4** $((x) \rightarrow (y)) \rightarrow (((z) \vee (x)) \rightarrow ((z) \vee (y)))$

▷**推理规则 MP** 根据 x 和 $(x) \rightarrow (y)$，可推出 y。

5.4.2 形式的形式

我思考着米尔嘉留的作业。

问题 5-1（形式系统中的定理）

$(\mathrm{A}) \rightarrow (\mathrm{A})$ 是形式系统 H 中的定理吗？

我认为 $(A)\to(A)$ 是形式系统 H 中的定理。为了说明这点，就必须在形式系统 H 里证明 $(A)\to(A)$。

虽说是证明，却不能像平时做数学那样去证明。不能用反证法，也不能用数学归纳法。因为下面我要进行的证明，其形式必须是形式系统 H 中定义过的那种。因此我只能用下面这两个“工具”。

- 以形式系统 H 中的“公理”为起点
- 用形式系统 H 中的“推理规则”来推理

公理和推理规则…… 必须运用这两个工具来生成逻辑公式的序列，然后到达目的地 $(A)\to(A)$。

这个…… 要怎么形容才好呢？有点像解谜，又不同于单纯的解谜。给出的条件非常有限，但是又与解数学题很像。确实像是数学的微缩模型。

该从哪儿着手呢……

从“示例是理解的试金石”这一理论出发，首先试着举几个公理的例子好了。因为要证明的逻辑公式是 $(A)\to(A)$，所以变量是 A。拿 A 代换公理 P1 ~ P4 里的 x、y、z 试试吧。

根据公理 P1：$((A)\vee(A))\to(A)$

根据公理 P2：$(A)\to((A)\vee(A))$

根据公理 P3：$((A)\vee(A))\to((A)\vee(A))$

根据公理 P4：$((A)\to(A))\to(((A)\vee(A))\to((A)\vee(A)))$

我盯着这几条公理…… 嗯？这不是很简单吗？

根据 P2 可知，$(A)\to((A)\vee(A))$ 是公理。也就是说“若 A，则 $(A)\vee(A)$”。此外，根据 P1 可知，$((A)\vee(A))\to(A)$ 也是公理。也就是说“若 $(A)\vee(A)$，则 A”。

把“若 A，则 $(A) \vee (A)$”跟“若 $(A) \vee (A)$，则 A”这两者合在一起，不就得出“若 A，则 A”了吗？

哎呀！错了错了错了！现在必须用句法学的思路。不能把“$\rightarrow$”这个符号擅自解释成“若……则……”来进行推理。在形式系统 H 中，能用来进行推理的只有推理规则 MP。

推理规则 MP，即根据 x 和 $(x) \rightarrow (y)$，可推出 y。重点应该是要怎么用这个推理规则 MP。因为要生成新定理只有这一个方法。

我在思考。

我在集中精神努力思考。变量和符号在脑海中四散开来，逻辑公式诞生。数不清的逻辑公式里，还掺杂着公理。对公理和公理使用推理规则的话，就能得到定理；对公理和定理使用推理规则的话，还能再得到定理；对定理和定理使用推理规则的话，就能在原基础上再得到定理……

原来如此！

$(A) \rightarrow (A)$ 不是公理。而且，只有推理规则才是生成新的逻辑公式的方法。也就是说，最后，推理规则——假言推理中的 y 必须变成 $(A) \rightarrow (A)$。不然就得不出 $(A) \rightarrow (A)$。也就是说，把 $(A) \rightarrow (A)$ 代入 y……并在最后进行这个推理：根据 x 和“$(x) \rightarrow ((A) \rightarrow (A))$”推出 $(A) \rightarrow (A)$。

那往 x 里代入什么样的逻辑公式才好呢？

5.4.3　含义的含义

我盯着笔记本上的字。

根据 x 和“$(x) \rightarrow ((A) \rightarrow (A))$”推出 $(A) \rightarrow (A)$。

要完成这个推理，就需要得到逻辑公式 x。比如说……在这里加入公理试试？就把刚才得到的公理 $((A) \vee (A)) \rightarrow (A)$ 代入 x 试试吧。

根据 $((A)\vee(A))\rightarrow(A)$ 和 $(((A)\vee(A))\rightarrow(A))\rightarrow((A)\rightarrow(A))$，推出 $(A)\rightarrow(A)$。

嗯，变成这种形式之后，就能根据假言推理得到 $(A)\rightarrow(A)$ 了……啊，不行。这次还得构成 $(((A)\vee(A))\rightarrow(A))\rightarrow((A)\rightarrow(A))$ 的形式。这个……这么复杂的逻辑公式会是公理吗？如果是公理的话就能够被证明。

我一一比对着每条公理的形式。嗯……P1 ~ P4 里，跟上面的逻辑公式最接近的是 P1 吧？公理 P1 是 $((x)\vee(x))\rightarrow(x)$。用 $(A)\rightarrow(A)$ 代入这个 x，就会得到 $(((A)\rightarrow(A))\vee((A)\rightarrow(A)))\rightarrow((A)\rightarrow(A))$……

我的笔记本逐渐被 A、→ 和 ∨ 填满了。光根据形式来思考，而不思考含义，这计算真是复杂啊。写了这么一堆，写着写着就不知道自己在干什么了……

5.4.4 若"若……则……"，则……

咦？这么说来，公理有 P1 ~ P4 这四条来着。刚刚我只考虑了 P1 跟 P2，P4 能不能用上呢？

公理 P4：$((x)\rightarrow(y))\rightarrow(((z)\vee(x))\rightarrow((z)\vee(y)))$

不不不，P4 不行。因为根据假言推理得到的是"→"右侧的部分。根据 ♡ 和 (♡)→(♠) 能推出来的是 ♠。不过，"→"在 P4 里是下面这种形式。

$$((x)\rightarrow(y))\rightarrow(((z)\vee(x))\rightarrow(\underset{\sim\sim\sim}{(z)\vee(y)}))$$

也就是说，根据 P4，最后能得到的肯定是 $\underset{\sim\sim\sim}{(z)\vee(y)}$。不过这样一来，就得不到我想要的 $(A)\rightarrow(A)$ 了。P4 应该用在哪里呢？

我回忆起米尔嘉的"上课"内容。她先定义了逻辑公式，然后定义了公理和推理规则，再然后定义了证明和定理。

句法学虽然很有意思，不过略微有些麻烦。莱布尼茨之梦。机械性地思考。机械？确实，换成计算机的话，没准能计算出来。

语义学用的是真假值。原来如此啊。我跟尤里解释“若…… 则……”的时候，用到了真值表，这算语义学吧？尤里也一直有些纠结，觉得‘若…… 则……’会让人产生众多误解。虽说习惯了就能机械性地把“若A，则B”代换成“非A，或B”了。——“若…… 则……”的形式。

“若…… 则……”的形式？

这句话忽然让我心头一颤。

“若…… 则……”的形式！

形式系统H里也定义了相当于“若…… 则……”的符号“→”。米尔嘉怎么说的来着？

为了方便理解形式系统H中的逻辑公式，我们来定义一个符号“→”……

符号IMPLY：把$(x) \rightarrow (y)$定义为$(\neg(x)) \vee (y)$。

原来如此！
除了$(\mathrm{A}) \rightarrow (\mathrm{A})$，还可以根据假言推理推出$(\neg(\mathrm{A})) \vee (\mathrm{A})$！
这样一来…… 或许就能用到公理P4了。

公理P4：$((x) \rightarrow (y)) \rightarrow (((z) \vee (x)) \rightarrow ((z) \vee (y)))$

把$\neg(\mathrm{A})$代入公理P4中的z里，把A代入y里！

$$((x) \rightarrow (\mathrm{A})) \rightarrow (((\neg(\mathrm{A})) \vee (x)) \rightarrow ((\neg(\mathrm{A})) \vee (\mathrm{A})))$$

嗯，感觉不错！之后就得看看把什么代入 x 了……

$$\underline{((x) \to (A))} \to ((\underline{(\neg(A)) \lor (x)}) \to ((\neg(A)) \lor (A)))$$

我注视着画有下划线的部分，认真思索——

这回我马上就明白了。把 $(A) \lor (A)$ 代入 x 就行了。这样一来，$(\underline{x}) \to (A)$ 就会变成下面这样。

$$(\underline{(A) \lor (A)}) \to (A)$$

这是公理 P1 的形式，然后，$(\neg(A)) \lor (\underline{x})$ 就会变成 $(\neg(A)) \lor (\underline{(A) \lor (A)})$。再然后，$(\neg(A)) \lor ((A) \lor (A))$ 就能用"→"表示如下了。

$$(A) \to ((A) \lor (A))$$

这是公理 P2 的形式。

搞定！这样一来，所有的线索就都连上了！

我把写在各处的逻辑公式重新读了一遍，总结了一下证明过程。

L1. 在公理 P1 中，把 A 代入 x。

$((A) \lor (A)) \to (A)$

L2. 在公理 P4 中，把 $(A) \lor (A)$ 代入 x，把 A 代入 y，把 $\neg(A)$ 代入 z。

$(((A) \lor (A)) \to (A)) \to (((\neg(A)) \lor ((A) \lor (A))) \to ((\neg(A)) \lor (A)))$

L3. 在公理 P2 中，把 A 代入 x 和 y。

$(A) \to ((A) \lor (A))$

L4. 对逻辑公式 L1 和 L2 使用推理规则 MP。

$((\neg(A)) \lor ((A) \lor (A))) \to ((\neg(A)) \lor (A))$

上述内容可整理如下。

$((A) \to ((A) \lor (A))) \to ((A) \to (A))$

L5.　对逻辑公式L3和L4使用推理规则MP。

$(A) \rightarrow (A)$

这样就证完了。

这样就完成了对形式系统 H 中的 $(A) \rightarrow (A)$ 的证明。

$(A) \rightarrow (A)$ 是形式系统 H 中的定理！

解答 5-1（形式系统中的定理）

$(A) \rightarrow (A)$ 是形式系统 H 中的定理。

形式系统 H 中的证明如下：

L1.　$((A) \vee (A)) \rightarrow (A)$

L2.　$(((A) \vee (A)) \rightarrow (A)) \rightarrow (((\neg(A)) \vee ((A) \vee (A))) \rightarrow ((\neg(A)) \vee (A)))$

L3.　$(A) \rightarrow ((A) \vee (A))$

L4.　$((\neg(A)) \vee ((A) \vee (A))) \rightarrow ((\neg(A)) \vee (A))$

上述内容可整理如下。

$((A) \rightarrow ((A) \vee (A))) \rightarrow ((A) \rightarrow (A))$

L5.　$(A) \rightarrow (A)$

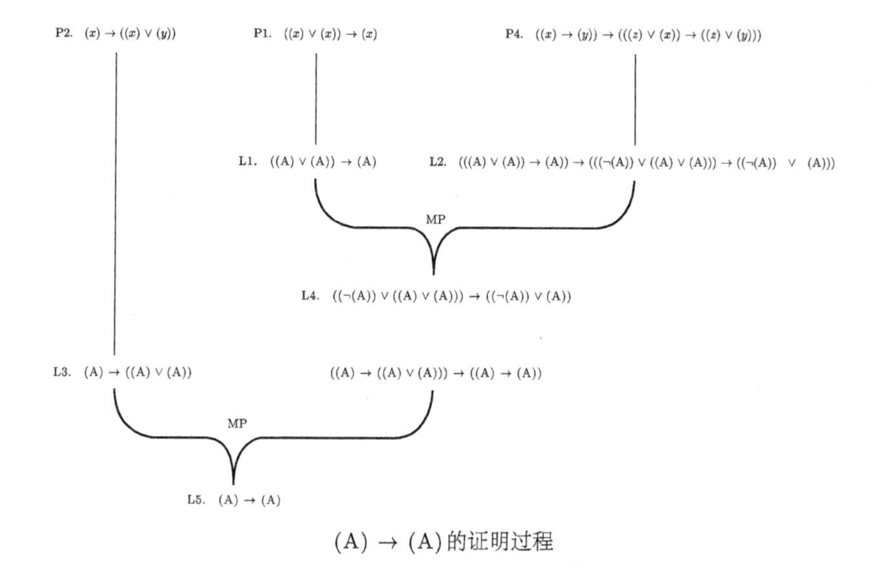

$(A) \to (A)$的证明过程

5.4.5 邀约

清早，我正准备去学校时，家里的电话响了。

“早安。”不曾料到，电话里传来了米尔嘉的声音。

“怎么了，米尔嘉？”

“让你妈听电话。”

“哈？”

不是找我，是找我妈说话？

“…… 妈，电话！”

“哪位？”我妈在围裙上擦着手走了过来。

“…… 米尔嘉。”

“让我来接吗？喂，你好 ……”

再怎么说也不能站在后面偷听，所以我就站在了稍远点的地方看着。我妈看似很高兴地聊着天，用手作势拍着电话那头的人的肩膀，并拿着话筒冲着电话那头的人鞠躬行礼。

“好的，谢谢你。”我妈放下听筒。

“诶?！挂掉了？米尔嘉有什么事?”

“约会。说是周末去游乐园。”我妈笑眯眯地说。

“妈，她找你约会?!”

“说什么傻话呢，是找你约会呀。”

“啊?”

真是的，什么跟什么啊……

如果您想学游泳，就必须入水。
同理，如果您想解开问题，
就必须尝试去解大量的问题。
——波利亚[1]

---

① 1887年生于匈牙利布达佩斯，斯坦福大学名誉数学教授，美国著名数学家和数学教育家。著作有《怎样解题》(上海科技教育出版社，2002年6月)、《数学的发现》(科学出版社，2006年7月)和《数学与猜想》(科学出版社，2017年1月)等。——译者注

第6章
ϵ–δ语言

要是我也跟强盗头子说一样的话，

效果应该会一样吧？

阿里巴巴说道："芝麻，开门！"

瞬间，大门敞开了。

——《阿里巴巴与四十大盗》

6.1 数列的极限

6.1.1 从图书室出发

"啊呀呀！"

"哎呀！"

放学后，我刚要迈进图书室，泰朵拉就从里面冲了出来。

"对…… 对不起…… 啊，学长！米尔嘉学姐呢？"

"咦？她不在里面吗？刚才她才从教室出去，说了句'我先走了'……"

"是么…… 我还想问她'用式子定义极限'的事儿呢。"

她睁着大眼睛盯着我。

"我也能给你讲…… 要不去阶梯教室吧？那边还可以用黑板。"

"好！"

6.1.2 到达阶梯教室

阶梯教室是实验课专用的特殊教室，通往讲台的台阶逐渐降低。教室里空无一人，冷飕飕的，隐约能闻到化学试剂的味道。我跟泰朵拉并排站在讲台前，面向黑板。

“数列的极限是……”我拿了支粉笔，开始讲解。

◎ ◎ ◎

数列的极限是用以下式子表示的。

$$\lim_{n\to\infty} a_n = \mathrm{A}$$

用文字来描述，则是下面这样。

数列 $\{a_n\}$ 在 $n \to \infty$ 时**收敛**，**极限值**是 A。

高中课程是这么描述上面这句话的含义的。

当变量 n 无限增大时，
数列的通项 a_n 的值无限接近常数 A。

这里出现的“无限接近”这个说法很不明确。如果不抛开这种说法，就很难认真思考极限。

数列 $\{a_n\}$ 的极限值是 A，意即定义 N 和 n 为自然数，以下式子成立。

$$\forall\epsilon > 0 \;\; \exists N \;\; \forall n \left[n > N \Rightarrow \left| a_n - \mathrm{A} \right| < \epsilon \right]$$

我们的目标就是理解这个式子。理解了这个式子，我们也就理解了数列的极限。

这都懂吧，泰朵拉？

◎ ◎ ◎

“这都懂吧，泰朵拉？”我问道。

“我想问个问题。”她举起右手，“米尔嘉学姐之前提过 ϵ-δ 语言，那个是……”

“喔，ϵ-δ 语言就是像我们刚才那样，用式子定义极限的方法。ϵ、δ 都是希腊字母。”

α	阿尔法
β	贝塔
γ	伽马
δ	德尔塔
ϵ	伊普西龙
$\vdots$	$\vdots$

“不是，我是说，这些希腊字母是极限的定义吗？”

“不不，不是。希腊字母并不是定义。ϵ、δ 这两个字母出现在定义极限的式子里，起着重要的作用。因此，人们把这种定义极限的方法叫作 ϵ-δ 语言，也有很多人管它叫 **ϵ-δ 定义**。”

“嗯，我明白了。咦？可是…… 这里只有 ϵ 呀？”

$$\forall \textcircled{\epsilon} > 0 \ \exists N \ \forall n \left[n > N \Rightarrow |a_n - \mathrm{A}| < \textcircled{\epsilon} \right]$$

“嗯。讨论数列的极限时，就是 ϵ-N。ϵ-δ 指的是函数的极限，这个一会儿我再给你解释。”

“并不是非得用希腊字母吧？”

“嗯。就算把希腊字母换成英文字母，从数学上来说也没什么问题。”

数列的极限(通过ϵ-N来表示)

$$\lim_{n\to\infty} a_n = \mathrm{A}$$

$$\Updownarrow$$

$$\forall\epsilon > 0\ \ \exists N\ \ \forall n\ \Big[n > N \Rightarrow \big|a_n - \mathrm{A}\big| < \epsilon\Big]$$

“话说，‘无限接近’这个说法有什么不妥吗？我觉得这个说法比式子要更直观易懂啊……”

“想得越严谨，含义就会越不明确。”

“是吗？”

“举个例子，这样说好了。当说 a_n‘无限接近’A 时，我们脑海中可能会浮现出下面这样的数列。”

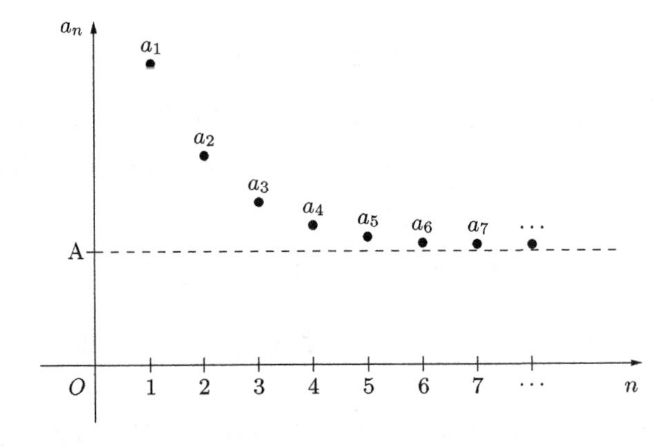

“啊，确实有一种无限接近的感觉。”

“那当 a_n 等于 A 时，我们还能说‘无限接近’吗？”

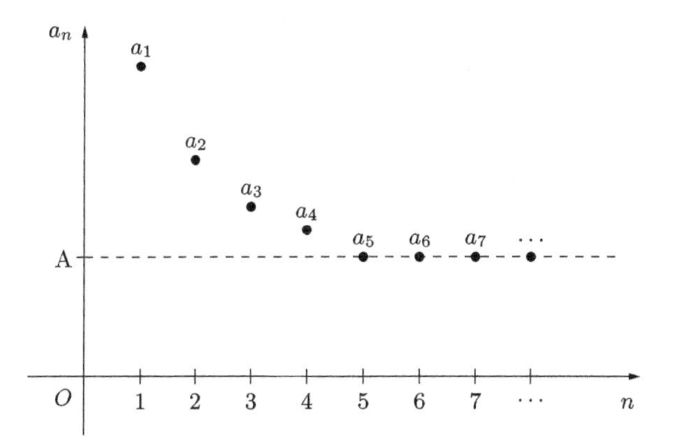

“啊⋯⋯ 不光会接近，还会恰好相等吗？” 泰朵拉慢慢在眼前双手合十，看上去有点斗鸡眼。

“对对。我们不清楚用‘无限接近’这个词时，a_n 和 A 可不可以相等。除此之外，还比如 a_n 是否能一会儿接近 A，一会儿远离 A，以及是否能超过 A⋯⋯ 这些也都是问题。”

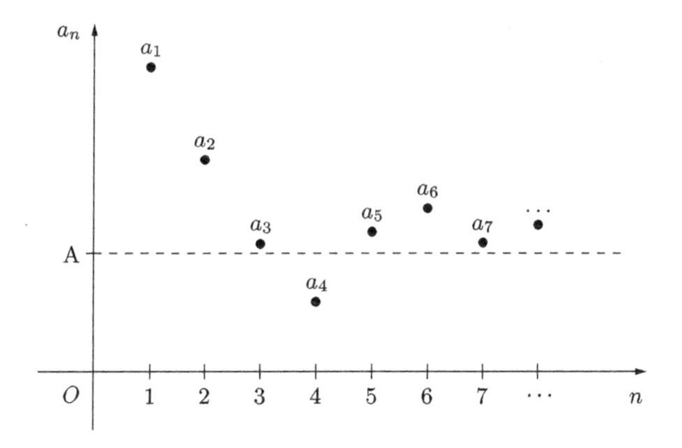

“这、这样呀⋯⋯” 泰朵拉瞪大了眼睛。

“不管看多少次‘无限接近’这个词，我们也回答不了这些问题。或者说，答案可能会因人而异。这是因为，‘无限接近’这个词的含义一开始就很不明确。因此，我们要做的是，用式子来准确定义‘无限接近’这个词的含义。这是ϵ-N和ϵ-δ的目的。”

“嗯，我完全明白了。”

我们相视而笑。

6.1.3　理解复杂式子的方法

“接下来我们来解读这个式子。”我用手指向黑板。

$$\forall\epsilon > 0 \;\; \exists N \;\; \forall n \left[n > N \Rightarrow \left| a_n - \mathrm{A} \right| < \epsilon \right]$$

“……”泰朵拉沉默了。不过，我很明白她内心的波动。

“你在想‘这个式子真复杂呀’，对吧？”我说道。

“对！我就是这么想的……现在我心脏跳得很快呢。”

泰朵拉两手捂着胸口。变量一多，她就胆怯。

“那我来教你一个理解复杂式子的方法吧。看复杂式子的时候，不能想着‘我必须一口气理解整个式子’。就算式子复杂，只要能拆成一块一块的，也就简单了。所以，我们拆开来想吧。拆分是走向理解的第一步。”

拆分是走向理解的第一步。

“我明白了……”泰朵拉用力点了点头。

“我们来研究一下这个式子的结构。”

我把黑板上的式子擦掉重写了一下，这次在式子中间留出了少许空间。

$$\forall\epsilon > 0 \qquad \exists N \qquad \forall n \left[\;\; n > N \quad \Rightarrow \quad \left| a_n - \mathrm{A} \right| < \epsilon \;\; \right]$$

“这里出现了‘∀’和‘∃’这两个符号。为了明确它们的有效范围，我们画一些大的中括号看看。”

$$\forall \epsilon > 0 \left[\ \exists N \left[\ \forall n \left[\ n > N \ \Rightarrow \ |a_n - \mathrm{A}| < \epsilon \ \right] \ \right] \ \right]$$

“然后，我们按顺序来看……”

对于任意正数 ϵ，

$$\underset{\sim\sim\sim}{\forall \epsilon > 0} \left[\qquad \qquad \qquad \qquad \qquad \qquad \right]$$

都存在某个自然数 N，

$$\forall \epsilon > 0 \left[\ \underset{\sim\sim}{\exists N} \left[\qquad \qquad \qquad \qquad \qquad \right] \ \right]$$

使得…… 对任意自然数 n 都成立。

$$\forall \epsilon > 0 \left[\ \exists N \left[\ \underset{\sim\sim}{\forall n} \left[\qquad \qquad \qquad \qquad \right] \ \right] \ \right]$$

“…… 就是这样的结构。”

“哈哈…… 括号变成三重了呢。”

“嗯。那我们试试把这三重括号的最里面也填上。”

$$\forall \epsilon > 0 \left[\ \exists N \left[\ \forall n \left[\ n > N \ \Rightarrow \ |a_n - \mathrm{A}| < \epsilon \ \right] \ \right] \ \right]$$

“读出来就是下面这样。”

对于任意正数 ϵ，都存在某个自然数 N，

使得 $n > N \Rightarrow |a_n - \mathrm{A}| < \epsilon$ 对任意自然数 n 都成立。

“为了能看得更明白一点，我们试着加点词。”

我指着黑板上的式子开始读——

若对于任意正数 ϵ，给每个 ϵ 都选定某个合适的自然数 N，
则能使命题 $n > N \Rightarrow |a_n - \mathrm{A}| < \epsilon$ 对于任意自然数 n 都成立。

“那个，我心脏好像稍微……跳得没有刚刚那么快了。”

“嗯，是吧。现在是我在写式子，如果换成你自己动手写，那你的心跳就会更慢了。”

“学长，‘$\exists N$’那儿，你说的是‘某个自然数 N’，意思是 $\exists N \in \mathbb{N}$ 吗？”

“嗯，没错。全写出来就太复杂了，所以 $\in \mathbb{N}$ 这部分我就省掉了。$\forall n$ 这部分也一样。当然了，就算不省略，写成下面这样，含义也不变。

$$\forall \epsilon > 0 \left[\ \underset{\sim\sim\sim\sim}{\exists N \in \mathbb{N}} \left[\ \underset{\sim\sim\sim\sim}{\forall n \in \mathbb{N}} \left[\ n > N \ \Rightarrow \ \left| a_n - \mathrm{A} \right| < \epsilon \ \right] \right] \right]$$

……总之，不管怎么说，看复杂式子的时候，关键是要像这样，把式子拆成一块一块的，各个击破。”

6.1.4 看“绝对值”

“我明白了……可是，变量还是很多呀。”

“那你试着数一下，看一共出现了几个变量。”

$$\forall \epsilon > 0 \left[\ \exists N \left[\ \forall n \left[n > N \Rightarrow \left| a_n - \mathrm{A} \right| < \epsilon \right] \right] \right]$$

“嗯。有 ϵ、N、n、A、a_n 这五个。咦？这么少吗？”

“因为同一个变量出现了好几次啊。现在你应该也明白 A 和 a_n 的意思了吧？这两个变量表示的是什么呢？”

“嗯，A 是…… 极限值，是 a_n 无限接近的数。然后，a_n 是我们现在要讨论的数列。”

“嗯，很好。再说准确点的话就是，a_n 是数列 $\{a_n\}$ 的第 n 项。比如说，a_1 是第 1 项，a_{123} 是第 123 项。”

“嗯，了解。”

A 数列 $\{a_n\}$ 的极限值

a_n 数列 $\{a_n\}$ 的第 n 项

“那 $|a_n - \mathrm{A}| < \epsilon$ 这个式子表示的是什么呢？”

“‘$a_n - \mathrm{A}$ 的绝对值小于 ϵ’…… 对吧？”

“你明白‘$a_n - \mathrm{A}$ 的绝对值’表示的是什么吗？”

“你问得这么严肃…… 很让人纠结啊。”

“‘$a_n - \mathrm{A}$ 的绝对值’是数轴上的点 a_n 和点 A 之间的**距离**。”

“距离……”

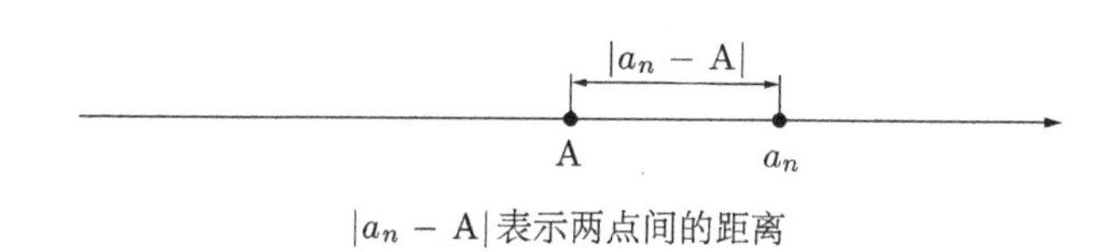

$|a_n - \mathrm{A}|$ 表示两点间的距离

“因为是绝对值，所以不用管点 a_n 是在点 A 的左边还是右边。”

“喔喔，就是说只需要关注它们距离多远呗。”

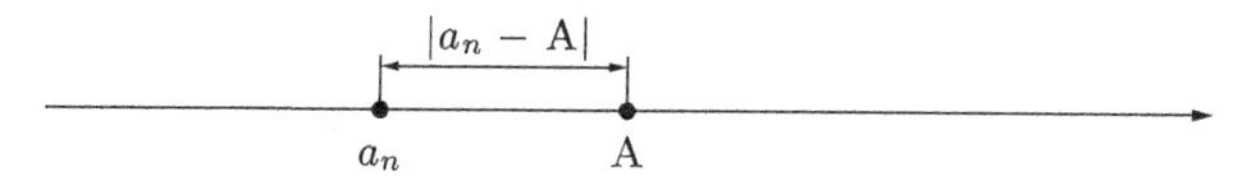

即使点 a_n 在点 A 的左侧，$|a_n - \mathrm{A}|$ 也表示两点间的距离

“然后，这个距离小于 ϵ 就是说……”

“啊，我明白了。点 a_n 离点 A 不太远吧？”

“不太远？再说清楚点。”

“嗯…… 啊！点 a_n 离点 A 的距离小于 ϵ！”

“没错，就是如此。点 a_n 只能在这条粗线范围内移动。”

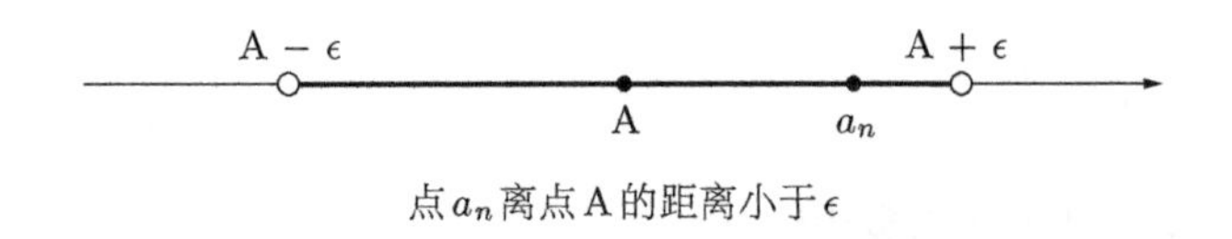

点 a_n 离点 A 的距离小于 ϵ

“嗯，是的。点 a_n 往最右边能移动到 $A+\epsilon$，往最左边能移动到 $A-\epsilon$。”

“嗯，不错。不过，图里的空心点不包括在这个范围内。也就是说，不能踩到左边和右边的端点。我们把这种‘离点 A 的距离小于 ϵ 的范围’叫作 **A 的 ϵ 邻域**。”

“ϵ lín yù吗？ lín yù……”

“相邻的‘邻’，区域的‘域’。”

“英语怎么说呢？”

“咋说来着……Neighborhood 吧？”

“原来如此！就是邻居呀！”

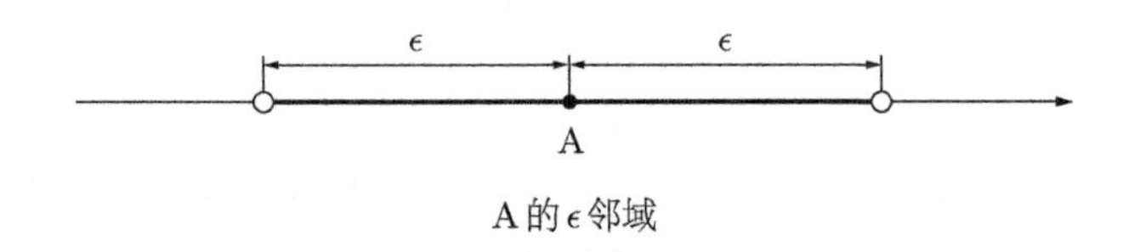

A 的 ϵ 邻域

“也就是说，点 a_n 在点 A 的 ϵ 邻域里。”

“咦？可是，小于 ϵ 的话，那就是说点 a_n 可以离开点 A 咯？”

“嗯，可以。点 a_n 可以离开点 A。”

“可是，这样‘无限接近’不就不成立了吗？”

“这个问题问得很好，我们等会儿再讨论。现在先好好理解‘点 a_n 离点 A 的距离小于 ϵ’，也就是‘点 a_n 在点 A 的 ϵ 邻域里’这句话吧？”

“啊，嗯！我明白了。”泰朵拉说完，想了一小会儿，“学长，起初我说过，‘$a_n - \mathrm{A}$ 的绝对值小于 ϵ’，对吧？这点我没说错，但我说的时候就想‘诶？这是什么意思？’不过，学长你在黑板上画了图，说了‘点 a_n 只能在这条粗线范围内移动’以后，我就完全明白啦。式子的含义‘唰’地一下呈现在了眼前，而且‘ϵ 邻域’的意思我也瞬间就明白了。只是稍微改改表达方式，就会很容易理解呢……”

“你说得没错。表达方式很重要。”

“说到绝对值，我就想起了那会儿。”泰朵拉吃吃地笑，“去年春天那会儿，学长就是在这间阶梯教室给我讲绝对值的定义的。我那会儿被绊倒了，好惨呀。我在数学上也总是绊跟头。不过，比起那会儿，我觉得自己已经走得相当稳了。”

“是啊。我觉得你一直很努力。”我也同意。

“这也是……多亏了学长你啊。”

6.1.5 看“若……则……”

“那我们继续吧。泰朵拉你已经会看这个式子了吧？”

$$n > N \Rightarrow \left|a_n - \mathrm{A}\right| < \epsilon$$

“嗯……不，还不会。那个，我还不知道 N 是什么。”

“嗯，是啊。不过没事，你就基于你现在的理解，试着分析一下。”

“好。这个……若 n 大于 N——”

若 n 大于 N，则点 a_n 与点 A 的距离小于 ϵ。

“嗯嗯，没错。能换成 ϵ 邻域这个说法吗？”

“嗯……可以。若 n 大于 N，则点 a_n 在点 A 的 ϵ 邻域里。是这样吧？这个式子真正想说的就是‘当 n 比较大时，点 a_n 接近点 A’吧？”

“嗯。下面，我们再定量地看一下吧。如果人家问你‘当 n 比较大时，是指 n 为多大’时，那你回答‘当 n 大于 N 时’即可。然后，如果人家问你‘点 a_n 接近点 A，是指多近’，你就可以回答‘点 a_n 在点 A 的 ϵ 邻域里’。也就是说，$n > N \Rightarrow \left|a_n - \mathrm{A}\right| < \epsilon$ 这个式子描述的是‘n 的大小’与‘点 a_n 和点 A 的距离’之间的关系。这下你就明白该如何分析复杂式子了吧？”

“豁然开朗……稍、稍等，让我总结一下。”

- 把复杂式子拆开来想。
- 出现希腊字母也不要慌。
- 思考变量的含义。
- 思考绝对值的含义。
- 试着画图来表示。
- 思考不等号的含义。

“嗯，这样就行了。虽说每一步都是理所当然的。”

“嗯！我每次都想一口气把整个式子都理解了，所以才会发慌。拆开来想很重要呀……”

她比了一个用菜刀切菜的手势。但我不太明白她想表达什么意思。

6.1.6　看“所有”和“某个”

“来，快来挑战一下这个式子吧。”我说道。

“好！”泰朵拉握紧双拳。

$$\forall \epsilon > 0 \left[\exists N \left[\forall n \left[n > N \Rightarrow \left|a_n - \mathrm{A}\right| < \epsilon \right] \right] \right]$$

“上面的式子意思如下。”

若对于任意正数ϵ，给每个ϵ都选定某个合适的自然数N，
则能使命题“若n大于N，则点a_n在点A的ϵ邻域里”
对于任意自然数n都成立。

“你明白意思了么？认真想，不要着急往前赶。”

我就此没再说话，观察着泰朵拉的神情。

她用手掩着嘴，想了一会儿。

“……那个，我差不多明白了，除了N。

- 只要ϵ大于0，那么ϵ再怎么小也没关系。
- 若n大于N，则点a_n在点A的ϵ邻域里。

上面这两条我都明白了。所以，要是把ϵ缩到超级超级小，那点a_n就必须在非常非常窄的ϵ邻域里……我就明白了这些。”

“嗯，很不错嘛！”

“可是，N……这个N表示的是什么呢？”

“嗯，这个问题问得好。变量N这个数表示的是‘把n增大到多大，点a_n才能在点A的ϵ邻域里’。不用管那些小于等于N的n。只要n满足大于N这个条件，点a_n就会全都在点A的ϵ邻域里……”

“这……这个……”

“不如这么想：好比有人拿很小的ϵ**挑战**你说‘来，你能把点a_n全都放进这么小的ϵ邻域里吗？’而你**应战**说‘嗯……至少去掉数列前N项后，数列中剩下的所有项都能放进ϵ邻域里’。我们试着回忆一下ϵ和N的顺序。

$$\underset{\sim\sim\sim}{\forall\epsilon > 0}\ \left[\ \underset{\sim\sim}{\exists N}\ \left[\forall n\ \left[n > N \Rightarrow \left|a_n - \mathrm{A}\right| < \epsilon\right]\right]\right]$$

也就是说，我们可以先确定ϵ，再给每个ϵ选定不同的N。接受了‘小ϵ挑战’后，我们要用大N来应战。要是ϵ非常小，我们就用非常大的N来应战。不管ϵ是什么样的，只要我们丢掉开头的前N项，就能把剩下的所有项（无数个项）都放进ϵ邻域里——存在这样的N，正是数列收敛的意义，也是ϵ-N的观点所在。”

“原来如此……我明白了。不管是多窄的ϵ邻域，只要根据ϵ丢掉开头的前N项，就能把剩下的所有项都一股脑儿放进ϵ邻域里……”

“嗯，对，对。ϵ本身大小是有限的，不可能无限小。但是，正是因为有‘对于任意小的ϵ’，也就是‘对方以多小的ϵ挑战都没问题’这个条件，所以我们才能不用‘无限’这个词就能表示‘极限’。”

“原来如此……话说，学长，为什么要提出N呢？我们想要讨论的只是‘把n增大，就能把点a_n放进点A的ϵ邻域里了’，多提出一个新变量N有点……”

“这个嘛，采用$\exists N$这种写法就是为了讨论以上情况。”

“喔……”

“也就是说，为了用式子表示‘○○是可能的’，我们通过$\exists$换了个说法——‘存在满足○○的数’。”

“把某个条件是‘可能’的，代换成‘存在’某个数这种说法……”

“嗯，就是这样。那下面来感受一下ϵ-N的作用吧。”

“啥？”

“我们假设‘当$n \to \infty$时，$a_n \to \mathrm{A}$’。此时可以存在满足$a_k = \mathrm{A}$的a_k吗？”

“喔，是‘恰好’问题呀。……嗯，我觉得存在。因为重点只在于点a_n是否在点A的ϵ邻域里，所以点a_k可以等于点A。”

“嗯，没错。那点a_n可以一会儿接近点A，一会儿远离点A吗？”

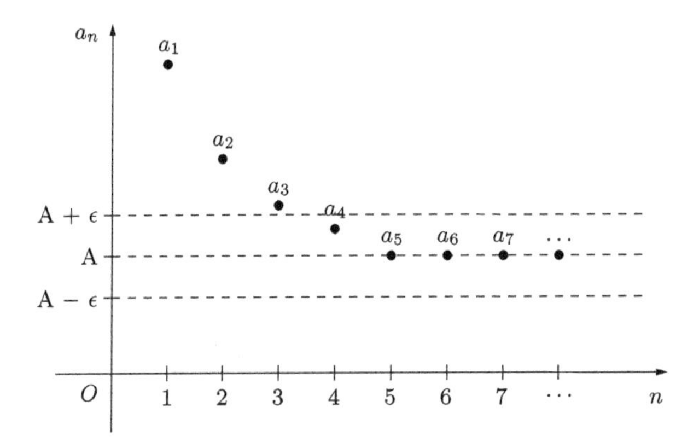

“可以。只要点 a_n 在 A 的 ϵ 邻域里，我认为就可以。不过，点 a_n 不可能一直只距离点 A 一定距离。长远来看，点 a_n 距点 A 的距离应该会逐渐缩小。比如说，如果点 a_n 一直只距离点 A 一定距离，那么不管丢掉多少个项，仍然会有在 ϵ 邻域之外的项…… 啊！我只能在脑海里刻画，很难用语言表达呀…… 这样不行啊！”

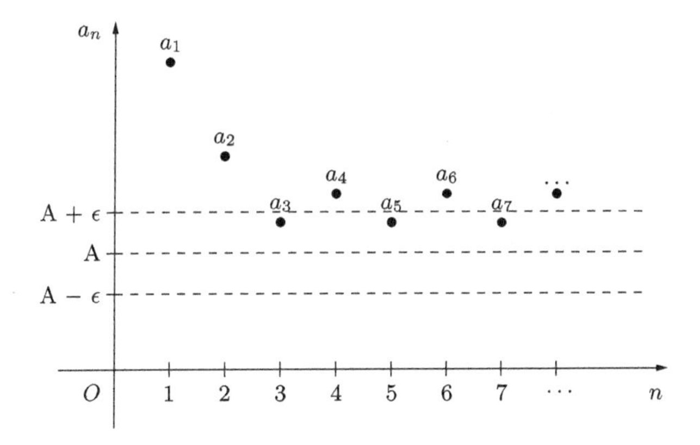

“那个…… 学长，我很难用语言来准确地表达这种微妙的条件啊。可能确实是用 N 这种变量会说明得更准确一些。”

“说得对…… 你能体会到这点，很了不起呀。”

“是、是么……”她“唰”地红了脸。

“经过这一番‘格斗’，你也习惯看这种看似复杂的式子了吧？看惯了就不会再怕了。每个变量的含义也会谙熟于心。我们也差不多该试着去掉三重括号，把式子变回原本的形式了。你看，你心脏已经跳得没那么快了吧？”

$$\forall\epsilon > 0 \ \ \exists N \ \ \forall n \left[n > N \Rightarrow \left| a_n - \mathrm{A} \right| < \epsilon \right]$$

“不，我的心还在怦怦直跳……不过，我觉得我大体上理解了。”

6.2 函数的极限

6.2.1 ϵ-δ

关于数列的极限，我们就说到这里吧。下面来讨论一下函数的极限。前面说的都是 ϵ-N，接下来说 ϵ-δ。我们还按照讨论数列的极限时的思路来思考吧。

首先，函数的极限是用以下式子表示的。

$$\lim_{x \to a} f(x) = \mathrm{A}$$

用文字来描述，则是下面这样。

函数 $f(x)$ 在 $x \to a$ 时**收敛**，**极限值**是 A。

高中课程是这么描述上面这句话的含义的。

当变量 x 无限接近 a 时，
函数 $f(x)$ 的值无限接近常数 A。

“当 $x \to a$ 时，函数 $f(x)$ 的极限值是 A” 意即能定义 “x 为实数，以下式子成立”。

$$\forall \epsilon > 0\ \exists \delta > 0\, \forall x \left[0 < \left| x - a \right| < \delta \Rightarrow \left| f(x) - \mathrm{A} \right| < \epsilon \right]$$

函数的极限（通过 ϵ-δ 来表示）

$$\lim_{x \to a} f(x) = \mathrm{A}$$

$$\Updownarrow$$

$$\forall \epsilon > 0\ \exists \delta > 0\, \forall x \left[0 < \left| x - a \right| < \delta \Rightarrow \left| f(x) - \mathrm{A} \right| < \epsilon \right]$$

“这次换泰朵拉你来加上三重括号吧。”

“啊，好……”

泰朵拉仿照我刚才那样，给式子加上了三重括号。

$$\forall \epsilon > 0 \left[\ \exists \delta > 0 \left[\ \forall x \left[\ 0 < \left| x - a \right| < \delta \ \Rightarrow\ \left| f(x) - \mathrm{A} \right| < \epsilon\ \right]\ \right]\ \right]$$

“从外层开始看的话……”

对于任意正数 ϵ，

$$\underset{\sim\sim\sim}{\forall \epsilon > 0} \left[\qquad\qquad\qquad\qquad \right]$$

都存在某个正数 δ，

$$\forall \epsilon > 0 \left[\ \underset{\sim\sim\sim}{\exists \delta > 0} \left[\qquad\qquad\qquad \right]\ \right]$$

使得…… 对任意 x 都成立。

$$\forall\epsilon>0\left[\ \exists\delta>0\left[\ \underset{\sim\sim}{\forall x}\left[\qquad\qquad\qquad\qquad\right]\right]\right]$$

"…… 就是这样吧？"

"很好。把最里面的式子也给填上后，就是下面这样。"

$$\forall\epsilon>0\left[\ \exists\delta>0\left[\ \forall x\left[\ 0<\left|x-a\right|<\delta\ \Rightarrow\ \left|f(x)-\mathrm{A}\right|<\epsilon\ \right]\right]\right]$$

"这个…… 我来读！"

若对于任意正数 ϵ，给每个 ϵ 都选定某个合适的正数 δ，
则能使命题 $0<|x-a|<\delta\Rightarrow|f(x)-\mathrm{A}|<\epsilon$ 对于任意 x 都成立。

"嗯，泰朵拉，你知道下面这个式子的意思吗？"

$$0<|x-a|<\delta$$

"嗯…… 知道。这个…… 噢，还是在说绝对值！即'$x-a$ 的绝对值大于 0 且小于 δ'。根据'距离'这个思路来看，就是'x 和 a 不重合，且两点间的距离小于 δ'这样吧？"

"没错。那用邻域这个词该怎么表示？"

"跟数列那会儿一样，伊普西龙…… 咦？"

"这次不是 ϵ 邻域啦。"

"了解…… 这次是 δ **邻域**！也就是说，$0<|x-a|<\delta$ 就等于'x 在 a 的 δ 邻域里，但 x 和 a 这两点不重合'？"

"嗯，没错。'两点不重合'说的是 $0<|x-a|$ 吧？你判断得很好。因此，我们分析 $0<|x-a|<\delta\Rightarrow|f(x)-\mathrm{A}|<\epsilon$ 这部分后，可知'若 x

在 a 的 δ 邻域里且 $x \neq a$，则 $f(x)$ 在 A 的 ϵ 邻域里’。”

“这次出现了两个邻域呀！”

“嗯。讨论函数的极限时，不管接受的挑战里的 ϵ 有多么小，都会存在某个 δ，满足‘如果把 x 放在 a 的去心 δ 邻域里，那 $f(x)$ 就在 A 的 ϵ 邻域里’。我们要用 δ 来迎接 ϵ 的挑战。”

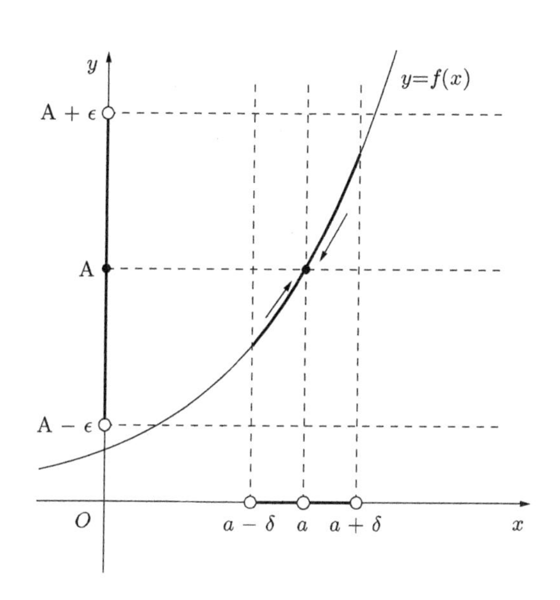

6.2.2 ϵ-δ的含义

“天色相当晚了，咱们差不多该回去了。最后再确认一下 ϵ-δ 的含义吧。话说回来，你还记得为什么要讨论 ϵ-δ 吗？”

“嗯…… 是什么来着？啊，对对。为了避开‘无限接近’这个词，准确地定义极限的含义。”

“没错。我们在定义极限的时候，用了什么词来代替‘无限接近’来着？”

“用了什么词…… 嗯，对了，用的是‘对于任意小的正数 ϵ……’，对吧？无论选择的 ϵ 是什么样的，都要找到一个合适的 δ。”

“没错。从 ϵ-δ 的角度来说，‘存在极限’的重点在于，要**确保**‘无论选择的 ϵ 是什么样的，都要找到一个合适的 δ’。而‘无限接近’这个词并不能确保这点。”

“确保，是么……”

6.3 摸底考试

6.3.1 上榜

我跟泰朵拉走出阶梯教室，在院子里转了一圈后，走向换鞋处。一会儿我们要一起回家。

“学长，咦？”泰朵拉伸出手，指着某个方向。

她指向的是通往换鞋处的走廊的方向，老师们的办公室前面。那里是校内的主要通道。学生们聚集在走廊里，望着墙壁。

“是光荣榜吧？”

“应该是。”

我们学校会把摸底考试成绩排前 10% 的人的名单贴出来。名字按照成绩排序，打印在一张大大的纸上，公布出来。这就是“光荣榜”。如果自己的名字被贴了出来，我们就称之为“上榜”。

这次贴出的是高一高二的摸底考试结果(语文、数学、英语)。高三正在备战高考，所以没份儿。

毫无疑问，我第一眼看向了高二的数学排名。我还从没有落榜过。可是……咦？

“……”

上面没有我的名字。

米尔嘉？当然有。

都宫？有。

那上面汇集了我们高中里的数学高材生的名字。人员基本没有变动，都是经常上数学榜的人。

“学长你的名字…… 好像不在上面呢。”泰朵拉说道。

“啊…… 嗯。是啊。”我答道，目光仍未从墙上移开。

“学长你状态不好吗？”声音中透着关心。

“嗯，这个…… 也有这个可能。”

不可能！—— 我在心中大喊。

“学长！我第一次靠数学上榜耶！你看你看！”

她开心得像个小孩子，伸手指着高一的光荣榜。

“咦…… 就是说有两门上榜？”

“嗯…… 不好意思。”她红着脸，但看上去仍旧很高兴。

本来泰朵拉的英语在年级里就数一数二。所以，数学成绩也上来的话，就有两门上榜了。

不过，我没法打从心底为她的进步而高兴。我很在意自己没有上榜。而我之前好像还摆出一副学长的样子说过什么“有不懂的就来问我”……唉，我真是丢死人了。

6.3.2 静寂的声音、沉默的声音

回家路上。

我跟泰朵拉并肩走着。

我一直在想摸底考试的事儿。考完之后，我确实觉得发挥得不同于往常。特别是计算积分的题。虽说题很简单，用式子就行了，但是数却很多。我没想到别人有这么厉害。感觉没脸见人，自己没脸见人。

“今天学长给我讲了极限的定义呢。”

泰朵拉用跟平常一样的口气，说起了数学。

“嗯。”

“不用‘无限接近’的说法，而用带 ϵ-δ 的式子定义极限——这个思路我明白了。不过……有个地方我很纠结。”

“什么地方？”我跟泰朵拉之间的交流无限麻烦起来了。

“那个……用式子定义极限以后，又有什么用呢？或者说，能用到什么地方呢？”

“喔喔……”回答了泰朵拉的问题，又有什么用呢？“微分和积分都能用极限来定义。然后……嗯，你知道**连续**吗？连续也是用极限……也就是用 ϵ-δ 来定义的。”

“定义连续？‘连续’是‘连在一起’的意思吧？”

“那是我们平常使用的含义，是辞典里的意思。”

“查辞典不行么？”

“对数学来说没什么用。因为查了也不知道数学里独有的严密的含义。”

“是呀，我感觉……”泰朵拉像是自言自语地说着，“逻辑这东西跟解方程式，还有计算都不一样。原来我解整数题的时候，会听到一种‘嘎吱嘎吱’的声音。不过，在解逻辑题的时候，声音就不一样了——感觉要更安静一些。就像是‘静寂的声音’或是‘沉默的声音’……似乎无声，又并非无声。我必须去听那些细微的声音。仔细梳理逻辑就像用心倾听一样。正如盈盈学姐说的那样，要‘去聆听声音’。虽说都是数学，但是领域不一样，感觉也就大相径庭呢。数学，到底是什么呢？”

“……”我，到底是什么呢？

“学长？”

“什么事？”我自己也知道，我声音里带着刺儿。

“啊……没，没什么。”泰朵拉低下头。

我们沉默地走着，就这样一路走到了车站。

“那个，我…… 我去书店一趟。”泰朵拉“咻咻咻”地晃着手指头。斐波那契手势[1]—— 泰朵拉想出来的数学爱好者手势。这是我们的暗号。

1 1 2 3

然而，我并没有回应泰朵拉，而是丢下一句“那我走了”，就跟她分别了。

6.4 “连续”的定义

6.4.1 图书室

第二天。—— 不管心情如何，第二天总是要到来的。

我带着烦躁的心情上完了课，总算放学了。可是，只是摸底考试考砸了一次就这么失落，真丢人。

“我先去图书室了。”米尔嘉一如既往。

“先去”…… 么。感觉话里有话。

我怀着忐忑的心情走向图书室。

泰朵拉和米尔嘉正在里面说话。

“我们来具体地用式子定义‘连续’吧。”米尔嘉说道。

“学姐你把这个都背下来了吗？”

“想想意思就马上想起来了。下面这个就是‘连续’的定义。”

---

① 首次出现在《数学女孩》(人民邮电出版社，2016年1月）中，是泰朵拉想出来的数学爱好者之间的问候语。若看到对方打出这个手势，自己就要做出“石头剪刀布”中的“布”的手势去回应。这是因为在斐波那契数列中，1, 1, 2, 3的后面是5，与做“布”的手势时伸出的手指数相同。——编者注

连续的定义（通过 lim 来表示连续）

当函数 $f(x)$ 满足以下式子时，我们就说，$f(x)$ 在 $x=a$ 处连续。

$$\lim_{x\to a} f(x) = f(a)$$

"诶？就这点儿？"

"就这点儿。哦，你来啦。"米尔嘉看向我这边。

泰朵拉也看向我，轻轻点头致意。

"那下面来测测你有没有掌握 ϵ-δ。"

问题 6-1（通过 ϵ-δ 来表示连续）

用 ϵ-δ 写出函数 $f(x)$ 在 $x=a$ 处连续。

"嗯，我想想……刚刚学姐你讲了'函数 $f(x)$ 在 $x=a$ 处连续'的定义，也就是下面这个式子。

$$\lim_{x\to a} f(x) = f(a)$$

这个式子还可以写成'当 $x\to a$ 时，$f(x)\to f(a)$'这样，对吧？也就是说，当 x 无限接近 a 的时候，$f(x)$ 无限接近 $f(a)$……"泰朵拉看着米尔嘉的表情回答道。

米尔嘉轻轻点头。

"所以，用 ϵ-δ 把这个带 lim 的式子写出来就行了吧？式子虽然复杂，只要拆分成一块一块来思考，肯定就不会有问题了。"

泰朵拉说完稍微停了停，试着往笔记本上写了几个式子。

"……好。用 $f(a)$ 来替代 ϵ-δ 的极限值就行了，对吧？"

$$\forall\epsilon>0\ \exists\delta>0\ \forall x\ \Big[0<\big|x-a\big|<\delta \Rightarrow \big|f(x)-\underset{\sim\sim}{f(a)}\big|<\epsilon\Big]$$

“也就是说——

对于任意正数 ϵ，若给每个 ϵ 都选定某个合适的正数 δ，

则能使命题 $0<|x-a|<\delta \Rightarrow |f(x)-f(a)|<\epsilon$ 对于任意 x 都成立。

对吧？”

“很好。”米尔嘉回答。

“不管正数 ϵ 是什么，我们都能选一个 δ，只要 x 在 a 的去心 δ 邻域里，则 $f(x)$ 在 $f(a)$ 的 ϵ 邻域里，对吧？”

“就是这样，泰朵拉。”米尔嘉语气中满是佩服。

“昨天晚上我练习了好多呢！”泰朵拉看着我说道。

解答 6-1（通过 ϵ-δ 来表示连续）

当函数 $f(x)$ 满足以下式子时，$f(x)$ 在 $x=a$ 处连续。

$$\forall\epsilon>0\ \exists\delta>0\ \forall x\ \Big[0<\big|x-a\big|<\delta \Rightarrow \big|f(x)-f(a)\big|<\epsilon\Big]$$

“因为对于不连续的函数，其函数图的线会‘啪’地断开，所以我们从直观上看也能看明白，因为线会中断，而不是连着的。比如说下面这个函数，当 $x=a$ 时，这一点像是‘咻’地跳出来了一样。”

“那我们再想一个从直观上不好理解的病态函数吧。”

米尔嘉坏坏地说道。

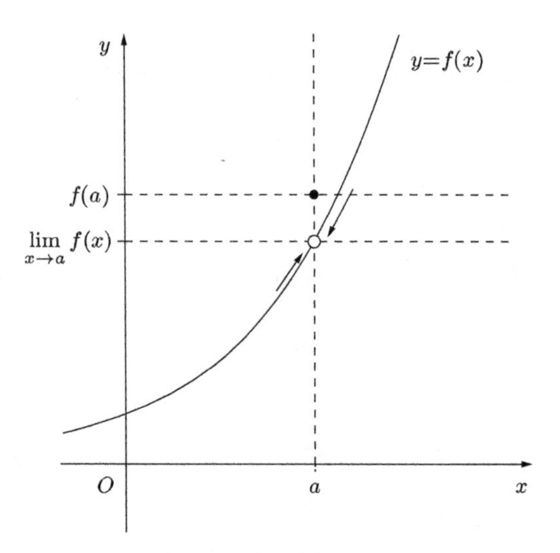

在$x = a$处不连续的示例

6.4.2　在所有点处都不连续

问题 6-2（在所有点处都不连续）

是否存在在实数范围内不连续的函数？

“换句话说，就是在所有点处都不连续的函数。”

“线……线在所有点处都是断开着的函数图……这怎么画得出来嘛！”

“只要不再依靠函数图就行了。”米尔嘉说道。

“可是，在所有点处都不连续，怎么想都……”

“只要不依靠‘连续’这个词就行了。”

“那我们要……依靠什么？”泰朵拉迷茫到了极点。

“逻辑。”米尔嘉马上回答道。

“逻辑？”

“泰朵拉啊泰朵拉，你要把连续的定义丢掉不用么？”

“啊！是 ϵ-δ 吗？”

“对。‘在 $x=a$ 处不连续’这个式子也就是在 ϵ-δ 的式子上加上‘$\neg$’来否定。”

$$\neg\left(\forall\epsilon>0\ \exists\delta>0\ \forall x\left[0<\left|x-a\right|<\delta\Rightarrow\left|f(x)-f(a)\right|<\epsilon\right]\right)$$

“在谓词逻辑中，一旦交换 $\exists$ 和 $\forall$，那么否定符号‘$\neg$’就会被放到式子里面。这是因为以下式子成立。

$$\neg\Big(\forall x\Big[\cdots\Big]\Big) \iff \exists x\Big[\neg\Big(\cdots\Big)\Big]$$
$$\neg\Big(\exists x\Big[\cdots\Big]\Big) \iff \forall x\Big[\neg\Big(\cdots\Big)\Big]$$

这样一来，刚才的式子就等价于下面这个式子。

$$\exists\epsilon>0\ \ \forall\delta>0\ \ \exists x\left[\neg\left(0<\left|x-a\right|<\delta\Rightarrow\left|f(x)-f(a)\right|<\epsilon\right)\right]$$

也就是说——

> 一旦选定某个正数 ϵ，那么不管把正数 δ 缩到多小，
> $0<|x-a|<\delta\Rightarrow|f(x)-f(a)|<\epsilon$ 对于某个数 x 都不成立。

这就是‘$f(x)$ 在 $x=a$ 处不连续’的定义。就是说，只要找到那个对于所有实数 a 都能成立的函数 $f(x)$ 即可。”

“唔唔唔唔……”泰朵拉抱着头呻吟。

“你怎么看？”米尔嘉把话题抛给了我。

听到米尔嘉这么一问，我的心钻进了数学中，烦躁不安的情绪忽然

间烟消云散。

“比如说，下面这个函数很有名，对吧？”我说道。

$$f(x)=\begin{cases}1 & （当\ x\ 为无理数时）\\ 0 & （当\ x\ 为有理数时）\end{cases}$$

“确实。”米尔嘉点头。

“诶诶诶诶？这也算函数？”

“因为……”我回答道，“只要确定了一个实数 x，也就确定了一个 $f(x)$ 的值，所以是函数。也可以说，这是‘**无理数测定仪**’。”

解答 6-2（在所有点处都不连续）

存在在实数范围内不连续的函数。

6.4.3　是否存在在一点处连续的函数

“你好像早就知道刚才那道题呀。”米尔嘉说道。

“嗯。我好像在哪儿看到过。”

“那你思考一下这道题试试？”

问题 6-3（在一点处连续的函数）

是否存在只在 $x=0$ 这一点处连续的函数？

“只在一点处连续的函数……不可能吧？”我歪着脖子。

“那个……”泰朵拉战战兢兢地举起了手。

“有什么问题吗，泰朵拉？”米尔嘉问道。

“那个…… 我明白了，答案。”

“诶……”我不禁感叹道。速度怎么这么快？

“唔…… 答案是？”米尔嘉指向泰朵拉。

“等一下啊！我现在正在想呢！”我抗议道。

“啊，好。我等会儿。”泰朵拉说道。

“泰朵拉。”米尔嘉比了一个“咬耳朵”的手势。

“嗯？啊，明白。”

泰朵拉凑近米尔嘉，“嘚嘚嘚嘚”地“咬耳朵”。

“嗯，回答正确。”

“太好了！”泰朵拉很高兴。

我感觉全身的血液都涌向了脑袋。泰朵拉已经解完了？能写出这样的函数？不不，说不定，她只是一下子知道了为何不存在这样的函数。只是我还没想明白而已……

“还剩 5 分钟。”米尔嘉说道。

是否存在只在一点处连续的函数？

6.4.4 逃出无限的迷宫

当我不断思索的时候，米尔嘉和泰朵拉正小声说着话。

“你刚刚说的练习是？”米尔嘉问道。

“啊，我在笔记本上写了好多遍 ϵ-N 和 ϵ-δ 的式子，来回思考它们的含义。我要是不写很多遍，就没法理解透彻…… 然后，我还画了函数图，练习写出 ϵ 邻域和 δ 邻域。”

“喔……”

“ϵ-δ 我基本熟悉了，虽说还有些地方不理解……”

“泰朵拉，这难度可能源于实数本身。或许感到‘不理解’才更正常，所以你不用勉强自己去理解。”米尔嘉说道。

“那个，米尔嘉学姐…… 学长告诉我，就极限而言，重点是要确保存在 δ，可是不管我怎么看 ϵ-δ，都不怎么有‘无限接近’的感觉啊。我倒是感觉好像为了‘无限接近’有必要‘无限循环’……”

“一想到有必要‘无限循环’，我们就迷失在迷宫里了。不管循环多少次，我们都会迷惑，觉得前面还有路。最重要的，不是无限循环，而是‘确保对于任何 ϵ 都存在与其对应的 δ’。不过，如果你习惯了，也可以享受这个迷宫带来的乐趣…… 只要我们借助 ϵ-δ，就能逃出这个‘无限循环’迷宫。”

“了解。”

“只要是在我们这个地球上学习数学的人，无一例外都会从魏尔斯特拉斯那儿拿到 ϵ-δ 这把‘钥匙’，然后……”米尔嘉慢慢地伸展双臂说道，“他们就会用 ϵ-δ 打开极限之‘门’，逃出无限这个迷宫。”

6.4.5　在一点处连续的函数！

“话说，喂，到时间啦。”

“我认输。”我说道，“我觉得不存在在一点处连续的函数。”

米尔嘉递了个眼色，泰朵拉开了口。

“那…… 那个，我实际写出来过，所以，是存在的。”

“诶？能写出这样的函数？”

“嗯…… 不过，我只是稍微改了改学长你给我的例子哦！”

$$g(x) = \begin{cases} x & （当\ x\ 为无理数时） \\ 0 & （当\ x\ 为有理数时） \end{cases}$$

“啊……”我哑口无言。

“解释。”米尔嘉命令道。

“好。”泰朵拉应道，“刚才，学长你写出了一个‘在所有点处都不连

续的函数 $f(x)$’，也就是‘无理数测定仪’。当然，这个‘无理数测定仪’的函数图是画不出来的，如果能画出来，我觉得应该也是下面这样。它看起来像两张图，想表达的是‘y 只在当 x 为有理数时等于 0，而当 x 为无理数时，y 等于 1’。比如说，当 x 等于有理数 1 时，y 等于 0；当 x 等于无理数 $\sqrt{2}$ 时，y 等于 1。”

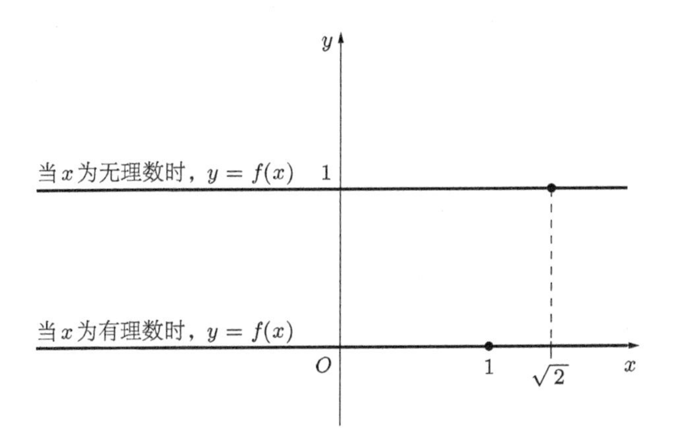

“这次米尔嘉学姐的题是思考‘只在 $x=0$ 处连续的函数’。因此……我就想，能不能用学长你写的那个‘无理数测定仪’呢？如果要思考连续的定义，即 ϵ-δ，并写一个在 $x=0$ 处连续的函数 $g(x)$ 的话，不管我拿多小的 ϵ 应战，只要保证有一个 δ 满足‘如果 x 在 0 的去心 δ 邻域里，那么 $g(x)$ 就在 $g(0)$ 的 ϵ 邻域里’就可以了。因为当 x 为有理数时，$g(x)=0$，所以 $g(x)$ 在 ϵ 邻域里。问题在于无理数。我想，当 x 为无理数时，让 $g(x)$ 紧挨着 $g(0)=0$ 不就好了吗？所以，我就把刚刚那个 $y=f(x)$ 的图倾斜了一下，用斜线靠近 $g(0)=0$，这样 $g(x)$ 就出来了。”

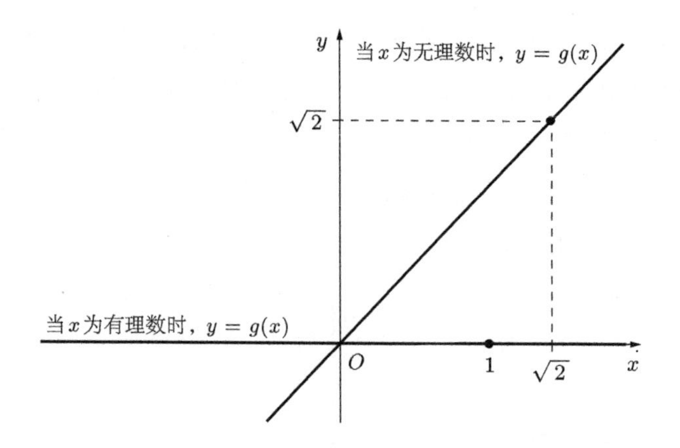

“这样一来，不管我拿多小的 ϵ 应战，都能找到 δ，因为只要让 δ 比 ϵ 小就行了。比如说，让 δ 等于 $\frac{\epsilon}{2}$。这样的话，对于去心 δ 邻域里的 x 来说，$g(x)$ 的值肯定在 ϵ 邻域里。”

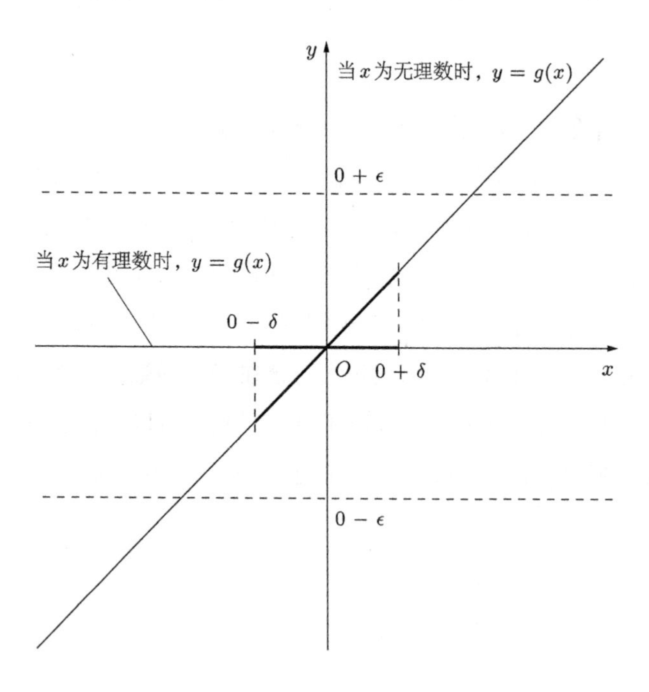

“换成有理数就是 0，所以不要紧。就算换成无理数，$|g(x)-0|=|g(x)|$ 也小于 ϵ。因为，只要按照下面这个思路来思考就可以了。

$$
\begin{aligned}
|g(x)| &= |x| && \text{因为当 } x \text{ 为无理数时，} g(x)=x \\
&< \delta && \text{又因为 } x \text{ 在去心 } \delta \text{ 邻域里} \\
&= \frac{\epsilon}{2} && \text{又因为已经定义了 } \delta=\tfrac{\epsilon}{2} \\
&< \epsilon && \text{再因为 } \epsilon>0\text{，} \tfrac{\epsilon}{2}<\epsilon
\end{aligned}
$$

所以，$|g(x)|<\epsilon$，$g(x)$ 就到了 0 的 ϵ 邻域里。这就是我们原本的目的！因为不管对于多小的 ϵ，只要让 x 进到去心 δ 邻域里，那么 $g(x)$ 就会进到 ϵ 邻域里。用 ϵ-δ 的思路，就能写出只在 $x=0$ 处连续的函数。”

“停。”米尔嘉说道，“当 $x\neq 0$ 时，不连续的情况呢？”

“啊，这…… 这我没有考虑。”

“算了，反正你马上也就明白了。”米尔嘉说道。

“我觉得…… 光凭‘无限接近’这个词，是想不出函数 $g(x)$ 连不连续的，也画不出函数 $g(x)$ 的精确图形。可是，我在心里画了一张图，想到了怎么处理 δ。所以我认为，就算没法把图画在纸上，把图画在心里也是有用的。我用了下面这三个工具来思考这次的函数 $g(x)$。”

- 无理数测定仪 $f(x)$
- ϵ-δ
- 在心里画的图形

泰朵拉紧绷着一口气答完，然后浅浅地笑了。

“非常好。”米尔嘉说着，摸了摸泰朵拉的头。

解答6-3(在一点处连续的函数)

存在只在 $x = 0$ 这一点处连续的函数。

我…… 想说点什么。

可是，却没法好好说出口。

“抱歉，我先回去了。”我丢下这句话，离开了图书室。

6.4.6　诉衷肠

我一个人，回到教室，拿起书包。

然后走出换鞋处，绕了教学楼一圈，来到院子里，坐在长椅上，抱着脑袋。

我…… 到底是怎么了？

摸底考试没上榜，打击有这么大么？

数学输给泰朵拉，打击有这么大么？

受到这么大的打击，才是对我而言巨大的打击。

就这么点儿事儿，我就这么不淡定……

这时，背后传来了脚步声，这脚步声是……

“学长？”

是泰朵拉啊。

“可爱的跟踪狂”果然还“健在”呢。

“……”我没有回话，也没有抬头。

“你很难受吗？”

“我只是烦透了这样的自己。”我答道，仍然没有抬头。

沉默。

“不好意思。”

她轻轻地，把手放在了我低着的头上。

甜美的香气从上方飘了过来。

诶？怎么…… 这是要干什么？

“主啊。”

泰朵拉凑到我的左耳边，低声说道：

> —— 主啊。
> 请您保佑我学长。
> 不管是艰难，抑或困苦，
> 都请您永远在我学长身边，
> 做他的精神支柱。
>
> —— 主啊。
> 我从学长那儿体会到了数学的喜悦。
> 我希望，除了我，
> 还有很多人能通过学长体会到数学的喜悦，
> 体会到学习的喜悦。
>
> 奉主耶稣之名祷告，阿门。

这是…… 祈祷？

泰朵拉竟然为了我 —— 为了这么丢人的我而祈祷。

虽然，我并不了解主……

不过我明白，她的祈祷是有意义的。

有一个词，从她的祷告词里，飞进了我的心里。

——喜悦。

数学带来的喜悦是巨大的。解题的喜悦、看穿结构的喜悦、找到架在多个世界间的桥梁的喜悦、收到几百年前数学家们留下的信息的喜悦……有巨大的痛苦，就有巨大的喜悦。嗯，就是这样。我已经体会到了数学的喜悦、学习的喜悦，以及“传递喜悦的喜悦”。

说不定。

说不定，我或许会成为……“老师”。

成为一名老师，传递数学的喜悦和学习的喜悦？

尤里说过：“哥哥你干脆将来当老师吧。”

泰朵拉说过：“学长确实很会教人呢。”

米尔嘉说过：“不配当老师”。那是在骂活在我身体里的那个老师。

泰朵拉轻抚我的头，说道：

“一直以来，我都很感谢你，学长。”

虽说被学妹看见自己流眼泪是很丢脸……

不过，现在不是说这个的时候。

我赶紧擦了擦眼睛，重新戴好眼镜，抬起头。

“抱歉啊……谢谢你，泰朵拉。”

她莞尔一笑，用她那优美的嗓音说道：

“It’s my pleasure.”

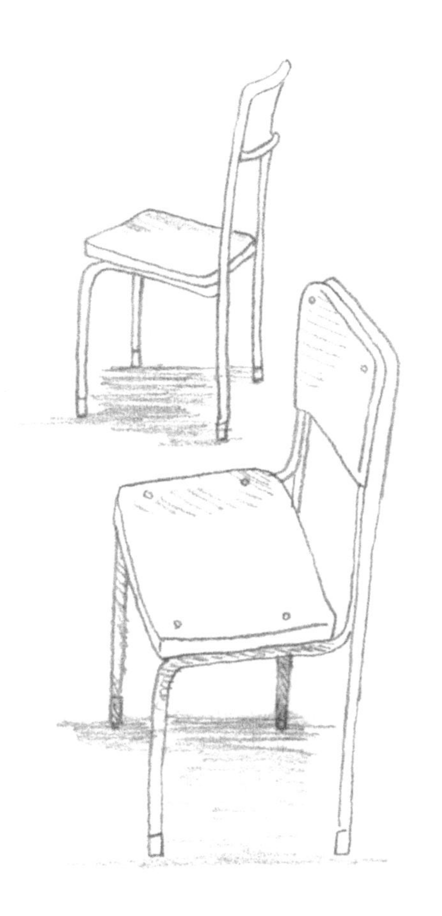

该极限定义趋于严密，

人们之所以能在真正意义上自主判断分析学证明的正确性，

是因为来自柏林大学的魏尔斯特拉斯在分析学课上导入了一种方法，

这种方法如今被人们称为 ϵ-δ 语言。

——《不完备定理》[16]

第7章 对角论证法

把变量“把变量x用自指代换就称作对角化”用自指代换就称作对角化。

无法证明把“无法证明把x对角化了的语句”对角化了的语句。

——《没有书名为〈没有书名为○○的书〉的书》

7.1 数列的数列

7.1.1 可数集

“学长，我找你好久了！有东西给你！”

“嗯？”我停下秒表。

“啊，对不起！你在计时啊！”

“没事……”我把思绪移回这个世界，“呼——”地舒了一口气。在解数学题时，我会进入异世界。现实中的自己身处于哪个时代、哪颗星球、哪个国家……全都失去了意义。

——现在是放学后，这里是图书室。

季节是冬季，但已略有春意。已是二月末了，下个月就是毕业典礼跟结课典礼[①]，还有春假。

① 日本的小学和初高中在学期末还举行结课典礼。——译者注

到了四月，我跟米尔嘉就升高三了，泰朵拉就升高二了。时间过得好快啊。

“…… 没事，我已经把秒表停了。什么东西啊？”

“您有黑猫泰朵拉的快递，是村木老师的卡片！”

“…… 谢谢。是什么题？”

问题 7-1

证明实数集 $\mathbb{R}$ 不是可数集。

“啊，这题我知道，是数学读物里常出现的题。”

“诶？这题这么有名吗？”

“解这题要用到康托尔的对角论证法[1] —— 需要我解释吗？”

“…… 嗯。如果不妨碍你的话，还请解释一下。”

泰朵拉说着，坐到了我左边的座位上。

“解释的话，一下子就能解释完。我们先不说这个，你明白这道题的含义吗？”

“…… 除了可数集这个词以外，我应该都明白。”

“**可数集**指的是‘能用自然数给所有元素编号的集合’。”

可数集

可数集指的是能用自然数给所有元素编号的集合。

“用自然数来编号……”

“比如说，有限集都是可数集[2] 对吧？这是因为，如果元素数量有限，

① 即Cantor's Diagonal Argument，又称对角线证明等。——译者注

② 也有一些学派主张有限集不属于可数集。

那么我们就能给所有元素都编上号。”

“了解。”

“至于无限集的示例嘛，比如说，我们假设存在一个下面这样的整数集 $\mathbb{Z}$。

$$\mathbb{Z} = \{\cdots, -3, -2, -1, 0, +1, +2, +3, \cdots\}$$

$\mathbb{Z}$是可数集。也就是说，我们可以用自然数给整数编号。来动手试试吧。用自然数1给整数0编号，然后依次用2给+1编号，用3给−1编号，用4给+2编号……”

$$\begin{array}{cccccccccccl}
1 & 2 & 3 & 4 & 5 & 6 & \cdots & 2k-1 & 2k & \cdots & \text{自然数集} \\
\downarrow & \downarrow & \downarrow & \downarrow & \downarrow & \downarrow & & \downarrow & \downarrow & & \\
0 & +1 & -1 & +2 & -2 & +3 & \cdots & 1-k & +k & \cdots & \text{整数集}
\end{array}$$

“嗯……”

“这么写的话，应该更容易理解吧。”

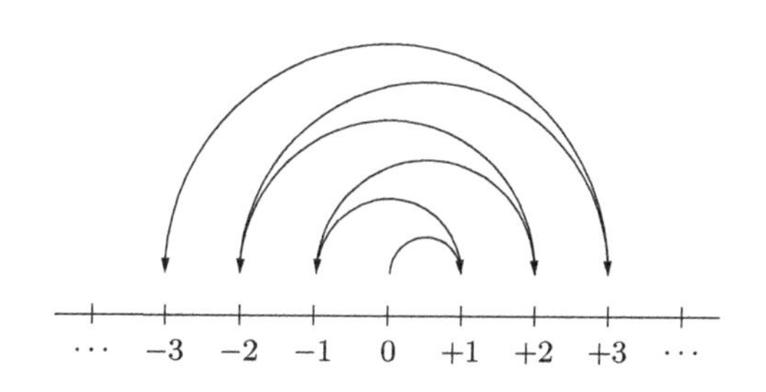

“就是轮流加上正负号……对吧？”

“嗯。用哪种方法都行，重要的是给所有整数都编上‘单独的编号’。因为所有的整数都能用自然数来编号，所以我们可以说，整数集 $\mathbb{Z}$ 是可数集。用英语说就是 Countable Set。”

“原来如此。Countable，可数的，就是能够 Count 的集合呀。”

“嗯，就是这样。另外，再比如说有理数集 $\mathbb{Q}$，它也是可数集哦。因为，像下面这么排的话……

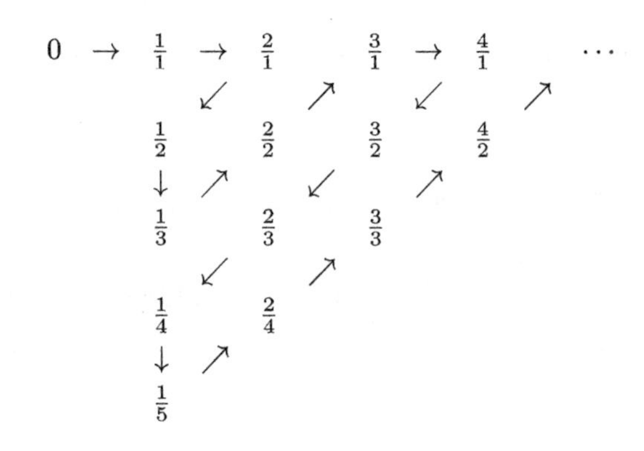

我们就能顺藤摸瓜，找到所有大于等于0的有理数。接下来，只要跟上面处理整数时一样，轮流加上正负号即可。

$$0 \to +\frac{1}{1} \to -\frac{1}{1} \to +\frac{2}{1} \to -\frac{2}{1} \to +\frac{1}{2} \to -\frac{1}{2} \to +\frac{1}{3} \to -\frac{1}{3} \to +\frac{2}{2} \to -\frac{2}{2} \to \cdots$$

不过，往细了说呢，当出现像 $\frac{1}{1}$ 跟 $\frac{2}{2}$ 这样约分后相等的数时，还必须跳过后出现的数。”

“有理数集也是 Countable Set 啊。”泰朵拉点了点头，又歪了歪头，“可是…… 能拿自然数来编号，不是理所当然的么。因为自然数是 $1, 2, 3, \cdots$，有无数个呀。”

“泰朵拉，你是不是想说‘因为自然数有无数个，所以当然能用它们给无限集合的元素来编号’？可是啊，卡片上写着呢，实数集 $\mathbb{R}$ 不是可数集。也就是说，就算动用无数个自然数，也不可能给所有的实数都编上号。”

“实数集 $\mathbb{R}$ 不是可数集……？可是学长，如果有那种没有编号的实数，只要每次遇见这种实数时把它单拿出来编号不就行了！”泰朵拉扬起双手。

“不行不行，这样是搞不定的。”

“为什么？”

“因为这个方法不能保证给所有的实数都编上号。”

“可…… 可是，就算我说的方法不行，也许别人能想出个好方法呢？给有理数编号就办得到，给实数编号却绝对办不到？怎么就能这么说呢？”

“证明就是为此而存在的，泰朵拉。这就是这次要讨论的问题。”

7.1.2 对角论证法

问题 7-1

证明实数集 $\mathbb{R}$ 不是可数集。

为了使用对角论证法，我们换个角度理解一下这道题。把“给所有实数编号”改成“给满足 $0 < x < 1$ 的实数编号”吧。

为什么要改成这样呢？这是因为，能给满足 $0 < x < 1$ 的实数编号，就相当于能给所有实数编号。

请看下图。

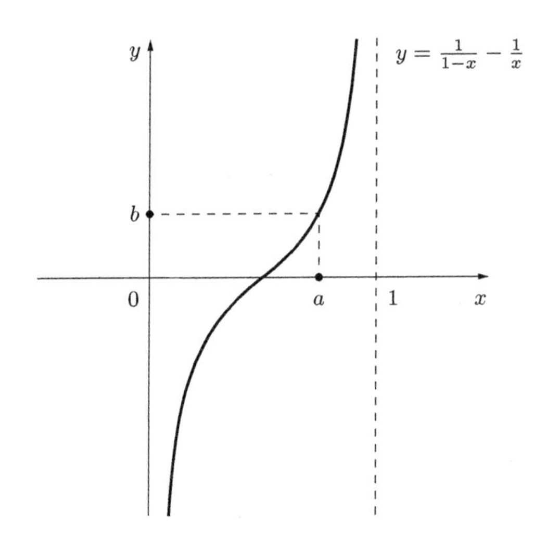

由上图可知，如果我们在 x 轴上的 $0<x<1$ 这个范围内选定一个实数 a，则 y 轴上会出现一个对应的实数 b。反过来，如果我们在 y 轴上选定一点 b，则 x 轴上会出现一个满足 $0<x<1$ 的实数 a。满足 $0<x<1$ 的实数跟所有实数之间的这种关系是一一对应的，不会出现遗漏，也不会重复。

因此，给满足 $0<x<1$ 的所有实数编号，就相当于给所有实数编号。

问题 7-1a（问题 7-1 的另一个说法）

证明由满足 $0<x<1$ 的所有实数构成的集合不是可数集。

那么，接下来介绍一下康托尔的对角论证法。

在这里我们使用反证法。

在反证法中，我们要先假设一个想证明的命题的否定形式，然后推导出矛盾。现在我们想证明的命题是“由满足 $0<x<1$ 的所有实数构成的集合不是可数集”，因此我们可以假设这样一个该命题的否定形式。

反证法中的假设：由满足 $0<x<1$ 的所有实数构成的集合是可数集。

我们的目标是从以上假设出发，也就是通过“能用自然数给满足 $0<x<1$ 的所有实数编号”，推导出矛盾。

既然满足 $0<x<1$ 的所有实数都有编号，那么这个范围内的所有实数就都能用 A_n 来表示。n 是我们编给实数的编号。

我再写得具体点吧。比如，A_n 可能是下面这样。

$$
\begin{cases}
\mathrm{A}_1 & = 0.01010\cdots \\
\mathrm{A}_2 & = 0.33333\cdots \\
\mathrm{A}_3 & = 0.14142\cdots \\
\mathrm{A}_4 & = 0.10000\cdots \\
\mathrm{A}_5 & = 0.31415\cdots \\
\quad\vdots & \qquad\vdots
\end{cases}
$$

在这里，我们试着把“以‘0.’开头的数”写作一般的形式。

$$\mathrm{A}_n = 0.\, a_{n,1}\ a_{n,2}\ a_{n,3}\ a_{n,4}\ a_{n,5}\ \cdots$$

下标有两个字符，看起来挺费劲的，不过你应该明白吧？$a_{n,1}$ 表示的是实数 A_n 的小数点后的第 1 位数字。$a_{n,2}$ 是小数点后第 2 位数字，$a_{n,3}$ 是小数点后第 3 位…… 以此类推。一般来说，$a_{n,k}$ 表示的是实数 A_n 的小数点后的第 k 位数字。

例如，以 $\mathrm{A}_5 = 0.31415\cdots$ 为例，$a_{5,k}$ 就会变成下面这样。

$$a_{5,1} = 3,\quad a_{5,2} = 1,\quad a_{5,3} = 4,\quad a_{5,4} = 1,\quad a_{5,5} = 5,\ \cdots$$

改写成下面这样会更一目了然吧。

$$\begin{array}{cccccccccc} \mathrm{A}_5 & = & 0\,. & 3 & 1 & 4 & 1 & 5 & \cdots \\ & & & \shortparallel & \shortparallel & \shortparallel & \shortparallel & \shortparallel & \cdots \\ & & & a_{5,1} & a_{5,2} & a_{5,3} & a_{5,4} & a_{5,5} & \cdots \end{array}$$

然而，就像 $\mathbb{R}$ 中存在 $0.1999\cdots = 0.2000\cdots$ 这样，这里同样有一些数存在两种表示方式。为了统一表示方式，我们不把 9 无限写下去。啊，还有，因为数满足 $0 < x < 1$，所以也要排除 $0.000\cdots$ 这种写法。

接下来，我们把 $a_{n,k}$ 列成一个像下图这样的表格，各行表示的是 A_n。

$$\begin{array}{lllllllll} & & & 1 & 2 & 3 & 4 & 5 & \cdots \\ \mathrm{A}_1 & = & 0. & a_{1,1} & a_{1,2} & a_{1,3} & a_{1,4} & a_{1,5} & \cdots \\ \mathrm{A}_2 & = & 0. & a_{2,1} & a_{2,2} & a_{2,3} & a_{2,4} & a_{2,5} & \cdots \\ \mathrm{A}_3 & = & 0. & a_{3,1} & a_{3,2} & a_{3,3} & a_{3,4} & a_{3,5} & \cdots \\ \mathrm{A}_4 & = & 0. & a_{4,1} & a_{4,2} & a_{4,3} & a_{4,4} & a_{4,5} & \cdots \\ \mathrm{A}_5 & = & 0. & a_{5,1} & a_{5,2} & a_{5,3} & a_{5,4} & a_{5,5} & \cdots \\ \vdots & & & \vdots & \vdots & \vdots & \vdots & \vdots & \ddots \end{array}$$

满足 $0 < x < 1$ 的实数都可以用 A_n 来表示。换句话说，这个表格里

写的就是满足 $0 < x < 1$ 的所有实数。我们来看一下这个表格的**对角线**。

$$
\begin{array}{cccccccc}
 & & 1 & 2 & 3 & 4 & 5 & \cdots \\
\mathrm{A}_1 = & 0. & \underline{a_{1,1}} & a_{1,2} & a_{1,3} & a_{1,4} & a_{1,5} & \cdots \\
\mathrm{A}_2 = & 0. & a_{2,1} & \underline{a_{2,2}} & a_{2,3} & a_{2,4} & a_{2,5} & \cdots \\
\mathrm{A}_3 = & 0. & a_{3,1} & a_{3,2} & \underline{a_{3,3}} & a_{3,4} & a_{3,5} & \cdots \\
\mathrm{A}_4 = & 0. & a_{4,1} & a_{4,2} & a_{4,3} & \underline{a_{4,4}} & a_{4,5} & \cdots \\
\mathrm{A}_5 = & 0. & a_{5,1} & a_{5,2} & a_{5,3} & a_{5,4} & \underline{a_{5,5}} & \cdots \\
\vdots & & \vdots & \vdots & \vdots & \vdots & \vdots & \ddots
\end{array}
$$

把对角线上的数列挑出来，排列如下。

$$a_{1,1},\ a_{2,2},\ a_{3,3},\ a_{4,4},\ a_{5,5},\ \cdots$$

根据这个数列 $\{a_{n,n}\}$，可以构成下面这个数列 $\{b_n\}$。

$$b_n = \begin{cases} 1 & \text{当}\, a_{n,n} = 0,2,4,6,8\,\text{中任意一个数字时} \\ 2 & \text{当}\, a_{n,n} = 1,3,5,7,9\,\text{中任意一个数字时} \end{cases}$$

也就是说，我们可以规定，若 $a_{n,n}$ 是偶数，则 $b_n = 1$；反过来，若 $a_{n,n}$ 是奇数，则 $b_n = 2$。这样一来，对于所有的自然数 n，以下式子都成立。

$$b_n \neq a_{n,n}$$

接下来，我们如下定义实数 B。

$$\mathrm{B} = 0.b_1 b_2 b_3 b_4 \cdots$$

用具体例子来说会好些吧。

首先，从表格里挑出位于对角线上的数字。

$$
\begin{array}{rlllllll}
 & & 1 & 2 & 3 & 4 & 5 & \cdots \\
\mathrm{A}_1 = & 0. & \underline{0} & 1 & 0 & 1 & 0 & \cdots \\
\mathrm{A}_2 = & 0. & 3 & \underline{3} & 3 & 3 & 3 & \cdots \\
\mathrm{A}_3 = & 0. & 1 & 4 & \underline{1} & 4 & 2 & \cdots \\
\mathrm{A}_4 = & 0. & 1 & 0 & 0 & \underline{0} & 0 & \cdots \\
\mathrm{A}_5 = & 0. & 3 & 1 & 4 & 1 & \underline{5} & \cdots \\
\vdots & & \vdots & \vdots & \vdots & \vdots & \vdots & \ddots
\end{array}
$$

数列 $\{a_{n,n}\}$ 如下。

$$0, 3, 1, 0, 5, \cdots$$

数列 $\{b_n\}$ 如下。若 $a_{n,n}$ 为偶数，则令 $b_n = 1$；若 $a_{n,n}$ 为奇数，则令 $b_n = 2$。

$$1, 2, 2, 1, 2, \cdots$$

这样一来，我们就得到了实数 B。

$$\mathrm{B} = 0.12212\cdots$$

此外，$0 < \mathrm{B} < 1$ 在任何时候都成立对吧？也就是说，刚刚那个写着“满足 $0 < x < 1$ 的所有实数”的表格里应该有这个实数 B！此处很重要！我们假设实数 B 在表格的第 m 行。那么，以下式子成立。

$$\mathrm{A}_m = \mathrm{B}$$

接下来，我们把表格的第 m 行和第 m 列挑出来看看。

$$
\begin{array}{ccccccccccc}
 & & & & 1 & 2 & 3 & \cdots & m & \cdots \\
 & & \mathrm{A}_1 = & 0. & \underline{a_{1,1}} & a_{1,2} & a_{1,3} & \cdots & a_{1,m} & \cdots \\
 & & \mathrm{A}_2 = & 0. & a_{2,1} & \underline{a_{2,2}} & a_{2,3} & \cdots & a_{2,m} & \cdots \\
 & & \mathrm{A}_3 = & 0. & a_{3,1} & a_{3,2} & \underline{a_{3,3}} & \cdots & a_{3,m} & \cdots \\
 & & \vdots & & \vdots & \vdots & \vdots & \ddots & \vdots & \cdots \\
\mathrm{B} & = & \mathrm{A}_m = & 0. & a_{m,1} & a_{m,2} & a_{m,3} & \cdots & \underline{a_{m,m}} & \cdots \\
 & & & & \shortparallel & \shortparallel & \shortparallel & \cdots & \shortparallel & \cdots \\
 & & & & b_1 & b_2 & b_3 & \cdots & b_m & \\
 & & \vdots & & \vdots & \vdots & \vdots & \vdots & \vdots & \ddots
\end{array}
$$

注意看这张表格的第 m 行和第 m 列的交汇处，可知以下式子成立。这里拿了 A_m，也就是 B 的小数点后的第 m 位数字来与 b_m 作比较。

$$a_{m,m} = b_m$$

然而，如果我们在此回忆一下 B 是怎么来的，就会发现：对于所有的自然数 n，$a_{n,n} \neq b_n$ 都成立。这是因为，b_n 是我们以此为条件刻意构成的。既然对于所有的自然数 n，$a_{n,n} \neq b_n$ 都成立，那么对于某个特定的自然数 m，以下式子也成立。

$$a_{m,m} \neq b_m$$

你看，出现矛盾了吧？

$$a_{m,m} = b_m \text{与} a_{m,m} \neq b_m \text{相矛盾}$$

因此，根据反证法可知，由满足 $0 < x < 1$ 的所有实数构成的集合不是可数集。

证明完毕。

解答 7-1a

采用反证法。

1. 假设实数的集合 $\mathbb{S} = \{x \mid 0 < x < 1\}$ 是可数集。

2. 集合 $\mathbb{S}$ 的元素都可以像下面这样来表示。

$$\mathrm{A}_n = 0\,.\,a_{n,1}\ a_{n,2}\ a_{n,3}\ a_{n,4}\ \cdots\ a_{n,k}\ \cdots$$

3. 如下定义实数 B。

$$\mathrm{B} = 0\,.\,b_1\ b_2\ b_3\ b_4\ \cdots\ b_n\ \cdots$$

但是，b_n 要像下面这样来定义。

$$b_n = \begin{cases} 1 & a_{n,n}\text{为偶数时} \\ 2 & a_{n,n}\text{为奇数时} \end{cases}$$

4. 根据 b_n 的定义可知，对于任意自然数，$a_{n,n} \neq b_n$ 都成立。

5. 因为实数 B 是集合 $\mathbb{S}$ 的元素，所以存在满足 $\mathrm{A}_m = \mathrm{B}$ 的 m。

6. 此时再看实数 B 的小数点后的第 m 位数字，就会发现 $a_{m,m} = b_m$ 成立。

7. 根据上面第 4 条可知，$a_{m,m} \neq b_m$。

8. 在此，第 6 条与第 7 条相矛盾。

9. 根据反证法，集合 $\mathbb{S}$ 不是可数集。

这里也同时回答一下泰朵拉你拿来的那张“快递”卡片上的问题吧。

由满足 $0 < x < 1$ 的所有实数构成的集合，跟实数集 $\mathbb{R}$ 是一一对应的关系。因为由满足 $0 < x < 1$ 的所有实数构成的集合不是可数集，所以实数集 $\mathbb{R}$ 也不是可数集。

解答 7-1

“由满足 $0 < x < 1$ 的所有实数构成的集合”跟“实数集 $\mathbb{R}$”是一一对应的关系。因此根据解答 7-1a，实数集 $\mathbb{R}$ 也不是可数集。

这样你就能理解了吧？

◎ ◎ ◎

“这样你就能理解了吧？”我说道。

活力少女在沉思默想。没过多久，她举起了右手。

“学长，我们把这个方法叫作对角论证法，是因为我们关注的是表格的对角线，对吧？”

“没错。不过表格是无限大的，所以我们并不能看到右下角的对角线。”

“我差不多明白刚才是在干什么了。不过我想问个问题。”

“什么问题？”

“要是实数 B 不在表格里，我们能把它追加到表格里吗？”

“不行，如果 B 原本就不在表格里，就会产生矛盾，所以 B 不能不在表格里。就算我们把它追加到了表格里…… 因为追加后得到的是一个新的表格，所以如果用这个新的表格来像上面那样讨论，我们就还需要定义一个新表格中没有的实数 C。”

“啊！原来如此。”

“嗯。”

“学长…… 学长你，为什么能一下子就回答出我的问题呢？”

“这个嘛，因为我很了解对角论证法……”

“是么？”清脆的声音从我们背后传来。

“呀！”泰朵拉叫道。

我回过头，发现米尔嘉正站在我们身后。

7.1.3　挑战：给实数编号

“完全没感觉到你过来了。”我说道。

“别说这些没用的，刚刚你说自己‘很了解’对角论证法？”

我看着双手叉腰的米尔嘉，不由得很紧张。

“是我说的……”我有点儿不镇定。

“村木老师简直就是千里眼啊。”米尔嘉说。

“什么意思？”

“师曰：‘如果他在给泰朵拉讲完以后，说自己很了解对角论证法的话，就给他看这张卡片’。”

米尔嘉拿出一张卡片放在桌子上，迅速在我右边坐下。

问题 7-2（挑战：给实数编号）

以下关于“给实数编号”的讨论是否正确？

给以“0.”开头的数编号。小数点后第 1 位数字只有 10 种情况[①]，因此，对于小数点后只有 1 位数字的数，我们可以无一遗漏地全都编上号。而对于小数点后第 1 位数字的 10 种情况下的每一个数，其小数点后第 2 位数字也都只有 10 种情况。因此，对于小数点后只有 2 位数字的数，我们也可以无一遗漏地全都编上号。重复以上步骤，不管以“0.”开头的数的位数增加到多大，我们都可以无一遗漏地为其编上号。因此，由以“0.”开头的所有数构成的集合是可数集。

“我不理解什么意思。”泰朵拉探头看着卡片。

① 即 0 ~ 9 这 10 种情况。——译者注

“如果能用自然数给某个集合里所有的元素都编上号，该集合就是可数集。”米尔嘉不紧不慢地解释道，“根据村木老师给出的这个‘给实数编号’来看，由满足 $0 < x < 1$ 的所有实数构成的集合是可数集。但是，刚刚你们应该已经证明了，该集合不是可数集。”

“啊…… 是这么回事儿。—— 不对，这个不正确！”

“问题是哪里不正确。”米尔嘉说道。

“这个……”我说，“在小数点后面每一个数位上可能出现的数字是 0～9 这 10 个数字中的一个。也就是说，如果我们不胡乱给实数编号，而是从位数少的开始依次编号，就能都编上号？不不，应该不是这样……”

我沉思。持续增加位数的话……

- 0.0, 0.1, 0.2, $\cdots$, 0.9（10 个）
- 0.00, 0.01, 0.02, $\cdots$, 0.99（100 个）
- 0.000, 0.001, 0.002, $\cdots$, 0.999（1000 个）
- 0.0000, 0.0001, 0.0002, $\cdots$, 0.9999（10000 个）
- ……

“嗯。这么排列的话，会不会有遗漏呢…… 每一个数位上出现的数字肯定只有 10 种情况。我们可以无限增加位数，因此…… 咦？”

“你的对角论证法是不是错了啊？每一个数位上出现的数字是有限的，所以要是分门别类来编号的话，就能说 $0 < x < 1$ 是可数集了哦。”

米尔嘉用认真的语气说道。可是，我却看到她眼里满是笑意。她在跟我开玩笑。

泰朵拉举起了手。

“那个…… 米尔嘉学姐，请问，我能提个问题吗？”

“这个是元问题[①]。”

“啊…… 是呀。我这是个关于问题的问题呢。”泰朵拉微笑，“采用这个方法的话，0 也会被编号。这样一来，实数就不在 $0 < x < 1$ 这个范围内了。而且，像 0.01、0.010 和 0.0100 这样的实数是相等的，但可能会被重复计数。这就不准确了吧？”

“提得好，但这不是问题。如果在意这些，就跳过那些不在范围内的实数，还有已经编完号的实数即可。你们之前讨论有理数的时候，应该也跳过了相等的数。”米尔嘉回答道。

“啊，这…… 也是呢。”泰朵拉说道。

我混乱了。

这道题，肯定是能一下子答出来的题。

我原本以为，自己已经把对角论证法这个数学读物上常出现的知识理解得很透彻了。可是，我却没能找出“给实数编号”中的错误。

泰朵拉也很认真地在思考。我可不能输给她。

可是，位数应该能无限增加的啊……

嗯？

…… 关键在于这里么？

不管位数多大都能编上号 —— 话虽这么说，可是这里的位数不是有限的吗？比如说 $0.333\cdots$ 这个数，这是一个无限小数，位数会无限增多。而村木老师的方法是能给那些位数有限的小数编上号，而不能给无限小数编上号！

“我明白了。用这个方法只能给位数有限的小数编号。”

“没错。”

“啊啊啊啊！别说出来呀！”泰朵拉喊道。

① “元”字出于英语的 Meta，元问题就是在现有问题上延伸出来的问题，比现有问题讨论的程度更深一些。——译者注

“实数(或者有理数)中包含无限小数。”我说道，“当然，在$0<x<1$这个范围里也存在这种小数，例如$\frac{1}{3}$。

$$\frac{1}{3}=0.333\cdots$$

或者，用圆周率π除以10也可得出这种小数。

$$\frac{\pi}{10}=0.314159265\cdots$$

在村木老师出的‘给实数编号’这道题里，不管小数的位数有多少，我们都能给它编上号。但是，这只限于位数有限的情况。当位数无限时，就不能用这个方法了。因为用于编号的自然数会变得无限大。而自然数里没有无限大的数，所以我们不能用自然数给$0.333\cdots$编号。”

米尔嘉轻轻点头，对我的话予以回应。

解答7-2(挑战：给实数编号)

讨论不正确。

我赢了老师的“挑战”，不由得露出了笑容。

“师曰……”黑发才女酷酷地继续说道，“‘他要是马上发现了这个说法的破绽，因而得意忘形的话，你就给他看这张卡片的背面’。”

“卡片的背面？”

我把桌子上的卡片翻了过来。

背面还写着一道题。

7.1.4 挑战：有理数和对角论证法

问题 7-3（挑战：有理数和对角论证法）

用对角论证法证明“实数集不是可数集”后，把其中所有的“实数”换成“有理数”。这样一来，我们就能证明“有理数集不是可数集”。该证明错在哪里？

“唔……”我集中精神想着。

“这……是什么问题啊？”泰朵拉问道。

“把刚刚用对角论证法进行的证明里的……”米尔嘉开口回答，“‘实数’一词统统代换为‘有理数’。也就是说，假设 A_n 表示有理数，列一个 A_n 的表格，表格里写有在 $0<x<1$ 这个范围内的全部有理数。然后挑出对角线上的数字，构成一个不存在于表格中的有理数 B。这样一来，就证明了‘有理数集不是可数集’。然而，有理数集应该是可数集。那么，到底是哪儿出错了呢——这道题就是这个意思。”

米尔嘉目光中带着几分顽皮，开心地解说道。

不不，现在不是盯着人家女生的脸看的时候。……确实，这样一来就证明了有理数集不是可数集。这……不好办呀。

“泰朵拉，你能答吗？”米尔嘉问道。

“不，我不会。”泰朵拉摇摇头，“我只知道，学长的对角论证法里，某个地方对于‘实数’成立，而对于‘有理数’不成立……”

“这说法有前途。”米尔嘉点点头。

“原来如此……应该找出实数跟有理数本质上的差异啊。”

实数跟有理数的差异是什么呢？实数的一部分是有理数，有理数可以用分数来表示。不过，现在是用小数来表示的。用小数来表示的话……

啊！

“我明白了。”

“真的？”

“嗯。在对角论证法的末尾部分，我们斜着选了一个 $a_{n,n}$，对吧？然而，我们并不能保证由此构成的 B‘会是有理数’。用小数来表示有理数的话，数的规律就会陷入循环，也就是循环小数。例如，$\frac{1}{3}$ 就是像 $0.333\cdots$ 这样循环 3，$\frac{1}{7}$ 就是像 $0.142857142857142857\cdots$ 这样循环 142857。我倒是想说‘数 B 应该会出现在表格里’，然而无法保证‘根据有理数表格构成的数 B 会是循环小数’。也就是说，数 B 不一定会是有理数。因此，村木老师的卡片上写的那种把实数代换成有理数的证明并不正确。”

“很好。”米尔嘉点头。

解答 7-3（挑战：有理数和对角论证法）

因为构成的数 B 不一定是有理数，所以不能使用对角论证法。

“这样啊……”我自言自语般说道，“重要的是，就算是像对角论证法这种著名的论证方法，也需要好好确认自己是否已经完全理解了它的含义啊。看来，‘我听说过’‘我在书上看到过’跟‘我已经完全理解了’相比，差距还是相当大的呀。”

“学长也是这样想呀。”泰朵拉回应道，“那个……我说一下别的哈。刚刚的证明里出现了反证法吧？”

“嗯，是啊。”我答道。

“反证法里的‘矛盾’……”泰朵拉继续说道，“一说到矛盾，我就有一种特别混乱，理不清思路的感觉。但是，我现在觉得，矛盾或许是一个步骤，这个步骤包含于一种更纯粹的思路之中。矛盾只不过是一个数学术语……”

“否定也是如此。”米尔嘉说道。

“啊，是呢！平常我们用‘否定’这个词，就很有负面、消极的感觉，而在数学里就完全没有这种感情色彩，可以毫无顾忌地否定。”

“根据辞典里的含义来看，‘否定’可能也是一个很容易令人误解的术语呢。”我说道。

“……话虽这么说，数学家还是很了不起的。”泰朵拉说道，“皮亚诺的公理、戴德金的无限定义，还有魏尔斯特拉斯的 ϵ-δ 语言、康托尔的对角论证法……数学家把线索留给了我们，让我们去发现这些既不可思议又美丽有趣的事物。他们简直就像弄丢了玻璃鞋的白雪公主。”

“确实……不过那可不是白雪公主，是灰姑娘。”我说道。

“哎呀！是啊！”泰朵拉红了脸。

7.2　形式系统的形式系统

7.2.1　相容性和完备性

卡片的问题告一段落，我们稍稍歇了一会。

米尔嘉用双手在胸前比划着一个小小的鸟笼，若有所思。她的手指也是弹钢琴的手指，不过跟盈盈的还不一样。她的手指纤长，形状秀美。

“来聊聊**算术的形式系统**吧。”她突然来了这么一句。

“啊，就是之前那个‘装作不知道的游戏’吧。”泰朵拉说道。

“略有不同。”米尔嘉回答道，“之前是‘命题逻辑的形式系统’，这次是‘算术的形式系统’。”

“形式系统有这么多种吗？”

“有无数种，这要看定义。”

“哦哦……”

“你会这么问，就是说你已经忘记了形式系统吧？”

“这…… 这个，嗯，对不起。”泰朵拉答道。

“唔…… 那么，我们再来简单复习一遍形式系统吧。”米尔嘉说道，“形式系统中定义了‘逻辑公式’。逻辑公式只是符号的有限序列 —— 我们先不考虑这句话的含义。然后，选出几个被称为‘公理’的逻辑公式。另外，为了由逻辑公式推导出逻辑公式，还要准备‘推理规则’。”

她拿起我的笔记本和自动铅笔，写下了“逻辑公式”以及“公理和推理规则”。

“从公理开始，用推理规则推导出逻辑公式，然后把逻辑公式加以排列，就能得到逻辑公式的有限序列。这种逻辑公式的有限序列就叫作‘证明’。在证明的结尾处出现的逻辑公式叫作‘定理’。”

米尔嘉又在笔记本上写下了“证明和定理”。

“喏，泰朵拉，你想起来了没？”

“嗯…… 我想起来了。形式系统中的证明指的不是数学意义上的证明，而是作为逻辑公式的有限序列来定义的‘形式证明’。学姐之前还列了五个逻辑公式来当 $(A) \to (A)$ 这个逻辑公式的形式证明呢…… 我给忘掉了，对不起。”

“用什么样的符号序列来当逻辑公式，用什么样的逻辑公式来当公理，准备什么样的推理规则……”这时米尔嘉将双臂大大伸展开来，“我们可以根据这些条件来构建各种各样的形式系统。我前一阵提到过的命题逻辑的形式系统算是其中比较简单的。玩起来很有趣，但是表现力却很低。”

“表现力？”我不解。

“比方说，$(A) \to (A)$ 这个式子可以用命题逻辑的形式系统来写。然而，下面这个式子就不行。”

$$\forall m\ \forall n\ \Big[(m < 17 \land n < 17) \to m \times n \neq 17\Big]$$

我跟泰朵拉望着米尔嘉写的式子，看了好一会儿。

“米尔嘉学姐，这个式子的意思是？”泰朵拉问道。

“我明白了。”我说道，“它的意思是‘17 是质数’。你看，它强调的是，不管把哪两个数代入 m 跟 n 里，乘积都不等于 17。”

“$m < 17$ 和 $n < 17$ 的部分呢？”泰朵拉问道。

“如果没有这部分，就能写成 1×17 的乘积形式了。”我回答道。

“啊……确实。我把质数的定义给忘了！”

“你们还真是喜欢思考含义啊。”米尔嘉冷冷地说道。

“啊！”对了！不该思考含义的。

“可是……”泰朵拉说道，“米尔嘉学姐在写这个逻辑公式的时候，是想让我们以为‘17 是质数’的吧。从形式系统的角度来说，可能确实不应该考虑含义。但是，要是进行正确的解释，这个式子不也是为真……吗？”

“我想说的就是这个。”米尔嘉说道，“我们需要注意泰朵拉刚才所说的‘正确的解释’。对解释进行思考是归在数理逻辑里的模型论这个范畴里的。确实，一旦我们定义了解释，也就给形式系统赋予了含义。但是，正确的解释不单单只有一个。对于一个形式系统，我们可以想到很多解释。解释不同，形式系统的含义也会发生变化。然而，还是存在常用的标准解释的。”

“……”

“比如说，你们刚刚将 m 跟 n 默认为自然数，把 m 跟 n 认定成自然数，把‘$\times$’认定成自然数的乘积，把‘$\neq$’解释成表示不相等的符号。的确，这么解释的话，那个式子表示的就是‘17 是质数’这个命题。但是，如果 m 和 n 是实数呢？这样一来，那个式子表示的意思就不是‘17 是质数’了。所以，要给形式系统赋予含义时，我们需要切实定义解释。”

“原来如此……”我跟泰朵拉一起点头。

“不过，实际上泰朵拉说的没错，我就是想让你们以为这个式子表示的是‘17是质数’……”米尔嘉俏皮地挤了挤眼说道，“我们回到正题。在命题逻辑的形式系统中，以下逻辑公式是写不出来的。

$$\forall m\ \forall n\left[(m<17\land n<17)\rightarrow m\times n\neq 17\right]$$

这是因为，命题逻辑的形式系统里缺少以下内容。

- 没有 $\forall$ 这样的符号。
- 没有 $\times$ 这样用于计算自然数的符号。
- 没有 $<$ 和 $\neq$ 这样用于表示自然数间关系的符号。
- 没有 m 和 n 这样用于表示自然数的变量。
- 没有17这样用于表示自然数的常数。

如果想要从形式上表示**算术**这种在自然数的基础上进行加法或乘法运算的简单的数学，就需要把上面这些缺少的部分补上。”

“把缺少的部分补上……指的是什么呢？”

“导入缺少的符号、变量、常数等，定义公理和推理规则。”

“这个……”泰朵拉一脸快要哭出来的样子，“可是，要是能这么随便干的话，感觉就收不了场了……不管是谁都能随便创造数学，这样就会出现一波又一波乱七八糟的数学……”

“并非如此。”米尔嘉说道，“虽然谁都能创造形式系统，但并不会收不了场。这一点跟谁都能创造音乐，但优美的音乐并不多很像。因为还有些重要性质是形式系统应该满足的。”

“形式系统的……性质？”泰朵拉眨了几下眼。

“例如**相容性**[①]。形式系统需要相容。”

“相容性……也就是说，跟矛盾有关？”

---

① 又称无矛盾性、协调性或者一致性，指的是逻辑上的一致，就是在一个逻辑体系下永远不可能同时推理出一个命题P和其否命题非P同时成立。——编者注

“当然。”米尔嘉说道，“形式系统存在‘矛盾’指的是对于某个逻辑公式 A，我们能够证明 A 和 ¬A（非 A）两者都成立。也就是说，如果存在逻辑公式 A，满足 A 和 ¬A 都有形式证明，那么这个形式系统就存在矛盾。”

存在矛盾的形式系统

对于形式系统中的某个逻辑公式 A，
能够证明 A 和 ¬A 两者在该形式系统中都成立时，
我们就说，这个形式系统存在矛盾。

“那个…… 米尔嘉，”我插了句嘴，“就是说，我们能从公理出发，沿着推理规则一路摸索到达 A 和 ¬A？”

“你理解得很对。”米尔嘉回答道，“在形式系统包含的大量逻辑公式里，哪怕存在一个能证明 A 和 ¬A 两者都成立的逻辑公式 A，我们就说这个形式系统‘存在矛盾’。相应地，如果完全不存在这样的逻辑公式 A，我们就说这个形式系统‘相容’。”

相容的形式系统

对于形式系统中的任意逻辑公式 A，
无法证明 A 和 ¬A 两者在该形式系统中都成立时，
我们就说，这个形式系统相容。

“原来如此。”我想。形式系统中连矛盾这个概念都不用真假来定义啊。通过能不能证明来定义矛盾…… 原来如此。

泰朵拉想了一会儿，突然大声说道：

“相容的话，我们就能证明 A 和 ¬A 有一方肯定成立吧！”

“这可说错了。”米尔嘉立马否定了泰朵拉的说法。

“诶？诶诶诶诶？”

“‘无法证明 A 和 $\neg$A 两者都成立’这个性质即相容性。泰朵拉，你好好想想下面这两种说法之间的差别。”

- 无法证明 A 和 $\neg$A 两者都成立。
- 能证明 A 和 $\neg$A 有一方肯定成立。

“不…… 不对吗？”泰朵拉双手放在头上思考着。

“你忘了‘两者都无法成立’的情况。”米尔嘉说道。

“啊！…… 诶？A 和 $\neg$A 两者都不成立？”

“对，虽然形式系统相容，但不一定就能证明 A 和 $\neg$A 有一方肯定成立，也存在相容且 A 和 $\neg$A 两者都无法成立的情况。然而，在包含**自由变量**[①]的逻辑公式中也有很多无法证明的东西。现在我们关注的不是一般意义上的逻辑公式的可证明性，而是不包含自由变量的逻辑公式——人们将其称为**语句**[②]——的可证明性。”

“自由变量…… 那是什么？”泰朵拉问道。

“自由变量指的是不受 $\forall$ 或 $\exists$ 束缚的变量。例如，在下面的逻辑公式 1 中，出现了三次 x，x 就是自由变量。因为逻辑公式 1 包含自由变量，所以它不是语句。”

$$\forall m\ \forall n\ \Big[(m < x \land n < x) \to m \times n \neq x\Big] \qquad \text{逻辑公式1：不是语句}$$

“而下面这个逻辑公式 2 不包含自由变量，所以它是语句。”

$$\forall m\ \forall n\ \Big[(m < 17 \land n < 17) \to m \times n \neq 17\Big] \qquad \text{逻辑公式2：是语句}$$

① 也称自由变元。——译者注

② 也称句子（Sentence）、闭公式（Closed Formula）。——译者注

“嗯……”

“话说，米尔嘉，”我插嘴道，“如果换成算术的形式系统，这个逻辑公式 1 表示的就是‘x 是质数’这个谓词，逻辑公式 2 表示的就是‘17 是质数’这个命题吧？”

“嗯，你这么想也行。”米尔嘉点头，“总之，语句指的是不包含自由变量的逻辑公式。好了，我们回到正题吧。假设对于形式系统中的语句 A，A 和 ¬A 两者都无法证明。此时，A 就叫作**不可判定的语句**。还有，我们称拥有不可判定的语句的形式系统**不完备**，称非不完备的形式系统**完备**。”

我看着米尔嘉，不由得提高了说话声。

“不完备？难道是哥德尔的那个……”

“对，就是不完备定理的那个‘不完备’。”米尔嘉说道。

不完备的形式系统

对于形式系统中的某个语句 A，
A 和 ¬A 两者在该形式系统中都无法证明成立时，
我们就说，这个形式系统不完备。

完备的形式系统

对于形式系统中的任意语句 A，
能够证明 A 和 ¬A 至少有一方在该形式系统中成立时，
我们就说，这个形式系统完备。

“我们假设 A 是任意一个语句。泰朵拉刚才说的‘能证明 A 和 ¬A 有一方肯定成立’的性质，也就是形式系统‘相容且完备’的性质。这性质非常妙。相容且完备——数学家希尔伯特在形式系统上追求的正是这个性质。不过……”

随后，米尔嘉停顿了一下说道：

“哥德尔不完备定理粉碎了这个性质。”

相容且完备的形式系统

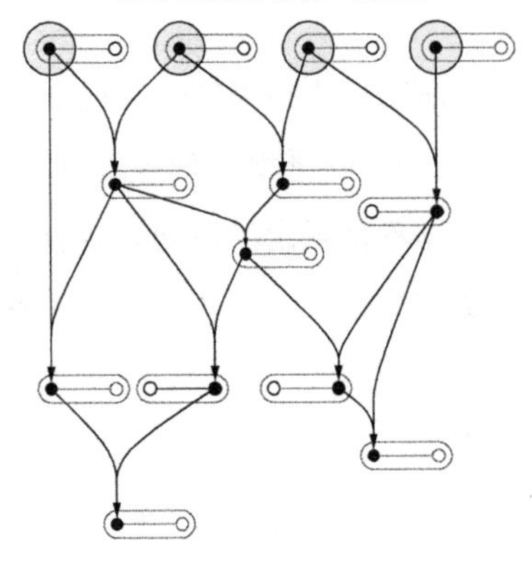

相容但不完备的形式系统

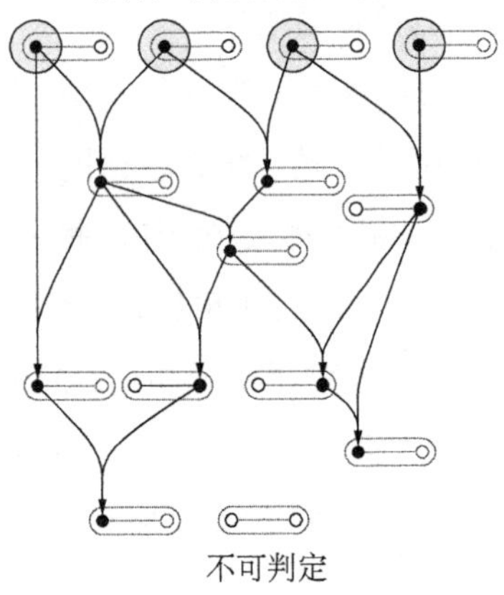

公理

推理规则

定理

除定理外的语句

A 和 $\neg$**A** 的组合

7.2.2　哥德尔不完备定理

“哥德尔不完备定理是什么？”泰朵拉问道。

“关于形式系统的定理。”米尔嘉答道，“哥德尔不完备定理包括两条定理，分别是第一不完备定理和第二不完备定理。第一不完备定理的内容如下。”

> **哥德尔第一不完备定理**
>
> 满足某个条件的形式系统是不完备的。

“我们还可以用‘不完备’的定义来换一种说法。”

哥德尔第一不完备定理(换言之)

在满足某个条件的形式系统中，存在满足以下两个条件的语句 A。

- 无法证明 A 成立。
- 无法证明 $\neg$A 成立。

“A 和非 A 都无法证明……”泰朵拉不安地自言自语。

“刚刚这个‘无法证明’说得比较简单，不过其含义显然就是‘不存在形式证明’。在理解不完备定理时，必须意识到‘数学上的证明’和‘形式证明’这两者的差别。‘无法证明’体现为‘不存在形式证明’。我们再用‘形式证明’这种表述，换个说法来描述一下第一不完备定理吧。”

哥德尔第一不完备定理(再换言之)

在满足某个条件的形式系统中，存在满足以下两个条件的语句 A。

- 该形式系统中不存在 A 的形式证明。
- 该形式系统中不存在 $\neg$A 的形式证明。

“还有第二不完备定理吗？”泰朵拉问道。

“有。第二不完备定理是关于相容性的定理。不过，现在就讲它的话，你会消化不了的。我们就留到下次再讲吧。”米尔嘉说道。

“嗯，很可能。我已经快消化不了了……”

“先不说这个，我们来谈谈哥德尔当时证明第一不完备定理时用的技巧吧。这是一场往返于两个世界的旅行。”

7.2.3　算术

米尔嘉缓缓地来回看着我跟泰朵拉。

“人们把进行自然数的加法、乘法等运算的系统叫作‘算术’。如果能构建这个形式系统，也就是‘算术的形式系统’，就能在形式上定义自然数的加法、乘法等运算。而且，顺利的话，或许还能用‘算术的形式系统中的语句’来表示‘2 是质数’‘5 的 17 次方等于 762939453125’这种‘算术的命题’。那么……”

沉默。

米尔嘉足足停了好一会儿才开口，看上去似乎很乐在其中。

“我们再试着好好思考一下形式系统这东西。形式系统中最根本的是符号。如果是命题逻辑的形式系统，就是用$\boxed{\neg}$、$\boxed{(}$、$\boxed{\mathrm{A}}$和$\boxed{)}$这些符号排列构成逻辑公式。如果是算术的形式系统，则是用$\boxed{\neg}$、$\boxed{(}$、$\boxed{x}$、$\boxed{<}$、$\boxed{y}$和$\boxed{)}$等符号排列构成逻辑公式。话说回来，这些符号不一定非得写成这样。符号这东西，只要互相能够区别开来，用什么都无所谓……是吧？”

她突然上扬了句尾的语调问道。我们不置可否地点点头。

米尔嘉到底要把我们带向何方呢？

她继续讲道：

“……因此，我们拿**自然数**来当用于构建算术的形式系统的符号吧。举个例子，我们就拿 3 替代$\boxed{\neg}$，拿 5 替代$\boxed{(}$，拿 17 替代$\boxed{x}$，拿 7 替代$\boxed{<}$，拿 19 替代$\boxed{y}$，拿 9 替代$\boxed{)}$。”

“为……为什么$\boxed{\neg}$就是 3 了呢？”泰朵拉有些焦虑。

“只是举例子而已。现在只是随便分配一下。”米尔嘉微笑着回应道。

“为什么要拿自然数当符号来用？”我问道。

“因为自然数能用**算术**来处理。”

“能用算术来处理？”

“你们知道我打算干什么吗？”

我们使劲摇头。

米尔嘉推了一下眼镜。

“唔…… 不明白是吧？”

形式系统

——能用符号来写；

符号

——能用自然数来表示；

自然数

——能用算术来处理。

“把这三个条件合起来，自然而然就能想到用‘算术’来处理‘形式系统’了。不过，我们能自然而然就想到，可能是因为我们身处于哥德尔之后的时代。”

米尔嘉的话让我哑口无言。

到底该说些什么好呢？

泰朵拉在我身旁抱着头呻吟。

“呜呜呜呜，好难啊，好复杂呀……”

7.2.4 形式系统的形式系统

米尔嘉趁着兴头继续“上课”。

◎ ◎ ◎

下面来说说**哥德尔数**吧。

我们分别用自然数 3、5、17、7、19、9 来表示符号 $\boxed{\neg}$、$\boxed{(}$、$\boxed{x}$、$\boxed{<}$、$\boxed{y}$、$\boxed{)}$。注意，这里只是举个例子而已。

因为逻辑公式$\boxed{\neg}\boxed{(}\boxed{x}\boxed{<}\boxed{y}\boxed{)}$可以看作符号的序列，所以我们也可以用自然数的序列$(3, 5, 17, 7, 19, 9)$表示逻辑公式。

而且，用质数指数记数法还能把“自然数的序列”统合成“一个自然数”。例如，假设有个像下面这样的自然数的序列。

$$\overset{3}{\boxed{\neg}}\ \overset{5}{\boxed{(}}\ \overset{17}{\boxed{x}}\ \overset{7}{\boxed{<}}\ \overset{19}{\boxed{y}}\ \overset{9}{\boxed{)}}$$

当我们想把这个自然数的序列统合成一个自然数时，就需要另外准备一个把质数从小到大排列的序列$(2, 3, 5, 7, 11, 13, \cdots)$。然后，把刚刚的自然数的序列$\overset{3}{\boxed{\neg}}, \overset{5}{\boxed{(}}, \overset{17}{\boxed{x}}, \overset{7}{\boxed{<}}, \overset{19}{\boxed{y}}, \overset{9}{\boxed{)}}$一个个挪到质数的指数位置上去，并取整体的乘积。这样一来，我们就能像下面这样构建出一个很大的自然数。

$$\begin{aligned}
&2^{\boxed{\neg}} \times 3^{\boxed{(}} \times 5^{\boxed{x}} \times 7^{\boxed{<}} \times 11^{\boxed{y}} \times 13^{\boxed{)}} \\
&= 2^3 \times 3^5 \times 5^{17} \times 7^7 \times 11^{19} \times 13^9 \\
&= 8 \times 243 \times 762939453125 \times 823543 \times 61159090448414546291 \times 10604499373 \\
&= 792179871410815710171884926990984804119873046875000
\end{aligned}$$

如此，我们就能给所有的逻辑公式都分别构建“单独的编号”了。这里说的“单独的编号”就叫作**哥德尔数**。

拿刚刚的例子来讲的话，$\boxed{\neg}\boxed{(}\boxed{x}\boxed{<}\boxed{y}\boxed{)}$这个逻辑公式的哥德尔数就是792179871410815710171884926990984804119873046875000。

跟逻辑公式一样，形式证明也能定义哥德尔数。形式证明是“逻辑公式的有限序列”。因为用“自然数的有限序列”能表示逻辑公式，所以用“‘自然数的有限序列’的有限序列”就能表示形式证明。把上面那种将自然数的有限序列统合成一个自然数的方法连续用两次，就能像下面这样转换。因此，形式证明也能用“一个自然数”来表示。

“自然数的有限序列”的有限序列→自然数的有限序列→自然数

我们用质数的乘积这种算术上的计算，根据逻辑公式得出了名为哥德尔数的自然数。那么反过来，用质因数分解(这也是算术上的计算)应该也能根据哥德尔数得出逻辑公式。不过，我们需要验证一下，看看使用质因数分解得到的自然数的有限序列是不是符合逻辑公式的形式。这就相当于构建一个谓词，也就是“逻辑公式测定仪”。例如，如果我们把792179871410815710171884926990984804119873046875000 给逻辑公式测定仪，那么判断结果会为真。这是因为，这个大数是 $\boxed{\neg}\boxed{(}\boxed{x}\boxed{<}\boxed{y}\boxed{)}$ 这个逻辑公式的哥德尔数。逻辑公式是符号的有限序列。也就是说，逻辑公式可以表示为自然数的有限序列。只要恰当地定义逻辑公式，实际上就能根据算术上的计算来构建逻辑公式测定仪。

除了“逻辑公式测定仪”，我们还可以构建一些其他的有意思的谓词，例如下面这两个。

公理测定仪

该谓词用于判断给出的自然数是否为公理的哥德尔数。

证明测定仪

该谓词用于判断给出两个自然数 x、y 时，

- *x 是否为形式证明 A 的哥德尔数。*
- *y 是否为某语句 B 的哥德尔数。*

以及 A 是否为 B 的形式证明。

事实上，在哥德尔不完备定理的证明中，这些“测定仪”会详细提及。这可是“压卷之作”呀。而且，哥德尔的证明里甚至还出现了以下内容。

可证明性测定仪

该谓词用于判断给出的自然数是否能成为某个语句的哥德尔数，以及是否存在针对该语句的形式证明。

不过，判断可证明性这回事儿跟判断逻辑公式、公理、语句、证明相比，本身性质就不一样，“测定仪”的说法不是很恰当。

那么，我们现在忙的是什么呢？

没错。我们正在通过构建“逻辑公式测定仪”和“证明测定仪”等，来实现用“算术”表示“形式系统”。

用“算术”表示“形式系统”。

话说回来，我们一开始就提到过构建“算术的形式系统”。这指的就是，把“算术”通过“形式系统”来从形式上表示出来。

用“形式系统”表示“算术”。

把上述两项组合在一起，就能想到如下内容。

用“算术”表示“形式系统”，再用“形式系统”表示这里的“算术”。

这就是“形式系统的形式系统”。

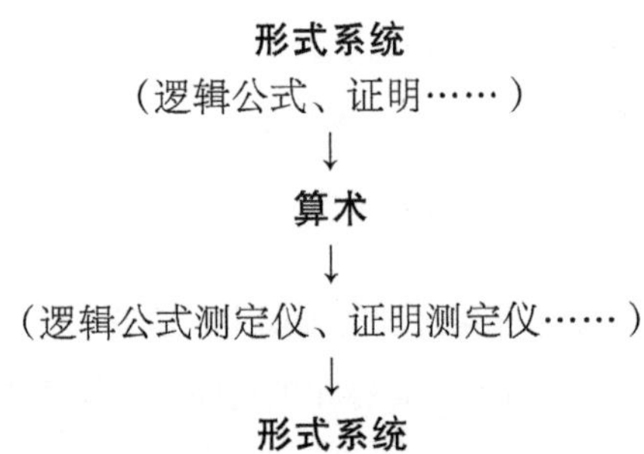

7.2.5 词汇的整理

泰朵拉一脸疲惫地举起双手。

“米、米尔嘉学姐…… 我快不行了。”

“喔…… 是用词的问题吧？” 米尔嘉说道。

“嗯。出现了好多词，我已经晕了。”

“看来需要列一个‘含义的世界’和‘形式的世界’的词汇表。” 我说道。

“这样吗？” 米尔嘉在笔记上“沙沙”地列出了一个词汇表。

含义的世界	<----->	**形式的世界**
算术	<----->	**算术的形式系统**
谓词和命题	<----->	逻辑公式
谓词	<----->	包含自由变量的逻辑公式
命题	<----->	不包含自由变量的逻辑公式（语句）
自然数	<----->	数项
1	<----->	$\boxed{1}$或$\overline{1}$
2	<----->	$\boxed{1}\boxed{'}$或$\overline{2}$
3	<----->	$\boxed{1}\boxed{'}\boxed{'}$或$\overline{3}$
17	<----->	$\boxed{1}\overbrace{\boxed{'}\cdots\boxed{'}}^{16\text{个}}$或$\overline{17}$

“原来如此……” 泰朵拉感叹道。看得出她松了口气。

7.2.6 数项

“啊，麻烦等一下，米尔嘉学姐！” 泰朵拉叫道。

“我在等啊。” 米尔嘉回道。

“我不理解这个词汇表里的‘$\boxed{1}\boxed{'}\boxed{'}$或$\overline{3}$’这部分。”

泰朵拉就算已经很累了，有不会的地方还是会踏踏实实地问出来啊……

“你说数项啊。”米尔嘉回答道，“含义的世界里的‘自然数’这个概念，换到形式的世界里就是‘数项’。这里用到了$\boxed{'}$(撇号)，也就是皮亚诺公理系统中的用于生成后继数的符号。也就是说，自然数 3 可以表示为数项$\boxed{1}\boxed{'}\boxed{'}$，即三个符号的序列。”

“哦哦…… 原来如此。”

“不过，数越大，后面跟的$\boxed{'}$就会越来越多，很烦人。因此，我们会把数项$\boxed{1}\boxed{'}\boxed{'}$写成数项$\overline{3}$这样的形式。这是省略写法。这样一来，比如‘17 是质数’这个命题，就可以用下面这个语句来表示。”

$$\boxed{\forall}\boxed{m}\boxed{\forall}\boxed{n}\boxed{[}\boxed{(}\boxed{m}\boxed{<}\overline{17}\boxed{\wedge}\boxed{n}\boxed{<}\overline{17}\boxed{)}\boxed{\rightarrow}\boxed{m}\boxed{\times}\boxed{n}\boxed{\neq}\overline{17}\boxed{]}$$

“哦哦……”

“根据自然数 3 得到数项$\boxed{1}\boxed{'}\boxed{'}$，就是把含义世界里的东西拿到形式世界里去。反过来，根据逻辑公式$\boxed{\neg}\boxed{(}\boxed{x}\boxed{<}\boxed{y}\boxed{)}$得出哥德尔数 792179871410815710171884926990984804119873046875000 这个自然数，就相当于把形式世界里的东西以数的形式带到含义的世界里。”

“这就跟现实世界里的人出现在小说里，或者反过来小说里的人出现在现实世界里一样呗。”泰朵拉说道。

泰朵拉这句话让“你”恍然大悟吧？

7.2.7　对角化

下面来说说**对角化**。

我们把拥有一个自由变量的逻辑公式叫作“一变量逻辑公式”。

例如下面这个就是一变量逻辑公式(自由变量是 x)。

$$\boxed{\forall}\boxed{m}\boxed{\forall}\boxed{n}\boxed{[}\boxed{(}\boxed{m}\boxed{<}\boxed{x}\boxed{\wedge}\boxed{n}\boxed{<}\boxed{x}\boxed{)}\boxed{\rightarrow}\boxed{m}\boxed{\times}\boxed{n}\boxed{\neq}\boxed{x}\boxed{]}$$

我们把这个逻辑公式称作 f。因为一变量逻辑公式 f 是逻辑公式，所以我们能求出其哥德尔数。假设 f 的哥德尔数是 123。不过，这个数事实上应该是一个更为巨大的数。

因为 f 的哥德尔数 123 是自然数，所以它是含义世界里算术层面的概念。我们现在想把含义世界里的 123 拿到形式世界里去。为此，只要构建一个 123 的数项即可。123 的数项如下，这里将其略写为 $\overline{123}$ 。

$$\boxed{1}\overbrace{\boxed{'}\cdots\boxed{'}}^{122\text{个}}$$

现在，我们试着把一变量逻辑公式 f 里的自由变量 x 全部代换成数项 $\overline{123}$ 吧。这样一来，就可以得到下面这样的逻辑公式。

$$\boxed{\forall}\boxed{m}\boxed{\forall}\boxed{n}\boxed{[}\boxed{(}\boxed{m}\boxed{<}\overline{123}\boxed{\wedge}\boxed{n}\boxed{<}\overline{123}\boxed{)}\boxed{\rightarrow}\boxed{m}\boxed{\times}\boxed{n}\boxed{\neq}\overline{123}\boxed{]}$$

上面构建的逻辑公式是通过把 f 的自由变量 x 全部用 $\overline{123}$ 代换而得到的，因此没有自由变量。由此，它成为了一个语句。

我们把像上面这样根据 f 构建的语句记为 $\mathrm{f}\langle\overline{\mathrm{f}}\rangle$。$\mathrm{f}\langle\overline{\mathrm{f}}\rangle$ 是“把一变量逻辑公式 f 的自由变量，全部用 f 的哥德尔数的数项代换而得到的语句”。

然后，我们把这种根据 f 构建 $\mathrm{f}\langle\overline{\mathrm{f}}\rangle$ 的行为叫作 f 的**对角化**。

对角化

f	一变量逻辑公式
$\mathrm{f}\langle\overline{\mathrm{f}}\rangle$	把一变量逻辑公式 f 的自由变量，全部用 f 的哥德尔数的数项代换而得到的语句

以上讲的都是形式上的操作，可能很难理解。下面我们再来打个比方，试着用书面语言来描述一下根据 f 构建 $\mathrm{f}\langle\overline{\mathrm{f}}\rangle$ 的这种对角化。

对角化就好比是，根据“x 是○○”来构建“‘x 是○○’是○○”。

例如，根据“x 是 5 个字”来构建“‘x 是 5 个字’是 5 个字”。这也是对角化。或者，根据“x 不是用英语写的”来构建“‘x 不是用英语写的’不是用英语写的”。这也是对角化。

哥德尔具体地构建了形式系统的形式系统，从数学角度证明了第一不完备定理。在该证明中，他把“把 x 对角化的语句中不存在形式证明”进行了对角化。也就是说，他构建了“把‘把 x 对角化的语句中不存在形式证明’对角化的语句中不存在形式证明”这个语句。然后，他通过调查这个语句本身是否存在形式证明，证明了第一不完备定理。

哥德尔的证明，极其富有魅力。

这一证明既有广度 —— 从质数开始构建证明测定仪，又有深度 —— 根据对角化生成自指语句。

哥德尔的身影若隐若现于证明之中。他像雕刻家，还是作曲家呢？抑或建筑家？或许，他更像程序员。

7.2.8 数学的定理

米尔嘉的“讲义”令我们五体投地。

“唉……”泰朵拉叹了口气。

“尤里应该也会喜欢这类话题呢。”我说道。

“话说，尤里怎么不在这儿？”米尔嘉环顾四周。

“因为这里是高中啊……”我回答道。尤里还是初中生。

“‘学校’这个限制条件还真烦人啊。”米尔嘉说道，“有很多滥用不完备定理的情况，例如把它当成‘证明了理性界限的定理’。这是错的。不完备定理自始至终都是个**数学定理**，而不是关于理性的定理。尽管如此，不完备定理还是带给了我们很多好处。这一点是不争的事实 —— 希望尤里她也能明白这点。”

这时米尔嘉认真地想了想。

“…… 下次我们再接着谈这个话题的时候，把尤里也叫上吧。”她说。

“下次？”我不解。

“对，我们去双仓图书馆，仔仔细细地说。”

7.3 失物的失物

游乐园

几天后的某个休息日。

就是米尔嘉上次莫名其妙地通过我妈跟我定的约会（？）日。

“好好地陪人家，别冒犯人家。晚上要趁天色还不太晚的时候，把人家送到家门口才行。还有……”

我边敷衍着我妈无休止的叮咛嘱咐，边走出了家门。

“这边。”一到游乐园，米尔嘉就把我拉到了乐高积木游戏那儿。

这怎么看都是小学生玩儿的…… 不过，没想到混在一群小朋友中间搭乐高积木还挺有意思。我拼了一个三维版的谢尔宾斯基三角形[①]，米尔嘉则拼了一个克莱因瓶[②]。乐高怎么会这么有意思啊！这…… 也算约会么？

享受了一段小学一年级般的时光后，我们面对面吃着甜筒冰激凌，

① 英文写作Sierpinski Triangle，是一种分形图形，由波兰数学家谢尔宾斯基在1915年提出。——译者注

② 英文写作Klein Bottle，指的是一种无定向性的曲面。克莱因瓶最初的概念是由德国数学家菲利克斯·克莱因提出的。——译者注

稍作休息。

我吃的是鲜奶味儿的，她吃的是巧克力味儿的。

“话说米尔嘉，你为什么会给我妈打电话？”

“先不说这个，给我来一口。”米尔嘉指着我的冰激凌。

“…… 诶？哦好的，请。”

我把冰激凌递出去，她伸出舌头舔了一下，就这么一口又一口地吃掉了快一半。这 …… 是一口？

我呆呆地望着一脸开心的米尔嘉。然后，忽然想起了她之前给我们讲的不完备定理。陆续解开复杂的数学难题的米尔嘉，在我面前吃着冰激凌的米尔嘉，都是同一个米尔嘉呀 ……

“你看什么呢？”她问道。

“啊，没、没什么 …… 就感觉你好像挺开心的。”

“你才是，总是一副很幸福的样子 —— 而且大家都喜欢你。”

“才没有呢。”我说，“米尔嘉你才是 …… 谁见了你，都会喜欢你。泰朵拉、尤里 …… 连我妈都喜欢你。今天早上她才嘱咐我，让我‘别冒犯人家’。大家都非常喜欢你呢。”

“喔 ……”她声音中带着几分暧昧。

“话说，米尔嘉，你要不要坐那个？”

我指着那座背靠万里晴空，徐徐旋转着的摩天轮。

“摩天轮吗 …… 好啊。”

我们买了票，在排队处等着。五颜六色的座舱依次向我们靠拢。我们前面排着一对看似大学生的情侣。男生回头在女生耳边小声说了些什么，女生在男生背后笑着，用指头轻轻戳了戳男生的后背。

写着 16 号的橙色座舱来了，这对情侣登了上去。下一个座舱是浅蓝色的。17 号 —— 美丽的质数。工作人员打开门，说道："二位请上。"

"你也是这样么？" 米尔嘉一面登上座舱，一面冲我说道。

"诶？你说什么？"

"没事儿，快坐好。"

我们刚面对面坐好，工作人员就把门从外面锁上了。

我到底有多少年没坐过摩天轮了呢？

透过窗户向上望去，交叉的支架和钢索逐渐变化，描绘出复杂的几何图案。往下望去，地上的人们已经看起来好小好小。"就像微缩模型一样。" 我说着向米尔嘉看去 ——

她闭着眼，十分疲惫。

"怎么了？哪里不舒服吗？"

"没什么。我没事，别乱动。"

"你不要紧吧？"

我赶紧走到她身边。

座舱剧烈晃动。

"笨蛋！别站起来！"

"…… 对不起。" 我说。

"别晃 …… 掉下去可怎么办啊。"

难不成，米尔嘉恐高？

我抬头看向窗外，座舱又晃了一下。

"都说让你别动了！"

"对不起。我现在就回我那边去。"

“你一回去，座舱又该晃了！别动啦！”

米尔嘉说着，伸出双手——
扑向我。
简直就像一只归巢的小鸟。

“米、米尔嘉……”
“别动！别动啦！”
“……”
“就这样……别动。”
她的手抓着我的衣服。
她的头紧紧靠在我胸前。
她的头发在我眼下像海水般飘散开来。
柑橘的香味笼罩着我们。

“我也有害怕的东西。”米尔嘉说道。
“什么？”
“我也有……害怕的时候。”
“你这么害怕的话，就别勉强……”
“我说的不是摩天轮。”

什么嘛，完全听不懂……
“米尔嘉，没事的。”
我尽量把声音放温柔，小心翼翼地摸着她的头。
柔顺的黑色长发。
我还以为她会冲我发火，让我别动。

可她，只是“呼——”地吐了口气。

我怀中的米尔嘉。

一个温暖、柔软的女孩子。

摩天轮遵循着既定的轨道旋转。

我继续慢慢抚摸着她的头发。

“王子一直在找的，是玻璃鞋？”她问道。

我仔细听着她说的话。

座舱微微发出“吱嘎吱嘎”的响声。

风擦过钢索，发出口哨般的声音。

“还是……一个女孩子？”

康托尔的对角论证法表明"实数集ℝ不是可数集"。
它不仅对于整个集合论都有根本上的重大意义，
还应该作为一种珍贵的神来之笔般的灵感被载入天书。
——《数学天书中的证明》[26]

第8章 两份孤独所衍生的产物

于是这两个独立的世界，
或者说这两份独立的孤独所能互相给予的，
不是比各自孤单、羸弱时更多了吗？
——《来自大海的礼物》[6]

8.1 重叠的对

8.1.1 泰朵拉的发现

三月来了。从风中可以感觉到春天的气息。

明天就是毕业典礼了……不过我才高二，其实跟我没啥关系。今天放学后，我照常去了图书室。活力少女正坐着研究数学。

“泰朵拉，你来得真早啊。”

“啊！学长！”她把视线从笔记本上移开，抬起头笑了笑。

“是村木老师的卡片？”我在她身旁坐下。

“啊，是的。”

（重叠的对）

我们把由两个自然数构成的组合叫作**对**（pair）。

$$(a, b) \qquad \text{自然数}a\text{和自然数}b\text{的对}$$

如果对于两个对 (a, b) 和 (c, d) 而言，存在 $a + d = b + c$，我们就说 (a, b) **重叠于** (c, d)，记作 $(a, b) \doteq (c, d)$。

$$\begin{aligned} & a + d = b + c \\ \iff & (a, b)\ \text{重叠于}\ (c, d) \\ \iff & (a, b) \doteq (c, d) \end{aligned}$$

“这问题真不可思议呢。”泰朵拉说道。

“本来就不算是个‘问题’。”我苦笑道。

“这个是……研究课题对吧？自己出题自己解……”

“没错。话说回来，$a + d = b + c$ 好像有点什么含义啊。”

“学长，这次能先听听我的分析吗？”

“当然可以呀。”

“我看到这张卡片的时候，觉得这里面的每个词都不难。也就是说——

- 两个自然数
- 构成的组合
- $a + d = b + c$

这些说法都不难。而且，也没有出现像∀、$\sum$、lim这样的符号。可是就算这样，把这些当成一个整体来看的话，我还是完全——完完全全不明白。这很神奇啊，明明每个词的意思都理解，但是却看不明白整句话。”

“是啊。”我点点头。

“不过，可不能在这儿就气馁，对吧？我觉得，要想找到‘不明白的初始点’，应该一步一步、踏踏实实地思考。”

“这想法很了不起嘛。”

“我最先做的，就是根据‘示例是理解的试金石’来尝试举出具体的例子。我首先举的是……”

◎ ◎ ◎

我首先举的是“对”的例子。卡片上写着“我们把由两个自然数构成的组合叫作对(pair)”，所以，我就在笔记本上写了几个对的例子。比如，假设 (a, b) 中的 a 等于 1 时，b 等于 $1, 2, 3, \cdots$，这样一来，我们就能得到下面这些对。

$$(1,1),(1,2),(1,3),\cdots$$

然后，当 a 等于 2 时，我们就能得到下面这些对。

$$(2,1),(2,2),(2,3),\cdots$$

另外，我还随便写了一些对。

$$(12,345),(1000,100000),(314159,265),\cdots$$

写着写着，我就想到：“原来如此。因为这些对都是由自然数构成的，所以不会出现 0”。也就是说，没有 $(0,0),(0,123),(314,0)$ 这样的对。

我自己都很惊奇，我竟然发现了这一点。学长你经常笑我是“总忘记条件的泰朵拉”。的确，我总是忘记条件。不过，我居然能发现“不会出现 0”这个条件。仔细思考具体例子的话，就能发现条件中的细微之处。我发现了这一点。我发现了“我发现了这一点”……这就是“元发现”吧。

然后我就想：所有对构成的集合是什么样的呢？我们刚刚具体举了几个对，这个集合的元素就是这些对，是吧？可是，我虽然像下面这样把这个集合写了出来，却并没有什么重大发现。

$$\begin{aligned}
&\{(1,1),(1,2),(1,3),\ldots,\\
&\ (2,1),(2,2),(2,3),\ldots,\\
&\ (12,345),(1000,100000),(314159,265),\ldots\}
\end{aligned}$$

我最不明白的是卡片上写的“重叠”这种说法，还有 $(a,b) \doteq (c,d)$ 这种写法。啊…… 不能这么说。这些只是说法跟写法的问题，其实还好。真心让我费解的是下面这个式子。这才是我“不明白的初始点”。

$$a+d=b+c$$

这个式子本身的含义是“$a+d$ 跟 $b+c$ 相等”，这我当然明白。可是，So what？所以呢？

这个式子表示的，是某个对重叠于其他对的条件。这点我明白……可是这个式子到底意味着什么呢？

式子不难，可这里好像有一堵透明而坚硬的墙壁，而我“咣”地一下撞到了墙上，没法再往前走了。

◎　◎　◎

“…… 没法再往前走了。”泰朵拉用双手作出“咚咚”锤墙状。

“话说，泰朵拉。”我说道，“你相当厉害啊！虽然你理解起来需要花很长时间，可是一旦理解了，就能把学到的东西完全消化吸收。我觉得，你这种不轻言放弃的劲儿，真的是一股巨大的力量。”

“是、是么……”泰朵拉红了脸。

“我也还不明白这张卡片哪里有趣。不过，我们再用一次‘示例是理解的试金石'看看吧。"我说。

"再用一次…… 指的是?"

"刚才你想理解的是下面这个吧。

$$(a,b) \doteq (c,d) \iff a+d=b+c$$

那么，我们就往 a、b、c、d 里代入具体的自然数，来看看'重叠的对是什么样的'，怎么样?"

"啊！对啊。就是举几个具体的重叠的对的例子吧？我明白了。麻烦先给我点时间。"

泰朵拉紧张而专注地看向笔记本。我注视着这样的泰朵拉。她心里想的都直接写在了脸上：瞪大眼睛是在想"啊，我或许明白了"；皱着眉头是在想"不对不对"；歪着头咬着嘴唇是在迷茫"要怎么办才好呢"；眼神游移后，抬着眼看我则是在开始想"是不是问问学长比较好"……

我突然想起了泰朵拉之前说过的一句话。

"因为高考很重要。"

高考、高考、高考。我为什么要参加高考呢？小学跟初中那会儿，我从来没想过为什么要参加升学考试。因为初中成绩不错，就升到这所重点高中来了。

数学、数学、数学。我为什么要学习呢？学习眼前的事物，然后想进一步学习，就去买了书。村木老师也给我介绍了一些书。不过，以后呢?

"学长，我试着写了几个例子。"泰朵拉把笔记本拿给我看，"因为卡片上写的'对'重叠的条件就是 $(a,b) \doteq (c,d) \iff a+d=b+c$，所以只要找到满足式子 $a+d=b+c$ 的四个自然数就行了，对吧。比方说，因

为 $1+2=1+2$，所以我们只要设 $a=b=1$，$c=d=2$，就能得到一组重叠的对。”

$$(1,1) \doteq (2,2)$$

“是这样。”我说。

“此外，根据 $1+3=2+2$ 这个式子，我们还能得到一组。”

$$(1,2) \doteq (2,3)$$

“没错，看来能得到很多组呢。”

“嗯⋯⋯对对，我举了具体例子才注意到，如果‘外项相加’等于‘内项相加’的话，对就会重叠。比如说，$a+d$ 就是把 a 和 d 相加⋯⋯

$$(\textcircled{a},b) \quad \text{和} \quad (c,\textcircled{d})$$

你看，这就是把‘外项’相加。然后，$b+c$就是⋯⋯

$$(a,\textcircled{b}) \quad \text{和} \quad (\textcircled{c},d)$$

看，把‘内项’相加了。不过到这里，我还是觉得So what⋯⋯”

“对啊⋯⋯原来如此。”

“我还发现这跟‘比’很像。**比的性质**是‘外项之积等于内项之积’，对吧？比如说，因为 2:3 等于 4:6，所以 2 和 6 这两个外项的乘积就等于 3 和 4 这两个内项的乘积。

$$\overset{\text{外}}{\overline{2}} : \underset{\text{内}}{\underline{3}} = \underset{\text{内}}{\underline{4}} : \overset{\text{外}}{\overline{6}} \iff \overset{\text{外项的乘积}}{\overline{2\times 6}} = \underset{\text{内项的乘积}}{\underline{3\times 4}}$$

相对地，$(2,3)$ 跟 $(4,5)$ 这两个对重叠时，2和5这两个外项的和就等于3和4这两个内项的和。

$$\underset{\text{内}}{(\overset{\text{外}}{\overline{2}},\underline{3})} \doteqdot \underset{\text{内}}{(\underline{4},\overset{\text{外}}{\overline{5}})} \iff \overset{\text{外项的和}}{\overline{2+5}} = \underset{\text{内项的和}}{\underline{3+4}}$$

也就是说，对的性质是‘外项之和等于内项之和’，对吧？话说，比的性质和对的性质还真像啊！”

“是哦……”

“我还写了一些其他的重叠的对的例子。”

a	b	c	d	$a+d$	$b+c$	重叠的对
1	1	1	1	2	2	$(1,1) \doteqdot (1,1)$
1	1	2	2	3	3	$(1,1) \doteqdot (2,2)$
1	2	2	3	4	4	$(1,2) \doteqdot (2,3)$
1	3	2	4	5	5	$(1,3) \doteqdot (2,4)$
2	1	3	2	4	4	$(2,1) \doteqdot (3,2)$
3	1	4	2	5	5	$(3,1) \doteqdot (4,2)$
2	2	3	3	5	5	$(2,2) \doteqdot (3,3)$
2	3	4	5	7	7	$(2,3) \doteqdot (4,5)$

“……呐，泰朵拉。我也发现了点东西，或许能带给我们很大的启发呢，要听听看吗？”我说。

“啊？嗯，当然要听。”

8.1.2 我的发现

“我看到这个式子，马上就想到‘移个项吧’。

$a+d=b+c$	正在研究的式子
$a+d-b=c$	把右边的 b 移项到左边
$a-b=c-d$	把左边的 d 移项到右边

你看，这样一来，我们就能得到下面这个式子。

$$a - b = c - d$$

换句话说，就是这么回事。”

$$(a, b) \doteq (c, d) \iff a - b = c - d$$

“诶？”泰朵拉大大的眼睛转了转，“学长，这就是说，当 $a - b$ 等于 $c - d$，即差相等时，(a, b) 和 (c, d) 这两个对才重叠……？”

“是这样。”

“可、可是…… 我还是完全不明白。”

“我也是。这张卡片里的‘对’，指的到底是什么呢……”

8.1.3　谁都没发现的事实

这里是礼堂，现在众人正在为明天的毕业典礼做准备。

老师和学生们正在摆椅子，以及为讲台装饰花朵。

“还不能回去么？真没效率呀。”盈盈说道。

“明天之前应该能准备好吧。”米尔嘉说道。

“当然了，明天就该正式上场了。”

学校委任盈盈和米尔嘉在毕业典礼上弹钢琴伴奏。

我跟泰朵拉从图书室回来，顺路过来看了看她们两人的情况，本来想也许大家能一起回去呢。

“你们要弹什么？”我问道。

“《萤之光》。”盈盈回答道。

“还要弹校歌。”米尔嘉回答道。

也是，传统曲目嘛。

米尔嘉刚开口说了个“我们”，盈盈就赶紧拿手指戳了戳她，然后两个人就都沉默了。米尔嘉到底想说什么呢……

“这次不是拿‘奖状’而是拿‘证书’，对吧？”泰朵拉说着指向讲台上挂着的写有“毕业证书颁发仪式”的横幅，“奖状是‘表扬的文件’，证书是‘证明的文件’。”

“颁发‘证明毕业的文件’的仪式……么？”我说道。

“毕业生就是定理呗。”米尔嘉半开玩笑地说道。

8.2 家中

8.2.1 自己的数学

我在自己的房间里，现在是夜晚。

时针已经走过了晚上 11 点，马上就到半夜了。

我坐在书桌前，学校的作业已经写完，现在我要开始思考自己的数学。

自己的数学……我回忆起高一的时候。

高一的春天，村木老师建议我“每天研究自己的数学”。那时候我认为，每天研究数学是理所当然的事儿。因为我喜欢数学。但是，高中生活是很忙碌的。有很多课程，每天都要预习、复习，还有考试。当然，还有学校的活动。在这种情况下，必须有一种“每天去研究自己的数学”的意识，才能坚持到底。因此，村木老师给我的意见很宝贵。

8.2.2 表现的压缩

老师给的那张“重叠的对”的卡片很奇妙：它并不是让证明一个恒等式，也不是让解方程式。卡片里只是用由自然数构成的组合定义了“对”

这个概念，并通过$(a,b) \doteq (c,d) \iff a+d=b+c$这个式子定义了“重叠”，仅此而已。

我不知道要思考些什么，要怎么思考。虽说按经验而论，村木老师的卡片最多是一个让我们“学习的契机”……

我们已经找到了几个在由对构成的集合中成立的性质了。例如 (a,a) 这种形式的对都互相重叠，也就是下面这样。

$$(1,1) \doteq (2,2) \doteq (3,3) \doteq \cdots$$

证明瞬间就能完成。对于任意自然数 m、n，存在 $m+n=m+n$，因此对 (m,m) 和对 (n,n) 重叠。

$$(m,m) \doteq (n,n) \iff m+n=m+n$$

然后，把 $a+d=b+c$ 这个式子变形成 $a-b=c-d$ 的话，就可以说“在 (左 , 右) 中，**左**和**右**的差相等的对互相重叠”。例如，差是 1 的对互相重叠。

$$(2,1) \doteq (3,2) \doteq (4,3) \doteq \cdots \qquad (\text{左}-\text{右}=1)$$

同理，差是 -1 的对也互相重叠。

$$(1,2) \doteq (2,3) \doteq (3,4) \doteq \cdots \qquad (\text{左}-\text{右}=-1)$$

但是，所以呢？这又怎么样呢？我不明白……

我想起了泰朵拉说过的话。

“这就是所谓的‘装作不知道的游戏’吧？”

不过，我现在并没有装作不知道。当时，泰朵拉刚接触到皮亚诺公理。

事实上我们并没有去思考后继数表示的是什么，而是只跟着公理去往下思考。跟着公理，渐渐看到了自然数的结构。公理是制约条件，制约条件衍生出结构…… 咦？

咦？

这次的式子 $a-b=c-d$ 也像是一个制约条件啊…… 对并不是分散的。把 $a-b$ 的差相等的对，也就是重叠的对收集起来，就能构成一个集合。这个制约条件到底会衍生出什么样的结构呢？

我注视着笔记本思考着。

$$(1,1) \doteq (2,2) \doteq (3,3) \doteq \cdots$$

由跟 $(1,1)$ 重叠的对构成的集合可以写成下面这样。

$$\{(1,1),(2,2),(3,3),\cdots\}$$

接下来，怎么往下思考才好呢？

“人的心会把具体的例子压缩。”

米尔嘉总这么说。

“在构建具体例子的过程中，下意识地找寻规律，发现简短的表示方法”。

简短的表示方式 —— 原来如此，用集合的内涵定义就能简短地表示出来了。

$$\{(1,1),(2,2),(3,3),\cdots\} = \{(a,b) \mid a \in \mathbb{N} \land b \in \mathbb{N} \land a-b=0\}$$

嗯，如果以 $a \in \mathbb{N}$ 和 $b \in \mathbb{N}$ 为前提条件，就能更简短地表示出来。

$$\{(1,1),(2,2),(3,3),\cdots\} = \{(a,b) \mid a-b=0\}$$

其他集合也可以这样来表示。例如差是 1 的集合。

$$\{(2,1),(3,2),(4,3),\cdots\} = \{(a,b) \mid a-b=1\}$$

或者，差是 -1 的集合。

$$\{(1,2),(2,3),(3,4),\cdots\} = \{(a,b) \mid a-b=-1\}$$

确实，比起列举元素，这样表示更简短。

再进一步缩短的话……

缩短…… 诶？

我明白了！

我不由得站了起来。

对…… 会变成整数么？

自然数是 $1,2,3,\cdots$，而整数是 $\cdots,-3,-2,-1,0,+1,+2,+3,\cdots$。

对！没错！

自然数的对的集合，会构成整数！

“差为 n 的对的集合”能够跟“整数 n”一一对应。

$$\begin{array}{cccl}
 & \vdots & & \\
\{(3,1),(4,2),(5,3),\ldots\} & \longleftrightarrow & +2 & \text{差是 } +2 \\
\{(2,1),(3,2),(4,3),\ldots\} & \longleftrightarrow & +1 & \text{差是 } +1 \\
\{(1,1),(2,2),(3,3),\ldots\} & \longleftrightarrow & 0 & \text{差是 } 0 \\
\{(1,2),(2,3),(3,4),\ldots\} & \longleftrightarrow & -1 & \text{差是 } -1 \\
\{(1,3),(2,4),(3,5),\ldots\} & \longleftrightarrow & -2 & \text{差是 } -2 \\
 & \vdots & &
\end{array}$$

我感到有种美妙的东西正在我眼前闪烁。

不过，只是有了对应关系，也没什么意思。

把对的集合看作整数，这是自然而然的吗？

整数的话，就必须有点什么吗？

什么才是整数的本质？

许许多多的问号从我的心底涌现。

我做了一次深呼吸。

先做个加法运算试试吧。

对的集合是整数时能马上实现的，是加法运算。

能定义对的加法运算“$\dotplus$”，而不是自然数的加法运算“$+$”吗？

要令 $(1,2) \dotplus (2,3)$ 是什么样的对呢？

没有什么公式，我也没有在背诵什么。

我必须真真正正地靠自己的能力来想出“对的加法运算”。

问题 8-1（对的加法运算）

定义 (a,b) 和 (c,d) 这两个对的加法运算 $\dotplus$。

8.2.3 加法运算的定义

要怎么定义对的加法运算，才能形成跟整数的加法运算一样，也就是同构[①]的结果呢？

同构是含义之源。

我按捺不住这份不可思议的兴奋之情，仿佛某种东西即将产生了。

① 同构（Isomorphism）是在数学对象之间定义的一类映射，它能揭示出在这些对象的属性或者操作之间存在的关系。——译者注

虽然自由，却受着制约。虽然受着制约，却 —— 自由。

必须看穿隐藏的结构。看穿之后，就能体会到一种无可替代的喜悦。

对的加法运算 —— 首先应该从哪里开始考虑呢？

…… 嗯。因为我想同等看待对 (a, b) 跟整数 $a - b$，所以是不是只要参照整数范畴内的加法运算就可以了呢？

$$
\begin{array}{ccc}
\text{对} & \longleftarrow\text{-}\text{-}\text{-}\longrightarrow & \text{整数} \\
(a, b) & \longleftarrow\text{-}\text{-}\text{-}\longrightarrow & a - b \\
(c, d) & \longleftarrow\text{-}\text{-}\text{-}\longrightarrow & c - d
\end{array}
$$

进行 $a - b$ 跟 $c - d$ 的加法运算，形成“左 - 右”的形式就好了吧。

$$
\begin{aligned}
(a - b) + (c - d) &= a - b + c - d && \text{思考} a - b \text{跟} c - d \text{的和} \\
&= (a + c) - (b + d) && \text{形成“左 - 右”的形式}
\end{aligned}
$$

很好很好，不错啊！也就是说，左边变成了 $a + c$，右边变成了 $b + d$。换句话说，我想让两个对的和变成下面这种形式。

$$
(\underline{a}, \underset{\sim}{b}) \dot{+} (\underline{c}, \underset{\sim}{d}) = (\underline{a + c}, \underset{\sim\sim\sim}{b + d})
$$

噢！就是说，把左边这一堆和右边那一堆加起来就好了么？也就是说，使用 $(a - b) + (c - d) = (a + c) - (b + d)$ 这个式子来把对的加法运算定义成下面这样，这个主意如何？感觉靠谱！

$$
(a, b) \dot{+} (c, d) = (a + c, b + d)
$$

很好很好。那么，接着就尝试一下用对来实现与 $1 + 2$ 对应的计算吧。例如，因为 $1 = 3 - 2$，所以选 $(3, 2)$ 当作与 1 对应的对；因为 $2 = 3 - 1$，所以选 $(3, 1)$ 当作与 2 对应的对。然后，根据“对的加法运算”的定义来进行计算。

$$
\begin{aligned}
(3,2) \dot{+} (3,1) &= (3+3, 2+1) \\
&= (6,3)
\end{aligned}
$$

嗯，很好！因为 $6-3=3$，所以说得通！

$$
\begin{array}{ccccc}
(3,2) & \dot{+} & (3,1) & = & (6,3) \\
\updownarrow & \updownarrow & \updownarrow & \updownarrow & \updownarrow \\
1 & + & 2 & = & 3
\end{array}
$$

说得通…… 不，等一下。这是理所当然的啊！我想说明的跟这个很像，但又不是这个…… 嗯，脑子乱了，整理一下吧。我现在想要对比思考整数和对，“$=$”和“$\doteq$”，还有“$+$”和“$\dot{+}$”。感觉这些都能整理成统一的形式，可是……

…… 对啊，先别管加法运算了，“相等”这个概念都还乱七八糟着呢。我还没有好好定义 (a,b) 跟 (c,d) 这两个对相等指的是什么。合适的定义应该是像下面这样的。

$$(a,b)=(c,d) \iff (a=c \land b=d)$$

然后，让我担心的事情是下面这些。

在像 $(a,b) \dot{+} (c,d) = (a+c, b+d)$ 这样定义了对的加法运算后，对于以下 X, Y, Z，$X \dot{+} Y \doteq Z$ 成立。

- 跟 (a,b) 重叠的任意对 X
- 跟 (c,d) 重叠的任意对 Y
- 跟 $(a+c, b+d)$ 重叠的任意对 Z

因为 $X \dot{+} Y \doteq Z$ 成立，所以感觉“对”是“整数”。这样，就能发现下面这样的“两个世界”的对应关系。

对的世界		**整数的世界**
跟对 (a, b) 重叠的所有对的集合	<---->	整数 $a - b$
把对相加：$\dot{+}$	<---->	把整数相加：$+$
对重叠：$\doteq$	<---->	整数相等：$=$

这个发现真是让人心跳不已。

解答 8-1（对的加法运算）

可以用以下式子定义 (a, b) 跟 (c, d) 这两个对的加法运算。

$$(a, b) \dot{+} (c, d) = (a + c, b + d)$$

啊！难不成，跟 (a, a) 重叠的对与整数 0 对应？

喔喔！难不成，把 (a, b) 的左右互换而得到的 (b, a) 是？

好，我要试着更进一步发掘这个对的性质！

8.2.4　教师的存在

现在是凌晨两点，我站在厨房里。

往杯子里倒上水，一口气喝光。

我之后又定义了对的符号变换、对的减法运算、对的大小关系。

$$\dot{-}\,(a, b) = (b, a) \qquad \text{定义对的符号变换}$$

$$(a, b) \mathbin{\dot{-}} (c, d) = (a, b) \dot{+} (\dot{-}(c, d)) \qquad \text{定义对的减法运算}$$

$$(a, b) \mathrel{\dot{<}} (c, d) \iff a + d < b + c \qquad \text{定义对的大小关系}$$

用自然数的对来定义整数。有意思。

构建新的数字的世界也是数学呀。数学，真是一个越学越深奥、越学越广阔的世界。

我看着杯中残留的水滴，想到村木老师。老师向我们提出了一个不太难又不太简单的问题。

“换成你，会怎么挑战这道题？”

会对你说上面这种话的人，其存在本身就很珍贵。教师的存在…… 么?

好的，看来整数也能做了，那就睡吧。哈哈，说什么“整数也能做了”，搞得像拼装塑料模型似的。我边哧哧地笑着边做着睡觉的准备。

在关上卧室灯的那一刹那，泰朵拉的话突然在我脑海里一闪而过。

“比的性质是‘外项之积等于内项之积’……”

然而，还没来得及研究这句话的含义，我就进入了梦乡。

8.3 等价关系

8.3.1 毕业典礼

今天是举行毕业证书颁发仪式的日子 —— 我现在在礼堂。

毕业生接二连三登上讲台，领取毕业证书。

明年的现在，我会是怎样的心情呢…… 我边这么想着，边打了个哈欠。昨晚完全没睡够。

校长致辞、嘉宾寒暄…… 仪式安静而严肃。现在总算要结束了，负责主持的老师走向麦克风，麦克风轻轻“嗡”了一声。

——毕业生，退场。

《萤之光》的旋律开始流淌。毕业生依次起立，从在校生中间穿过，走出礼堂。我们这些在校生则用掌声为他们送别。我正要再打个哈欠——却突然睁开了眼。

刹那间，毕业生的脚步停下了。

刹那间，在校生的掌声也停下了。

因为此时响起了一首新的乐曲，它的旋律好似从《萤之光》中流淌出来一般。

这是我们熟悉的旋律。这……

是校歌。

校歌跟《萤之光》同时流淌而出。

大家的目光一下子都集中到钢琴那边。

正在那儿弹奏的，是盈盈和米尔嘉。

她们在用重混[①]的手法弹奏《萤之光》跟校歌。

诶？还能把这两首歌混在一起弹？

和弦[②]要怎么办？

不过，两种旋律都没遭到破坏，都在优美地流淌着。

在《萤之光》和校歌的相互作用下——

我们心中泛起了无法言说的涟漪，满是回忆。

我们情不自禁地回忆起在这所学校度过的日子。

迷茫、焦躁、烦恼、闲适、学习、愤怒、喜悦……

内心冷不防地被这些情绪撼动，泪水不由得涌了上来。

---

① 重混（Remix）是一种音乐技术，应用于歌曲的原来版本，经过重新混音，形成另一种版本。——译者注

② 在音乐理论里，和弦（Chord）是指组合在一起的两个或更多不同音高的音。——译者注

毕业生、在校生…… 当然，其中也包括我。

来到这所高中后，我遇见了米尔嘉，遇见了泰朵拉。然后，我体会到了一起学习 —— 教人、被教，比赛解题 —— 的喜悦。

"一、一、二、三。""学、学长！""我找到了一个很好的对应。""放学时间到了。""对，说的是呀！""计算错误。""小数学家？""证明是一瞬间的事儿。""怎么读啊？""唔……""快递快递！""这样就成了除以 0。""啊呀呀！""快乐的旅行。""我一生都不会忘记。""我已经记住了，你放心吧。""学长，大发现大发现！""除了表示虚数单位以外，还会有什么呢？""我不明白。""如果半径为零的话也要保持一定距离吗？""我会加油的！""你还没发现吗？""我有问题！""好了，到此为止我们的工作就结束了。"……

不过，时间会流逝，时间在流逝。数学超越时间留传下来，而时间拂过众生不断流逝。有相遇，也有别离。

我已无法止住眼中汹涌而出的泪水。

就这样，今年的毕业典礼闭幕了。

但泪水随音符渗入心底，这首盛大的毕业终曲，也成为了令人难以忘怀的回响。

8.3.2 对衍生的产物

"诶…… 原来用对能构成整数呀。" 泰朵拉感叹道。

"是啊。" 我回答。

毕业典礼这天，我们仍然在图书室研究数学。

我跟泰朵拉讲解了我昨天晚上的成果。而她似乎也被卷入了那首毕业终曲的漩涡之中，眼睛周围又红又肿。

“不过，再准确点儿说的话，不是对跟整数对应，而是‘由互相重叠的对构成的集合’跟‘一个整数’对应。”

“喔……”

“把对于 (a,b) 这个对进行的操作看成对于 $a-b$ 这个整数进行的操作……”

隐约的香气……

我一下子回头，看向身后。

“你这么急着回头，是怎么了啊？”一如既往的、冷冷的声音。

站在我身后的是米尔嘉。

8.3.3　从自然数到整数

“我跟盈盈被叫到老师办公室去了。”米尔嘉说道，“因为我们之前没打招呼说要重混。”

“咦？你们挨骂了吗？”泰朵拉问道，“明明弹奏得那么感人……”

“倒是没怪我们，老师也在苦笑 —— 话说，这张卡片是？”

我把“重叠的对”的卡片递给米尔嘉，说了我得出的结论。

“唔……这样啊。可是，你的解释有点无聊啊。”

批评开始了！

“不过，把与 (a,b) 重叠的集合跟 $a-b$ 作同等看待这个思路，很好啊。”

米尔嘉轻轻扶了扶眼镜，摇了摇头。

“为什么村木老师要用下面这种定义呢？虽然你一下子就移项了……”

$$(a,b) \doteq (c,d) \iff a+d=b+c$$

“是有什么特殊的含义吗？”泰朵拉说道。

“没有那么深奥。要是我们知道整数，用你这种方法也可以。可是，比如，假设我们‘装作不知道’整数吧。然后，我们用自然数的组合来新定义整数。”

“定义……整数……”泰朵拉下意识地说道。

“要是我们只知道自然数，就会出现 $a-b$ 未经定义的情况。例如，$2-3$ 在自然数范围内就是未定义的。因此，用 $a-b$ 来定义‘重叠’不太好。”

“…… 原来如此。那如果换成 $+$，就没关系了吧？”我也下意识地说道。

“$a+d$ 和 $b+c$ 的话，在自然数范围内还不足以达成未定义的条件，所以我们可以放心地用下面这个式子来定义‘重叠的对’。”

$$(a,b) \doteq (c,d) \iff a+d=b+c$$

8.3.4 图

“还缺一点。你完全没画图呀。”

又被批评了！

“你的弱点是不肯画图。”

“图？可是……”

“你是这么定义对的和的。”米尔嘉说道。

$$(a,b) \dot{+} (c,d) = (a+c, b+d)$$

“要是我，一看到这个，就会想起‘vector 的和’……”

米尔嘉总是把向量叫作 vector。

“向量的和 …… 啊，确实如此。它跟对的和形式完全一样！”

$$(a,b) + (c,d) = (a+c, b+d)$$

“学长学姐，我越来越跟不上了 ……”来自于泰朵拉的投诉。

“因为 a、b 是自然数，所以先在第一象限里画出格点[①]。”

米尔嘉拿起我的自动铅笔，在笔记本上画出格点。

① 数学上把在平面直角坐标系中横纵坐标均为整数的点称为格点（Lattice Point）或整点。坐标平面内顶点为格点的三角形称为格点三角形，类似有格点多边形的概念。——译者注

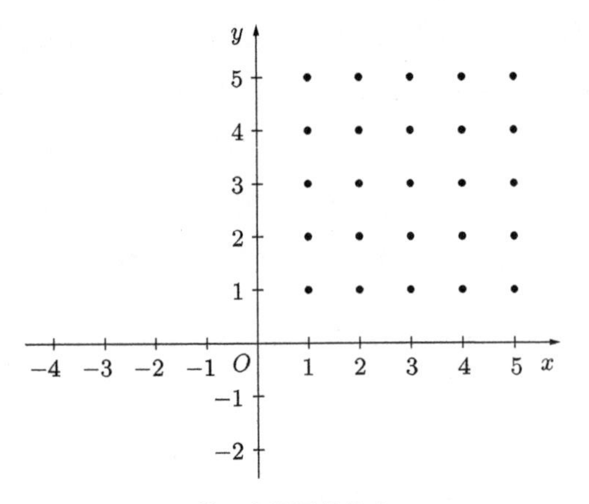

第一象限里的格点

"x 坐标是 a，y 坐标是 b 的格点可以视为 vector(a, b)，也可以视为对 (a, b)。那么，就这个格点的所有情况的集合来说，我们应该如何用图来表示'重叠'这个概念呢？如果能用图表示出来，那么我们也就能明白，村木老师为什么要用'重叠'这个词了。"米尔嘉说道。

"啊，这点我也很在意。"泰朵拉说道。

"我们像下面这样把重叠的对用线连起来试试。"

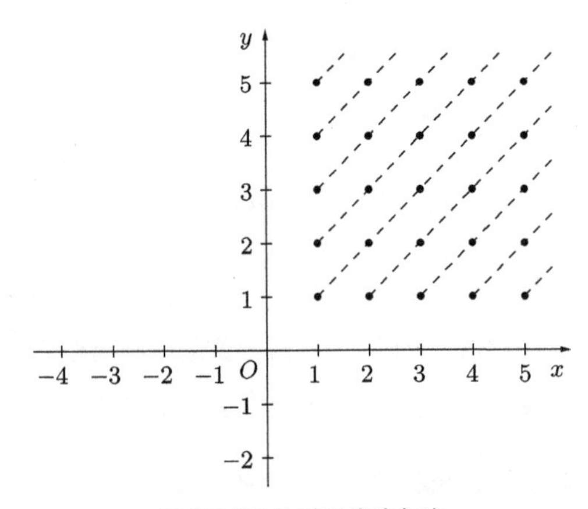

把"重叠"的对用线连起来

“诶？！重叠的对是斜着排列的呀！”泰朵拉吃了一惊。

“原来如此……‘重叠’的对在二维平面上真的是斜向‘重叠’的吗？”我说道，“这一条条斜线对应着重叠的对的集合。也就是说，一条斜线对应一个整数，对吧。”

我说着，在斜线的右上方写下了整数。

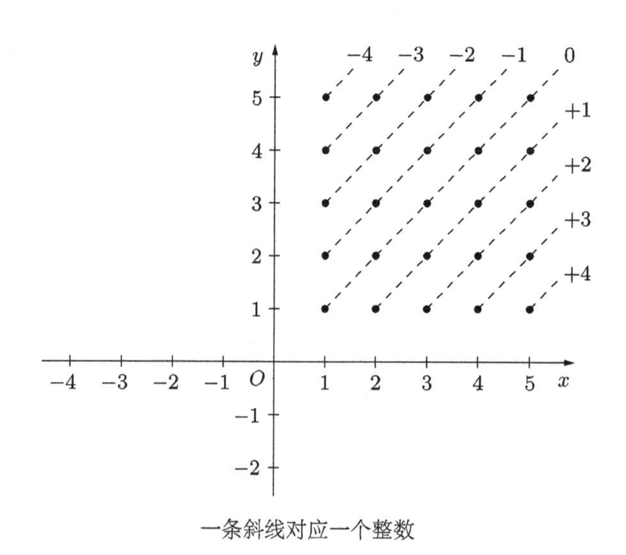

一条斜线对应一个整数

“要写的话，这么写比较好。”

米尔嘉从我的手中抢过自动铅笔，把斜线向左下方延伸。

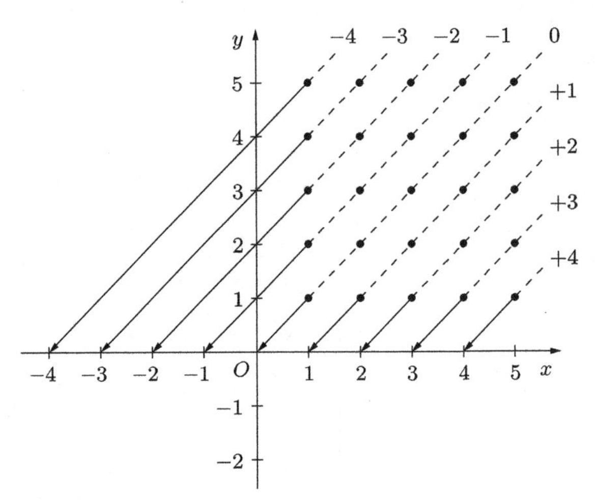

影子斜着落下的位置是对应的整数

“啊…… 这样呀。往 x 轴上射影的话，影子就会刚好落在对应的整数上…… 诶？等一下。如果对的和也是向量的和，那么我们随意画个向量的和的图形，然后观察向量的和的射影，就会发现它正是向量在 x 轴上的和？”我问道。

“当然。把格点上某个位置 vector 的和斜向射影的话，就会得到整数的和。例如，把 $(1,2) \dot{+} (4,1) = (5,3)$ 射影的话，影子就会刚好落在 $(-1)+3=2$ 的位置。”

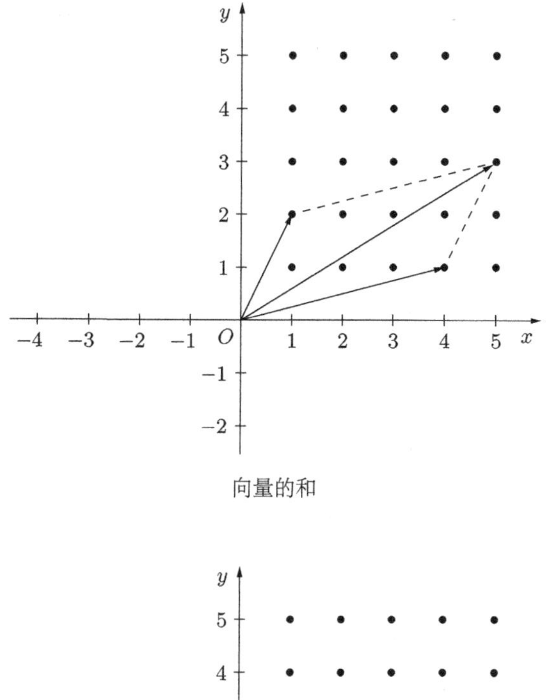

向量的和

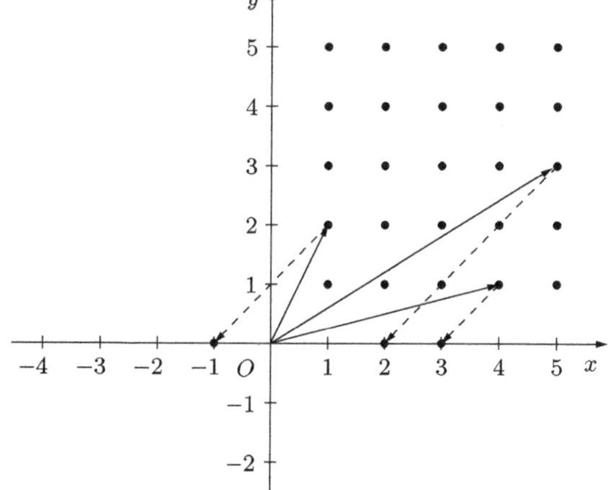

射影后，就变成了整数的和

“……”我说不出话来。

整数的和 —— 区区的加法运算。

然而却能被看作是二维向量的和的“影子”！

虽然我还不知道这个发现在数学上有着什么样的意义，但是我感到很多事物是相连的，是紧密地联系在一起的。此时的我因为太过感动而说不出话来。而且，我们只花了少许工夫 —— 举出具体例子、思考式子、用图思考，这一切就呈现在了我的眼前。

“我们从‘重叠的对’继续往下思考，看看等价关系吧。”米尔嘉说道。

8.3.5　等价关系

看看等价关系吧。

我们把由所有对构成的集合称作 $\mathbb{S}$。

$$\mathbb{S} = \{(a, b) \mid a \in \mathbb{N} \wedge b \in \mathbb{N}\}$$

然后，在集合 $\mathbb{S}$ 中，重叠关系“$\doteq$”已被如下定义。

$$(a, b) \doteq (c, d) \iff a + d = b + c$$

“$\doteq$”这种关系有自反律、对称律、传递律的性质。

自反律可以用以下式子来表示。

$$(a, b) \doteq (a, b)$$

该式子表示的是，即使以自身为对象，“$\doteq$”这种关系也能成立。

由于这就像是反射在镜子里似的，所以我们把它叫作自反律。

对称律可以用以下式子来表示。

$$(a, b) \doteq (c, d) \overset{\text{推出}}{\Rightarrow} (c, d) \doteq (a, b)$$

该式子表示的是，即使把左边和右边互换，“$\doteq$”这种关系也成立。

传递律可以用以下式子来表示。

$$(a,b) \doteq (c,d) \overset{\text{且}}{\wedge} (c,d) \doteq (e,f) \overset{\text{推出}}{\Rightarrow} (a,b) \doteq (e,f)$$

该式子表示的是，如果由 A 可以到 B，由 B 可以到 C，则可以跳过中间的 B 直接由 A 到 C。

$$\underbrace{(a,b) \doteq (c,d)}_{\text{由 A 到 B}} \wedge \underbrace{(c,d) \doteq (e,f)}_{\text{由 B 到 C}} \Rightarrow \underbrace{(a,b) \doteq (e,f)}_{\text{由 A 到 C}}$$

自反律、对称律、传递律合起来叫作**等价律**。此外，满足等价律的关系叫作**等价关系**。“$\doteq$”这种关系也属于一种等价关系。

◎ ◎ ◎

“这三个性质不都是理所当然的吗？”泰朵拉问道，“比方说，这三个性质在等于‘$=$’里也成立呀。”

“‘等于’是等价关系，这没错。”米尔嘉点头，“因为原本等价关系就是把等号创造出的关系一般化而得来的。等价关系体现的是‘在某种含义上相同’。”

米尔嘉往上推了一下眼镜，继续说道：

“我来举个不是等价关系的例子。例如数的大小关系‘$<$’。对于这个关系，传递律成立，而自反律和对称律不成立。”

×	$a < a$	自反律不成立
×	$a < b \Rightarrow b < a$	对称律不成立
√	$a < b \wedge b < c \Rightarrow a < c$	传递律成立

“啊，是这样呢。”泰朵拉说道。

“带等号的大小关系‘$\leqslant$’则是自反律和传递律成立，对称律不成立。”

√	$a \leqslant a$	自反律成立
×	$a \leqslant b \Rightarrow b \leqslant a$	对称律不成立
√	$a \leqslant b \wedge b \leqslant c \Rightarrow a \leqslant c$	传递律成立

“$a \leqslant a$ 成立……吗？”

“成立。因为‘$a \leqslant a$’是‘$a < a$ 或 $a = a$’呀。”

“喔……也是啊。”

“那么，泰朵拉我问你，对不等于‘$\neq$’这个关系来说，这三个性质中的哪一个会成立呢？”

“这个……因为它是等于的反义词，所以这三个性质都不成立？”

“回答错误。”米尔嘉说道，“不能凭主观印象来回答。必须逐一确认才行哦，泰朵拉。”

×	$a \neq a$	自反律不成立
√	$a \neq b \Rightarrow b \neq a$	对称律成立
×	$a \neq b \wedge b \neq c \Rightarrow a \neq c$	传递律不成立

“啊……对称律成立呀。”泰朵拉说道。

“等一下。”我插了句嘴，“对于‘$\neq$’这种情况，不是‘传递律不成立’，而是‘传递律不一定成立’吧？因为……”

$$a = 1, b = 2, c = 3 \text{时} 1 \neq 2 \wedge 2 \neq 3 \Rightarrow 1 \neq 3 \quad \text{成立}$$

$$a = 1, b = 2, c = 1 \text{时} 1 \neq 2 \wedge 2 \neq 1 \Rightarrow 1 \neq 1 \quad \text{不成立}$$

“这里是我没说明白。”米尔嘉说道，“我在解释自反律、对称律、传递律之前，应该事先声明‘对于所有元素来说’这个前提的。也就是说，只要对于一个元素来说不成立，那就是不成立。”

“米尔嘉学姐……”泰朵拉小心翼翼地举起手，“这三个性质我基本明白了。可是，刚刚学姐说的‘把等号一般化’这个地方我还不太懂。因为讨论数字的时候，或是讨论集合的时候，我们都会用到等号，这本来就很一般化了吧……”

“等价关系指的是刚刚说的满足等价律的关系。换句话说，满足等价律的三个性质的关系都可以看作是等价关系。从等号具备的特殊性质中提取出三条，寻找具备这些性质的其他关系，例如‘对重叠’这种关系。因为‘对重叠’这种关系是等价关系，所以能适用于等价关系的性质全都能适用于‘对重叠’这种关系。”

“等一下，麻烦等一下，我有 Déjà vu[①]。好像以前我们也讨论过类似的……”

“群论。”米尔嘉说道。

“没错！把满足群的公理的运算都同等看待成群……”

“把等于这种关系拆个七零八碎，从里面提取出三个特殊的性质，然后构建一种具有这些性质的其他关系——这里出现了分析跟综合的思路。明白么？”

“分析跟综合？”

“分析——Analyze，也就是‘拆分’。综合——Synthesize，也就是‘合成’。经过拆分、合成，理解就会变得深入且有趣。”

“靠等价关系能办到些什么呢？”我问道。

“就是你之前干过的事儿。”

“诶？我干了什么来着？”

“去‘除’集合了呀。”

① 法语词组，意思是“既视感”，也可译为“幻觉记忆”，指人在清醒的状态下第一次见到某场景，却感到似曾相识，是一种常见于大多数人的生理现象。——译者注

8.3.6　商集

“去‘除’集合？”

“对。用等价关系去除集合。我们来回忆一下你都干了些什么吧。由所有对构成的集合 $\mathbb{S}$ 里包括无数的对，你用等价关系‘$\doteq$’把‘由重叠的对构成的集合’跟‘整数’互相对应了起来。把由所有对构成的集合想象成第一象限里的格点，把由重叠的对构成的集合想象成斜线就好。根据‘格点的集合’构成‘斜线的集合’，就相当于进行除法运算。”

“……”

“集合除以等价关系，就能得到一个新的集合。我们把这个新的集合叫作**商集**。由所有对构成的集合除以‘$\doteq$’，就能得到一个以‘由重叠的对构成的集合’为元素的商集。我们如下表示这个商集。

$$\mathbb{S}/\doteq$$

这个符号很奇怪。总之呢，这个符号就是‘集合 / 等价关系’的一种直截了当的表示方法。”

“那个……麻烦稍等一下。关于这个商集 $\mathbb{S}/\doteq$，我完全没有具体的概念啊……画在图里是斜线，那么从数学角度来说又是个什么样的东西呢？”

“看来光用说的，还是讲不明白啊。”米尔嘉说道，“那么，我用外延表示法写一下 $\mathbb{S}/\doteq$ 吧。”

$$
\mathbb{S}/\doteq \;=\; \left\{
\begin{array}{ll}
\cdots, & \\
\{(3,1),(4,2),(5,3),\cdots\}, & \text{对应} +2 \\
\{(2,1),(3,2),(4,3),\cdots\}, & \text{对应} +1 \\
\{(1,1),(2,2),(3,3),\cdots\}, & \text{对应} \ 0 \\
\{(1,2),(2,3),(3,4),\cdots\}, & \text{对应} -1 \\
\{(1,3),(2,4),(3,5),\cdots\}, & \text{对应} -2 \\
\cdots &
\end{array}
\right\}
$$

“原来如此…… 构建了一个集合的集合呀。”

“用集合除以等价关系，从而构建商集 —— 这种手法很常见。”

“是…… 是么？”

“举个例子，有理数。有理数集可以看作是一个‘元素是成对的分子和分母的集合’除以‘比相等’这个等价关系而得到的集合。”

“啊！”我惊道，“这就是泰朵拉之前说的那个吧。”

“诶？我吗？”泰朵拉用手指着自己，一脸困惑。

“你想想，你不是说过吗？对的性质 —— 外项之和等于内项之和，跟比的性质 —— 外项之积等于内项之积很像。”

“喔……”看来她还没反应过来。

“作为商集的有理数肯定会是这种形式啊！”我往笔记本上写道，“那么，假设把分子、分母的对写成 (分子 , 分母)……”

$$
\begin{array}{l}
\{ \\
\quad \cdots, \\
\quad \{(+1,2),\ (+2,4),\ (+3,6),\ \cdots\ \},\ \text{对应有理数}\frac{+1}{2} \\
\quad \{(+1,1),\ (+2,2),\ (+3,3),\ \cdots\ \},\ \text{对应有理数}+1 \\
\quad \{(\ 0,1),\ (\ 0,2),\ (\ 0,3),\ \cdots\ \},\ \text{对应有理数}\,0 \\
\quad \{(-1,1),\ (-2,2),\ (-3,3),\ \cdots\ \},\ \text{对应有理数}-1 \\
\quad \{(-1,2),\ (-2,4),\ (-3,6),\ \cdots\ \},\ \text{对应有理数}\frac{-1}{2} \\
\quad \cdots \\
\}
\end{array}
$$

“泰朵拉你注意到了有理数啊。”米尔嘉说道。

“没…… 只是觉得对跟有理数的形式很相似。”

“在数学领域里，若‘形式’相似，则‘本质’也相似这种情况很多见。”米尔嘉说道。

“用比相等这个等价关系当除数的想法很有意思呀。”我说。

“如果用比相等这个等价关系当除数……”米尔嘉说道，“这个商集的元素就会变成由比相等的对构成的集合。分数的约分计算遵循‘比不变’的原则。也就是说，约分这种计算能让元素不跳出由比相等的对构成的集合。”

“啊…… 这么说来确实是这样。”泰朵拉说道。

“此外，我们有时会从商集的各个元素 —— 聚集了相同元素的集合 —— 里面选出一个元素，这个元素叫作**代表元素**。”

“代表元素……”泰朵拉重复道。

“英语叫作 Representative。”米尔嘉说道。

“Represent[①] 这个集合的元素？”泰朵拉问道。

“对。如果我们想把‘+’定义为商集的各个元素之和，就必须先声明答案不取决于如何选择代表元素。也就是说，‘+’必须是良定义[②]的。”

“啊…… 对对，昨天晚上我就一直在想这个。”我说道。

“除了有理数，商集还有很多种。例如整数集除以‘除以 3 而得到余数相等’这个等价关系后得到的商集合 $\mathbb{Z}/3\mathbb{Z}$。”

$$
\mathbb{Z}/3\mathbb{Z} = \left\{
\begin{array}{llllllll}
\{\cdots, & -6, & -3, & 0, & +3, & +6, \cdots\}, & \text{除以 3 后余数为 0} \\
\{\cdots, & -5, & -2, & +1, & +4, & +7, \cdots\}, & \text{除以 3 后余数为 1} \\
\{\cdots, & -4, & -1, & +2, & +5, & +8, \cdots\} & \text{除以 3 后余数为 2}
\end{array}
\right\}
$$

“把‘$\mathbb{Z}/3\mathbb{Z}$’这个符号里的‘$3\mathbb{Z}$’视为表示‘无视 3 的倍数差异’的等价关系的符号即可。”米尔嘉说道，“除此之外，我们还能想出很多关于商集的例子。例如，由我们学校里所有学生构成的集合除以‘同年级’这种等价关系，就能得到以‘由同年级的学生构成的集合’为元素的商集。这个商集有三个元素，分别是‘全体高一学生的集合’‘全体高二学生的集合’‘全体高三学生的集合’。”

“学长！米尔嘉学姐！我有个重大发现！”

泰朵拉嚷道。

“你发现什么了？”我问道。泰朵拉说的“发现”一般都跟数学上的重大发现相关，因此不可小觑。

“难不成…… 难不成村木老师想跟我们玩个文字游戏，不是‘Peano

① 意为代表。——译者注

② 意为定义明确。——译者注

算术’而是‘Pair No算术’[①]？”

四下沉默无声。

“如果，是这样的话……”我吞吞吐吐。

“希望并非如此啊。”米尔嘉冷冷地说道。

8.4 餐厅

8.4.1 两个人的晚饭

“妈，晚饭吃啥？”

现在是晚上。等了许久都没有开饭，于是我跑到餐桌前问道。

“今天你爸说不回来吃饭，我没什么心情做……”我妈说道，“这样吧，我们也偶尔出去吃一顿吧。嗯……吃意大利餐。”

我妈带着我，开了30分钟车，来到了一家位于郊外的餐厅。菜肴的香气迎面扑来。“Buona Sera[②]！”招呼声很洪亮。开朗热情的意大利人包围了我们。我妈点了海鲜意大利面和沙拉，我点了披萨。

“糟了，咱们开车来的，喝不了红酒呀！”

“禁止酒后开车。”我说。我妈听到后一脸不情愿。

8.4.2 一对翅膀

在等待上菜的这段时间里，我四下看了看店内。既有情侣一起的，也有全家人一起的。吉他的伴奏声非常大，但并不让人感到难受。店里

---

① “Pair No算术”的说法与日语有关，其中的No即日语单词「の」的罗马字拼写，意思是“的”。因此“Pair No算术”意即“对的算术”。此处是一种谐音，即音同词不同的文字游戏。——译者注

② 意大利语，“晚上好”的意思。——译者注

的伙计围在对面的桌子边，唱着生日快乐歌。

“呀，披萨好像烤好了。”

我使劲嗅着香味儿说道。

“说起来，你从小鼻子就好使…… 可惜闻不到自己身上的味儿。你在幼儿园尿裤子那次……”

“别说啦，妈！”

“不过，现在你马上就上高三了…… 时间过得真快呢。”

我妈把手支在桌子上，托着下巴看向远方。

马上就上高三了…… 我突然感到一阵害怕。

热闹的吉他声、小孩的笑声突然都消失了。

我是为了什么而学习呢？

虽然有人常说“年轻人身上潜藏着无限的可能”，但时间是一维的。

要把哪种可能性射影到自己的时间上呢？我们必须作出选择。

“我说，妈。”

“什么事？”我妈抬起头问我。她正在研究甜品菜单。

“我…… 在干什么呢？”

“跟漂亮的老妈吃饭。”

“总感觉…… 有一种要从悬崖上摔下来的心情，明明什么都还没准备好…… 可是还有一个月就上高三了，还差一年就高考了。日子过一天，我就离悬崖近一点 —— 地面在慢慢消失。我该怎么走呢？”

“往天空飞？”我妈说道，“如果没有地面，往天空飞就好啦。”

“诶？”

“‘啪嗒啪嗒’挥动两只翅膀的话，就能飞起来。你可能不信，但是你能飞。左边和右边，有这么一对翅膀就足够啦。悬崖不就是为了飞翔而存在的么。你在害怕什么呢？”

“学校的成绩再怎么好，也不行啊！我……”

“跟成绩什么的没关系。你是我生的。你开始走路那会儿，我还记得很清楚。你摔倒过好几千次，还记得吗？”

“怎么可能记得啊！”

“在你会走之前，摔倒了多少次啊……可是你现在先迈右脚后迈左脚，迈完左脚迈右脚，很自然地在走着啊。明白吗？你不要紧的。因为没准备好所以担心？说什么呢，人生就是要勇敢冲撞尝试呀！”

我妈用拿在手里的菜单隔着桌子敲了一下我的头。

“尽全力去拼吧！不要紧，你肯定能走稳，肯定能飞起来。”

“……”

我妈这一席话支离破碎，从逻辑上来讲含义也不明确。但不可思议的是，我的心居然恢复了平静。因为是妈妈说的话么？

“人的一生，会遇到各种各样的事。你三岁那年冬天，有天夜里下了大雪，你发着高烧，咳得很厉害，差点死掉了。下着大暴雪，车都开不动，你爸也还没回家。你妈我啊，就背着你一直走到了邻镇的医院……到医院的时候我已经跟雪人没两样了，还问人家‘这里是八甲田山[①]吗’。”

这故事我已经听过好多回了。连“这里是八甲田山吗”这句话都一模一样。我平常总是说“够啦，别再讲啦”……可是今天听起来，却似乎有一点不一样。

菜上来了。

“来，我们吃吧！”

我往披萨上浇上掺了辣椒的橄榄油，咬了一口。

好吃极了。

---

① 日本青森县中部火山群的总称，以高耸险峻、严寒冰冷著称。——译者注

8.4.3 无力考试

饭菜快吃完了，我妈再次拿起甜品菜单。

“这个看起来很好吃！Torta Cioccolata 好像是巧克力挞，Crema Catalana 应该是法式焦糖布丁吧。甜品菜单上得配照片才行啊，只有文字说明，哪知道是什么样的呀。”

“是啊。”

“你需要无力考试啊。”我妈眼都没抬，继续看着菜单说道。

“无力考试？”什么意思啊？

“跟实力考试相反的无力考试。你干嘛要一个人绷得死紧？你得加把劲好好放松才行。大家都非常喜欢你。”

“大家？”

“没想到你小时候那么认生，现在倒还挺抢手的呢。这帮女生也挺有眼光的。对了，下次带着她们一起去兜风吧？嗯，一定很欢乐。”

“拉倒吧，拜托你不要自作主张啊。”我说道。

“老妈我来开车，副驾驶给米尔嘉坐。泰朵拉跟盈盈，还有尤里也会想来吧。嗯嗯，你看，坐五个人刚好不是吗？”

“那我坐哪儿啊？！”

数学，是一门给不同东西赋予相同名字的艺术。

——庞加莱

第9章
令人迷惑的螺旋楼梯

我们，是通过螺旋来到这个世界的。
但是，我们原本，是属于地球的。
——萩尾望都[①]《马赛克·螺旋》

9.1 $\frac{0}{3}\pi$弧度

9.1.1 不高兴的尤里

星期六。

我跟尤里在我家餐桌前吃着咸仙贝。

我妈一边倒着茶一边说道：

“话说回来，之前在游乐场，米尔嘉她……”

我妈这句话让尤里一下挺直了身子。

“游乐场？米尔嘉大人？”尤里看看我，又看看我妈。

“上次我们出去玩儿来着。”我说道。

“你都没跟我说！米尔嘉大人跟哥哥，两个人去的？”

① 萩尾望都，生于1949年，日本漫画家，女子美术大学客座教授，代表作有《天使心》与《波族传奇》等。——译者注

我妈感觉气氛很不妙，一下子躲回了厨房。

妈，你不要扔了个手雷就开溜啊……

“你说……为什么不把人家也带上？”

“那下次我们一起去玩呗。”我说道。

“……不相信你。”尤里拿怀疑的眼光瞪着我。

就这么你一句我一句地说着说着，尤里的话慢慢地变少了。我回到了自己屋里，她也默不作声地跟了进来。

这是一个循环。

尤里板着脸，一直不说话。

“有什么不满就说出来呗。”我说道。

“……”

“你不说我哪知道啊。”

“……”

“你就自己闹别扭去吧。”我转过身面向桌子。

“……”

尤里沉默着，用双手来回摇晃着我的椅子。

我深深叹了口气，转头看向她。

然后又回到了“循环”的状态。

我跟尤里之间的这种毫无成果的交流持续了约20分钟。

对于这种来来往往没有上限的循环，我彻底认输了。真没办法呀。

“是我不好，没经你同意就去游乐场玩儿，对不起。”

我为什么非得道歉啊。

“……”她瞟了我一眼。

“啊，对了，”我想起一件好事儿，“米尔嘉正在考虑春假的活动呢。

还记得不，说是要讲我们以前说过的那个‘哥德尔不完备定理’。她让我也把你叫上。”

“…… 真的？”

哟，上套了。

“真的真的。她肯定是跟我们讲哥德尔不完备定理。”

“唔…… 那我就看在米尔嘉大人的份上原谅你吧。”

尤里神气十足地点点头。

唉…… 真是让人哭笑不得，女生还真麻烦啊。

9.1.2 三角函数

“哥哥，我想让你教我 sin 和 cos 喵！”

她突然换成了撒娇般的猫语。

“可以倒是可以…… 你课上学到了？”

“老师在课上的剩余时间里，讲了一点正弦曲线。不过我没听明白。”

“原来如此。”

“放了学，我找喜欢数学的朋友问了，不过还是没明白。那家伙讲到最后总是发脾气，然后就不说了。人家说没明白，他却反过来怪人家……我们总是吵架。”

“哦……”

“还是哥哥你最好了！所以说，sin、cos！”

“好，好。”

我一翻开笔记本，尤里就从胸前口袋里拿出眼镜戴上了。

“说得简单点哈。”

“我用单位圆来讲吧。单位圆就是半径为 1 的圆。”

我画了一个以原点为中心的单位圆。

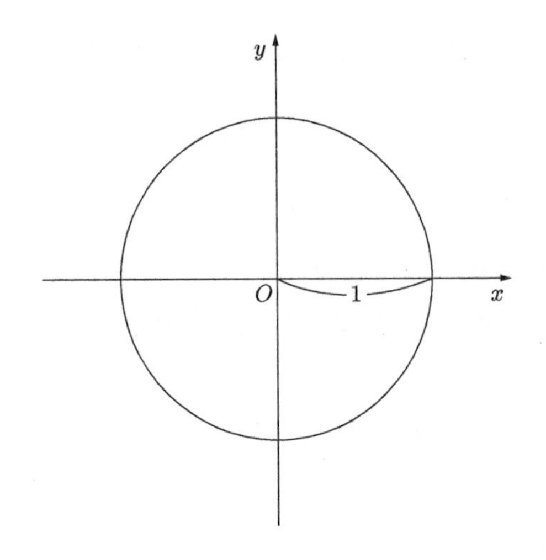

“单位圆。”尤里复述道。

“假设圆周上存在一点 P，我们把下图里的这个角度称为 θ，读作‘西塔’。”

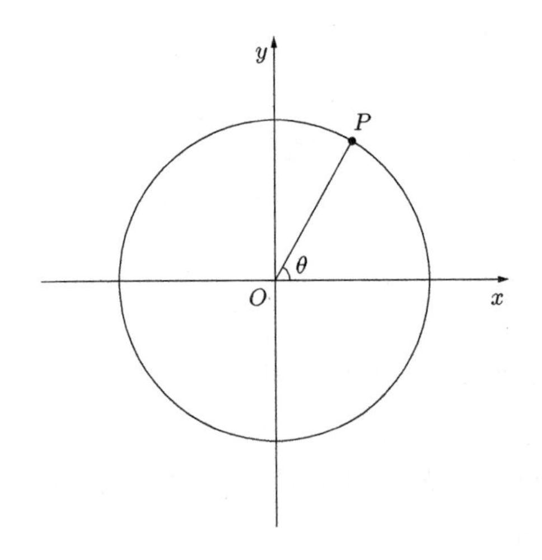

“西塔？”

“θ 是一个希腊字母。不过，现在我们只要把它当成一个表示角度的字母就行了。表示角度的时候经常会用到它。”

“知道了，你说它叫西塔，那就叫西塔吧。”

“点 P 在圆周上运动的时候，角 θ 会随之变化，对吧？”

“是这样。”

“相应地，点 P 的 y 坐标也会发生变化。”

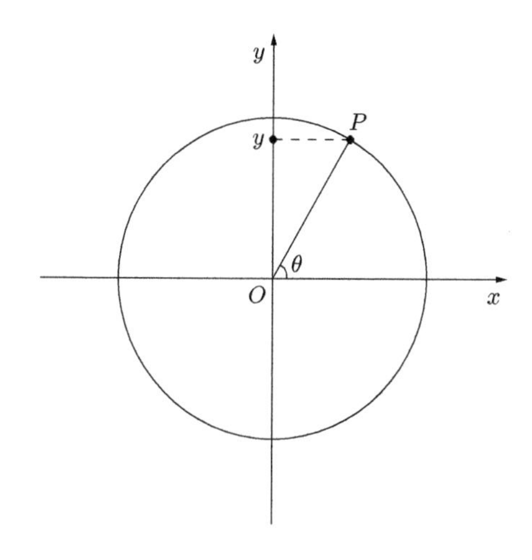

“这个当然啦。因为点 P 的 y 坐标是 P 的高度嘛。”

“如果 θ 的实际度数能确定，那么 y 的数值也就能确定。”

“嗯，能确定，能确定。”

“当点 P 在单位圆的圆周上运动时，y 的值会随着 θ 的变化而发生什么样的变化呢？我们把这种‘表示 θ 与 y 的对应关系的函数’叫作 sin 函数。”

“诶？这就是 sin、cos 的 sin？”

“没错。如果 θ 能确定，那么点 P 的 y 坐标也就能确定。我们把这个 y 写成下面这样。”

$$y = \sin\theta$$

“y 等于 $\sin\theta$。根据角 θ 来确定 y？”

“没错。”

“哦哦…… 原来这么简单呀。”

“就是这么简单啊。”

9.1.3 $\sin 45°$

“那 cos 是什么呢？”

“在谈 cos 之前，我们来研究一下 sin 的具体值。比方说，当 θ 为 $0°$ 的时候，$\sin\theta$ 是多少？”

“嗯…… 应该是 0 吧？”尤里想了想回答道。

“没错。因为当 θ 等于 $0°$ 时，y 等于 0。”

“是呢。点 P 在 x 轴上嘛。”

“对。也就是说，$\sin 0° = 0$。”

“人家已经明白了啦。”

“当 θ 等于 $90°$ 时，y 等于 1。”

$$\sin 90° = 1$$

“这个时候，点 P 在圆的最上方，是吧？”

“没错。在这里，我们假设 θ 从 $0°$ 到 $360°$ 转了一圈，此时 $\sin\theta$，也就是 y，会在什么范围内移动呢？你知道吗？”

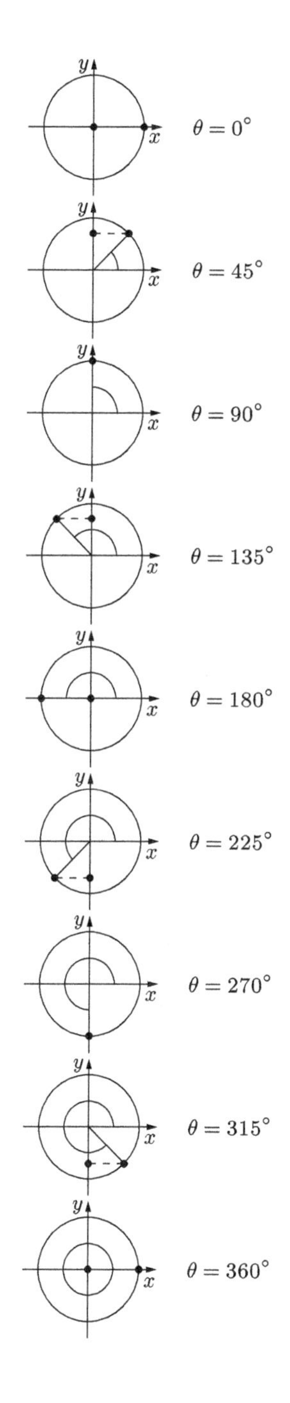
y
x
$\theta = 0°$
$\theta = 45°$
$\theta = 90°$
$\theta = 135°$
$\theta = 180°$
$\theta = 225°$
$\theta = 270°$
$\theta = 315°$
$\theta = 360°$

“y 会在 0 跟 1 之间移动…… 啊，不对！还有负数呢！”

“嗯嗯。”

“因为是‘咻’地一下上去再‘咻’地一下下来，所以 y 的值在 1 跟 -1 之间。”

$$-1 \leqslant \sin\theta \leqslant 1$$

“没错。$\sin 270^\circ$ 是 -1，$\sin 90^\circ$ 是 1。”

“人家都说已经明白了啦！”

尤里的语气里透出些许焦躁。她解开马尾辫，重新扎好头发。咦，尤里的头发还真是长啊。

“…… 那你知道 $\sin 45^\circ$ 是多少吗？”我问道。

“诶？它是 $\sin 90^\circ$ 的一半，所以是 $\frac{1}{2}$ 吧？”

“不是哦。你从刚才那张图里找找 $\theta = 45^\circ$ 的情况看一下。”

“嗯嗯 …… 啊，y 要比 $\frac{1}{2}$ 稍微大一点喵！”

“尤里你的话，应该能精确求出 $\sin 45^\circ$ 的！”

“要用类似量角器的工具吗？”

“不不，用计算来求。你想象一下正方形的对角线就行了。”

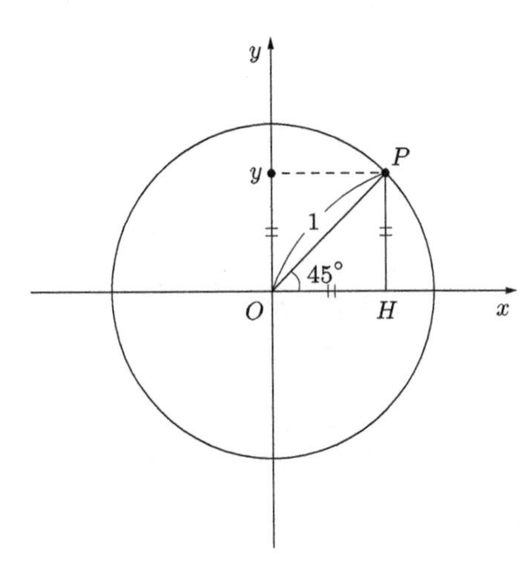

“嗯…… 是对角线的长度为 1 的正方形的…… 边长？”

“对，这就是 y！你的答案是？”

“嗯…… $\sqrt{2}$，不对，是 $\frac{\sqrt{2}}{2}$。”

“你是怎么算的？”

“不就是这个数吗？”尤里说道。

“是没错啦。利用勾股定理……”

$$
\begin{aligned}
\overline{OH}^2 + \overline{PH}^2 &= \overline{OP}^2 && \text{根据勾股定理} \\
\overline{OH}^2 + \overline{PH}^2 &= 1 && \text{因为 } \overline{OP} = 1\text{，所以平方后还是1。} \\
\overline{OH}^2 + y^2 &= 1 && \text{因为 } \overline{PH} = y \\
y^2 + y^2 &= 1 && \text{因为 } \overline{OH} = y \\
2y^2 &= 1 && \text{计算左边} \\
y^2 &= \frac{1}{2} && \text{两边同时除以 2} \\
y &= \sqrt{\frac{1}{2}} && \text{因为 } y > 0\text{，所以 } y \text{ 是 } \tfrac{1}{2} \text{ 的正的平方根} \\
&= \sqrt{\frac{1 \times 2}{2 \times 2}} && \text{将分子分母同时乘以 2} \\
&= \sqrt{\frac{1 \times 2}{2^2}} && \text{分母是平方数} \\
&= \frac{\sqrt{2}}{2} && \text{平方数可以移到 } \sqrt{} \text{ 的外面}
\end{aligned}
$$

“呃…… 我不是那么算的。”尤里说道，“如果正方形的边长为 1，对角线不就是 $\sqrt{2}$ 么？要想把对角线变成 1，拿整个正方形除以 $\sqrt{2}$ 就行了。这样正方形的边长就会变成 $\frac{1}{\sqrt{2}}$，对吧？给分子分母同时乘以 $\sqrt{2}$，就得 $\frac{\sqrt{2}}{2}$。”

“嗯，这样也可以的。对了，$\sqrt{2}$ 约等于 1.4 哦。”

“为什么？”

“因为把 1.4 平方，就是 $1.4^2 = 1.96$。也就是说，1.4^2 约等于 2。”

“喔喔。”尤里点点头。

“所以，$\frac{\sqrt{2}}{2}$ 约是 1.4 的一半，约等于 0.7。”

“喔喔，原来如此。”

“这样一来，我们就能求出 $\sin 45^\circ$ 的值了，它约等于 0.7。”

“噢，原来如此……”

“再精确点的值就是 $\sqrt{2} = 1.41421356\cdots$，我们可以这么写。”

$$\sin 45^\circ = \frac{\sqrt{2}}{2} = \frac{1.41421356\cdots}{2} = 0.70710678\cdots$$

“喵来如此。原来我们能自己计算出 $\sin 45^\circ$ 啊。”

9.1.4　$\sin 60^\circ$

“那你知道 $\sin 60^\circ$ 是多少吗？”我问道。

“这个……就是求下面这个 y 呗。”

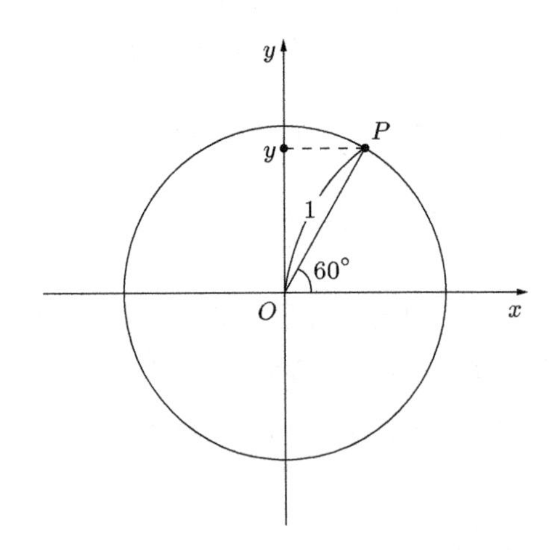

“对对。你注意到什么没有？”

尤里认真地盯着图看。

她用指头挠了挠鼻尖，自言自语说了句“不对……”。

尤里越来越不服输了啊。

“是这样的，对吧？我明白了。”

尤里抬起头。图上多画了两个点——A 跟 Q。

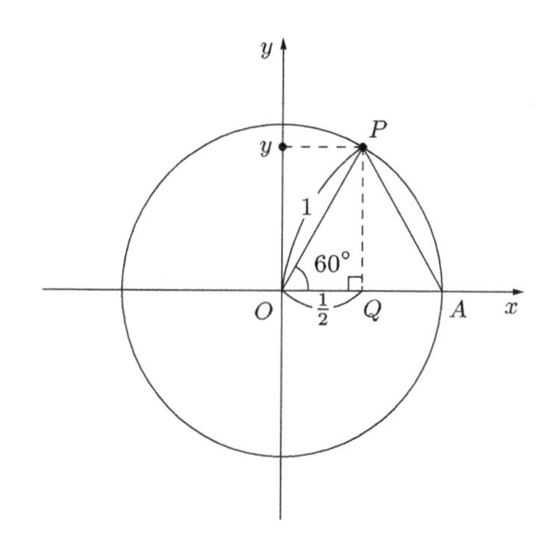

“喔，挺好的嘛。”

“这是正三角形，对吧？”

“没错。$\triangle POA$ 是正三角形。因为边 $\overline{OP}$ 跟边 $\overline{OA}$ 是圆的半径，所以长度相等。也就是说，$\angle OPA$ 跟 $\angle OAP$ 相等。又因为 $\angle POA$ 等于 $60°$，而三个角 $\angle OPA$、$\angle OAP$、$\angle POA$ 的和是 $180°$，所以到头来三个角都是 $60°$，因此是正三角形。”

“对对。”尤里说道，“所以，嗯……如果从上面的顶点 P 笔直地向下引一条直线，就能构成直角三角形 $\triangle POQ$。然后，因为边 $\overline{OQ}$ 是边 $\overline{OA}$ 的一半，所以是 $\frac{1}{2}$。因此 y 的值取 $1^2-(\frac{1}{2})^2$ 的平方根……”

尤里往笔记本的一角凌乱地列着式子，计算着。

“我明白了。$\overline{PQ}=\sin 60°=\frac{\sqrt{3}}{2}$！”

“嗯，很好。因为 $\sqrt{3}$ 约等于 1.7，所以 $\sin 60°$ 约等于 0.86。”

“我们能知道精确的值么？”尤里问道。

“再精确点的值就是$\sqrt{3}=1.7320508\cdots$，我们可以这么写。

$$\sin 60^\circ=\frac{\sqrt{3}}{2}=\frac{1.7320508\cdots}{2}=0.8660254\cdots$$

……不过，尤里，你在笔记本上计算的时候把式子写开一点，别写得那么挤，在本子角落里写得密密麻麻得可不行。”

“噢……”

“我说的这点很重要啊。—— 然后，我们就能马上得出$\sin 30^\circ$的值了。”

“诶？为什么？啊！明白了，明白了！把正三角形放倒，用$90^\circ-60^\circ=30^\circ$不就行了嘛。哥哥，$\sin 30^\circ$的值是$\frac{1}{2}$吧？”

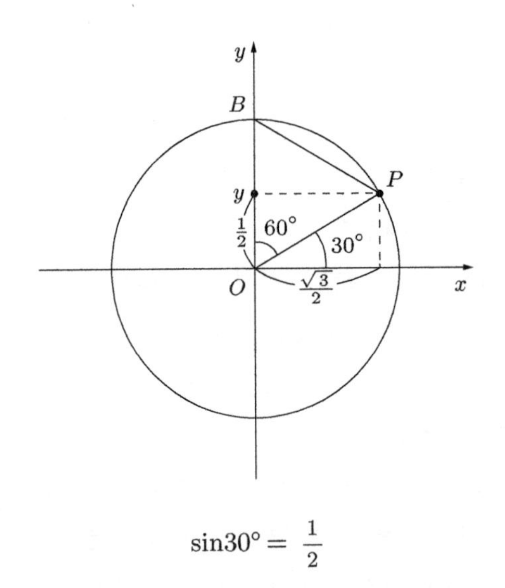

$$\sin30^\circ=\frac{1}{2}$$

“嗯，很好。这样我们就知道θ分别为$0^\circ, 30^\circ, 45^\circ, 60^\circ, 90^\circ$时的$\sin\theta$的值了。当角度超过$90^\circ$时，我们就要利用**对称性**。”

“不明白什么意思。对称性？”

“因为圆是左右对称的，所以 $\sin 120^\circ$ 等于 $\sin 60^\circ$。看了下面这张图，你肯定就会明白意思了。”

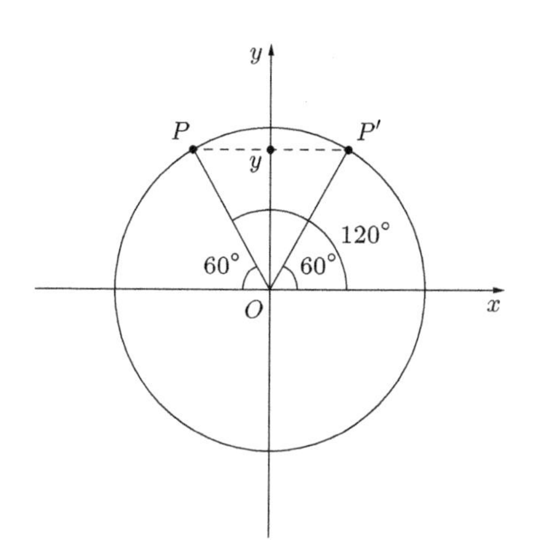

“嗯…… 喔，这样啊。P 的 y 坐标等于 P' 的 y 坐标…… 也就是说，$\sin 120^\circ$ 等于 $\sin 60^\circ$，对吧？原来如此。那剩下的不就都能求出来了吗？超过 180° 的话，加上个负号就行了。”

“对对。”

我又重新画了张图，将那些能马上求出 sin 值的点标注在了圆上。

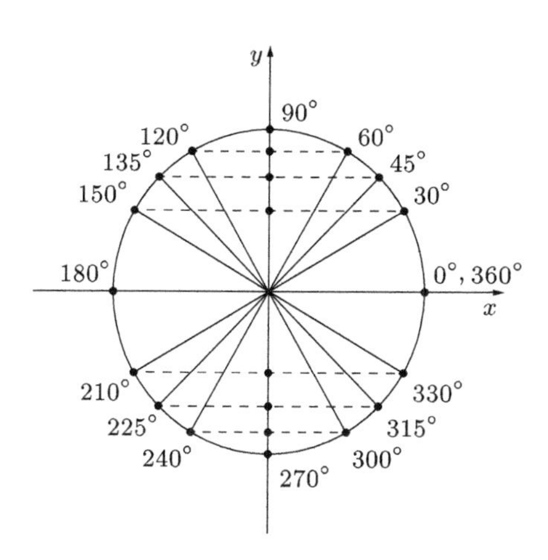

9.1.5　正弦曲线

“喂喂，话说，还不讲正弦曲线呀？”

“诶？你以为我们是为了什么才计算 $\sin\theta$ 的？”

“为了什么啊？”

“为了画正弦曲线。我们列个 θ 跟 $\sin\theta$(即 y)的关系表吧。”

θ	0°	30°	45°	60°
$\sin\theta$	$0.000\cdots$	$0.500\cdots$	$0.707\cdots$	$0.866\cdots$

θ	90°	120°	135°	150°
$\sin\theta$	$1.000\cdots$	$0.866\cdots$	$0.707\cdots$	$0.500\cdots$

“喔喔。”尤里点点头。

“超过 180° 以后，加个负号就行了。”

θ	180°	210°	225°	240°
$\sin\theta$	$0.000\cdots$	$-0.500\cdots$	$-0.707\cdots$	$-0.866\cdots$

θ	270°	300°	315°	330°
$\sin\theta$	$-1.000\cdots$	$-0.866\cdots$	$-0.707\cdots$	$-0.500\cdots$

“嗯嗯。”

“然后，$\sin 360^\circ$ 就会回到 0。你看出正弦曲线了没？”

“怎么回事？”尤里问道。

“这么回事。”我画了张图，把各个点标注了出来。

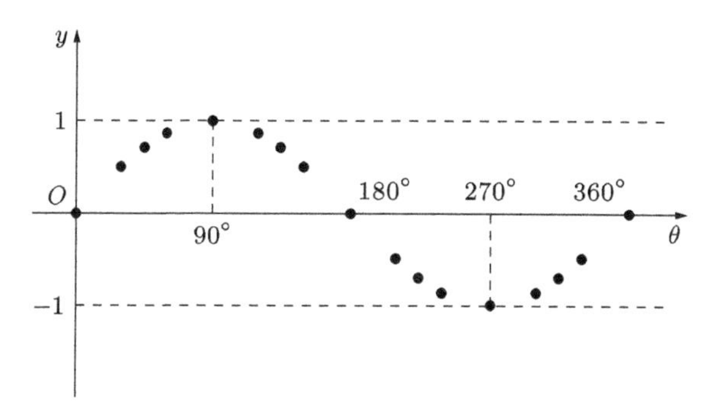

标注出 $(\theta, \sin\theta)$ 的点

“噢！噢噢！这是……”尤里探出身子。

“对对。把这些点流畅地连接起来的话……”

“人家来连！”

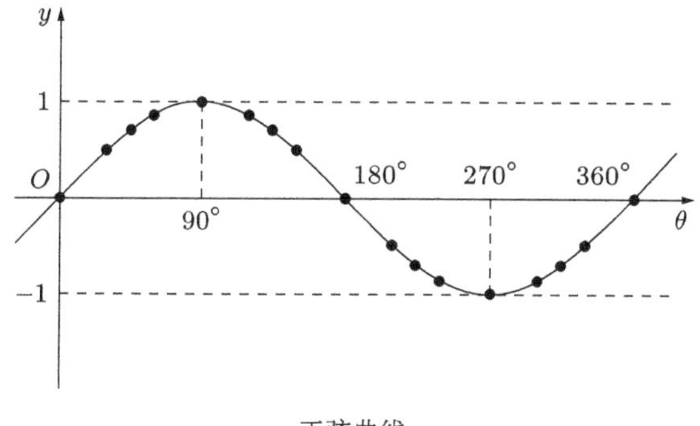

正弦曲线

“就是这样。”我说道。

“正弦曲线出来了……咦？不好意思哥哥，我不明白。虽说刚才我们画的单位圆跟这个正弦曲线形状不一样，不过我想问一下，它们是同一个图吗？”

“尤里你把看图的基本方法给忘了么？看图的时候**要注意数轴**。刚刚我们画单位圆的时候，横轴是 x，纵轴是 y，因此这个单位圆表示的是 x

跟 y 的关系。在我们刚刚画的正弦曲线里，横轴是 θ。正弦曲线表示的是 θ 跟 y 的关系，也就是说，是下面这样。”

- 单位圆是将点 P 的运动看作是“x 和 y 的关系”而画的图
- 正弦曲线是将点 P 的运动看作是“θ 和 y 的关系”而画的图

“原来如此喵！正弦曲线……我好像明白一点了。”

“那就好。”我点点头。

“有一点我很在意，就是在单位圆的图上能看得到 x, y, θ，但是在正弦曲线的图上就只能看到 θ 跟 y——算了，先不说这个。那个……哥哥。”

尤里慢慢摘下眼镜，把眼镜腿叠好。

然后，她字斟句酌地开口道：

“那个……哥哥，人家还明白了一件事。这件事跟数学无关，跟我自己有关。哥哥，我好像太着急往前赶了。比如刚刚，我听完了 sin 就马上想听 cos……我总是着急忙慌地想往前赶。”

“着急忙慌？”

“嗯……怎么说呢，要是我能‘唰唰’地理解，就会想‘我明白啦，往下讲吧’；要是我不能‘唰唰’地理解，就会想‘麻烦死了，别再讲啦’。可是，哥哥你不一样，你一直不慌不忙的。”

“没必要着急呀。因为数学是经过成百上千年才发展到现在这个样子的。各个时代最杰出的人物绞尽了脑汁呢……在现在的数学书上写着的符号、式子和思路产生之前，数学家们应该是在一条我们无法想象的漫长道路上煎熬着。所以，我们一下子看不明白也不要紧。倒不如说，不明白可能更好。”

“不明白也行吗？”

“比感觉自己明白了强得多。也就是说，懂得‘这本数学书上写的内容可能是这个意思，不过实际上，我自己可能并没有搞明白’就行。”

“就是说持续燃烧下去的爱情，要比剧烈燃烧却立即消失的恋情更重要呗。”

“你在说什么？”

“先不说这个，赶紧给人家讲 cos 嘛～”

“sin 是 θ 和 y 的关系，对吧？cos 就是 θ 和 x 的关系。”

“喔……”

“接下来你就自己研究看看吧。”

“呵呵，哥哥你可真够意思。”

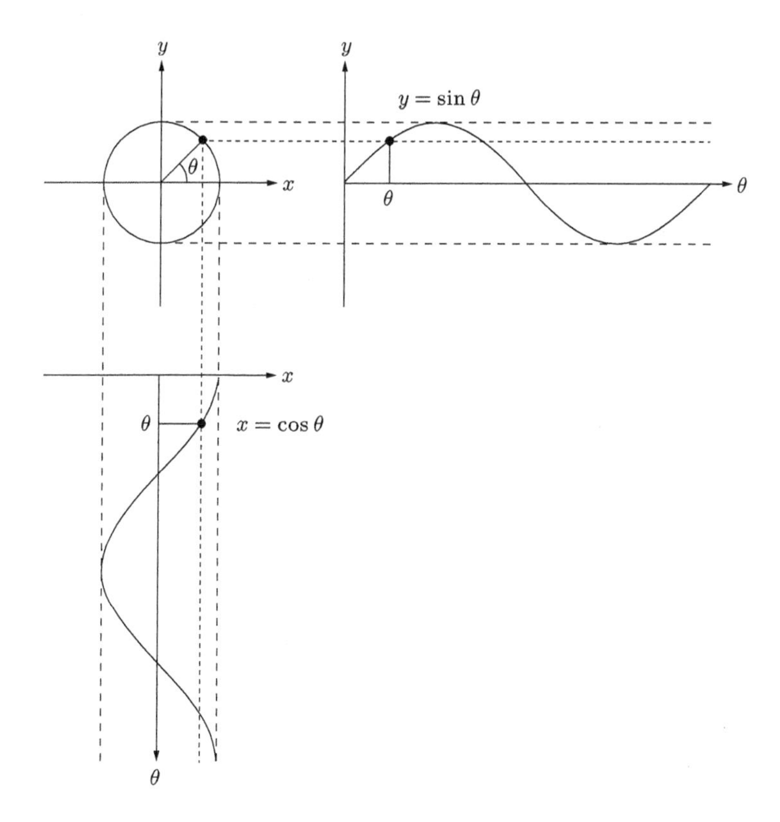

$y=\sin\theta$和$x=\cos\theta$的关系

9.2　$\frac{2}{3}\pi$弧度

9.2.1　弧度

“…… 就这样，我给尤里讲了正弦函数。”我说道。

“sin、cos…… 我对三角函数特别头疼。”泰朵拉说道。

现在是午休时间。我跟泰朵拉在天台上吃着午饭，晴空万里。明天是结课典礼，后天就开始放春假了。

“是吗？我还以为你理解得很透彻呢。”

“有些地方的确是理解了，但是说不上‘完全理解’……”

“不不，就算是数学家也没人敢说‘完全理解’呀。”

“那个 …… 我有一种‘实际上，我并没搞明白’的感觉。”

“比如说呢？”

“比如说，在学三角函数之前学过的**弧度** ……”

“哦哦。”

“弧度是角度的单位，对吧？ $90°$ 等于 $\frac{\pi}{2}$ 弧度，$180°$ 等于 π 弧度，$360°$ 等于 2π 弧度 …… 这些我已经理解了。我也明白弧度跟度成比例。可是 …… 话说回来，为什么 $360°$ 等于 2π 弧度呢？说真的，我不明白。”

泰朵拉像转动仪表盘的指针似地，把筷子转了一圈。

“根据‘圆弧的长度是半径的多少倍’去思考弧度，就会很简单。”

“圆弧的长度是半径的多少倍？”

“对。比如说，假设我们需要思考 $360°$ 是多少弧度。如果设圆的半径为 r，那么与 $360°$ 对应的圆弧 —— 整个圆周 —— 的长度会是多少呢？”

“半径为 r 的圆周的长度是 …… 嗯，是 $2\pi r$。”

$$\begin{aligned}\text{半径为}r\text{的圆的圆周} &= 2\times\text{圆周率}\times\text{半径}\\ &= 2\times\pi\times\text{半径}\\ &= 2\times\pi\times r\\ &= 2\pi r\end{aligned}$$

“嗯。那 $2\pi r$ 是半径 r 的多少倍呢？”

“因为是用 $2\pi r$ 除以 r，所以得 2π 倍 —— 啊！所以是 2π 弧度？”

“没错。弧度是用‘圆弧的长度’去测量‘角度’。但是，如果圆的半径变成原来的两倍，那么虽然角度不变，但是圆弧的长度却会变成原来的两倍。因此，我们才通过‘圆弧的长度是半径的多少倍’，换言之就是‘圆弧的长度与半径的比’来表示角度。”

“为什么不能用 360° 呢？”

“一圈用 360° 可能是因为 360 的约数多。倒不是不能用…… 就是显得有些随便。因为 360 这个数是人为规定的。与其相比，用圆弧的长度与半径的比来表示角度就更为自然一些…… 不过这种表示方法也是人为规定的。”

“了解。”

“中心角在圆上形成的圆弧的长度。这个圆弧的长度与半径的比所表示的就是这个角的弧度。比如说在半径为 r 的圆上，60° 形成的圆弧计算如下。$r\times\frac{\pi}{3}$ 是半径的 $\frac{\pi}{3}$ 倍，对吧？因此，60° 等于 $\frac{\pi}{3}$ 弧度。”

$$\begin{aligned}2\pi r\times\frac{60^\circ}{360^\circ} &= 2\pi r\times\frac{1}{6}\\ &= r\times\frac{\pi}{3}\end{aligned}$$

我拿出笔记本，画了张图。

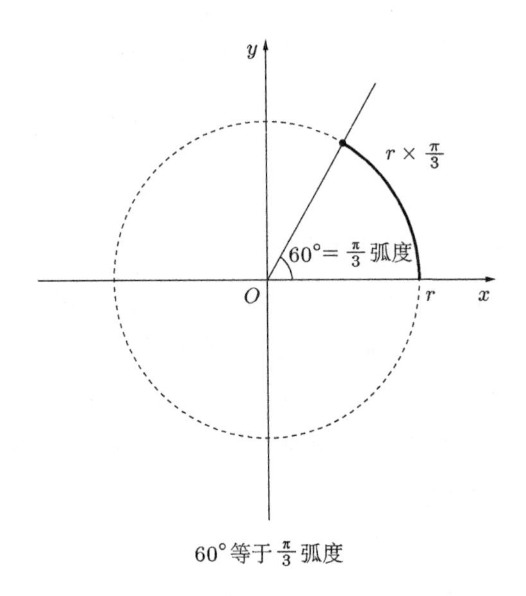

$60°$ 等于 $\frac{\pi}{3}$ 弧度

“啊，我有点明白了。”泰朵拉说道。

9.2.2　教人

泰朵拉吃完饭，拿粉色的手帕把便当盒包了起来。

我把装面包的袋子塞到口袋里，站起身伸了个懒腰。

“最近啊，我朋友总问我数学……”她说道。

“嗯。教别人也能提升自己呢。”

“不过，我解释得不太顺，最后人家总会给我一句‘还是算了吧。’”

“噢。”我说道。

“自己学习跟教别人，看起来很像，实际上却天差地别。”泰朵拉说道，“老师们真不容易呀……原来我还很不满，觉得‘这是什么啊，能不能讲明白点呀’，现在才知道教人原来这么不容易呀，更何况还是教一群人。”

“对啊。”

“我觉得学长你很会教人，很了不起。”

“可是，我也教不了一群人啊。泰朵拉你在听我讲的时候，会经常问一些问题，比如‘这里我不明白’。你问的问题可帮了我大忙呢。没有这些问题，我就得一边想着‘她明白了没有啊’一边往下讲。”

可是…… 我开始独自思考。

可是，如果今后我更深入地研究数学，教人会不会变得非常难呢？随着不断接近数学的本质，刚从山里挖出的原石、刚从海中捞上来的贝壳或是刚摘下来的果实…… 这样的东西不就会越来越多吗？虽然我不知道它们真正的价值，但它们是那么美丽，那么充满生机。我能把这些教给别人吗？

“学长？”

“啊，抱歉，我有点走神。”

泰朵拉拨弄着用手帕打出来的结，开口说道：

“那个…… 我很庆幸自己能来这所高中上学。”

“是吗，那很好啊。”

“那个…… 我很庆幸自己来了以后，马上就给学长你写了信。”

“嗯，我也觉得很高兴啊。”

“那个…… 我…… 我……”

下午课的预备铃响了。

“那个，那个，那个…… 学长还要再跟我一起吃午饭哦。”

9.3 $\frac{4}{3}\pi$弧度

9.3.1 停课

我刚回到教室，就碰见米尔嘉站在教室门口。

“我们下午停课。”

“为什么啊？”

我一头雾水地被她拉着出了学校。

米尔嘉走得很快，我跟在她身后。我们穿过大道，走过十字路口。在反常的时间走平常上学时走的路，感觉有些奇怪。

到了车站，我们乘上电车，并排坐下。

9.3.2　余数

电车沐浴在温暖明媚的日光下，缓缓前行。这是要去哪儿呢？

“这不是停课……是逃课吧？”我说道。

“午休那会儿，你去哪里了？”米尔嘉擦拭着眼镜冲我问道。

“天台。”

“喔……”她重新戴好眼镜，看着我的眼睛。

“我跟泰朵拉吃午饭来着。”我迅速说道。

“泰朵拉是个好女孩儿，对吧？”米尔嘉说道。

“我们聊弧度来着。”

“泰朵拉是个好女孩儿，对吧？”

“聊 $360^\circ = 2\pi$ 弧度之类的……”

“泰朵拉是个好女孩儿，对吧？”

“……嗯，是啊。”我表示同意。

“$\theta \bmod 2\pi$ 也聊了？”

“诶？”

“就是重复同一件事情。”

“什么事情？”

“纸。”米尔嘉说道。

我刚把笔记本跟自动铅笔准备好，她就立马写了一个式子。

$$\theta \bmod 2\pi$$

我想了想。

这个……归根结底，$a \bmod m$ 这个式子本来指的就是“a 除以 m 而得到的余数”。也就是“以 m 为模的余数”。例如，$17 \bmod 3 = 2$。这是因为，17 除以 3 而得到的余数是 2。一般人们会把 $a \bmod m$ 中的 a 和 m 都视为整数。

不过，她写的是 $\theta \bmod 2\pi$。这指的是，θ 除以 2π 而得到的余数？

实数除以实数而得到的余数……怎么思考才好呢？

我偷偷瞟了一眼米尔嘉，她正在透过车窗望着窗外。

虽然她装出一副若无其事的样子，但我知道她在注意我这边。

因为是 θ，所以是关于角度的？以 2π 为模的余数，是什么呢？

……

“啊，我懂了。”我说道，“假设一点在圆周上不停转动……嗯，当只转了 θ 弧度时，这一点的位置和转了 $\theta \bmod 2\pi$ 弧度的点位置相同，对吧？”

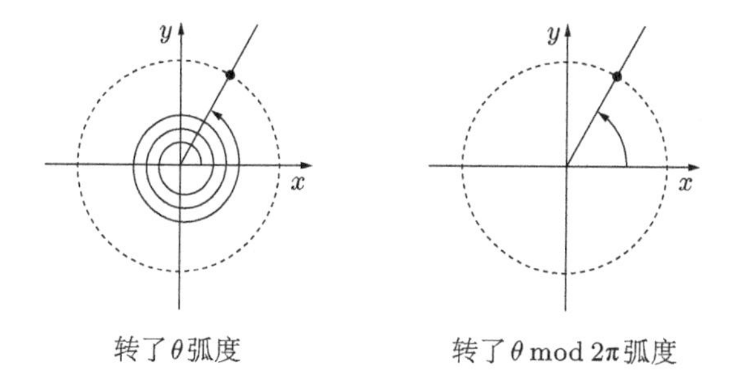

转了 θ 弧度　　　　转了 $\theta \bmod 2\pi$ 弧度

“没错。”米尔嘉看向我这边说道，“例如，对于两个实数 x, y，我们试着思考一下下面这种关系。

$$x \bmod 2\pi = y \bmod 2\pi$$

换言之，它们的关系就是‘以 2π 为模，x, y 同余’。写成下面这样更容易理解一些吧。

$$x \equiv y \pmod{2\pi}$$

该关系满足自反律、对称律、传递律，也就是等价关系。我们用这个等价关系除以实数集$\mathbb{R}$。”

“……”

“我们看θ这个角的时候，实际上看到的是商集的一个元素，也就是属于$\{2\pi \times n + \theta \mid n$ 为整数$\}$的无数个角的重合。”

“原来如此。原来这种地方也有等价关系和商集呀。”

米尔嘉突然站了起来。

“怎么了？”

“到了。下车吧。”

9.3.3 灯塔

我刚在车站的月台上站定，就闻到了大海的气息。

“这边。”出了车站，她拐进了一条小道，头也不回。

“等我一下啊。”

我们穿过小路，纯白的灯塔映在碧蓝的天空上。

“那边。”米尔嘉说道。

我们从正面进了灯塔。螺旋楼梯坡度很陡，一直延伸到了塔顶。

米尔嘉沿着楼梯一步步向上爬，我也只好跟着她爬上去。

转了无数圈后，我们到了塔顶。

我们打开白色的门，走到外面。宽阔的海洋顿时占据了我们的整个视野。

可以看到那很遥远很遥远的远方的海平面。

海浪一刻不间断地发出细碎的光亮。

从灯塔上面看到的大海，竟有这么美啊。

春天的海。

一个游客也没有。

只有微风轻轻吹拂而过。

海水的味道很强烈。

“有人建议我去留学。”米尔嘉说道。

“诶？”

“有人建议我去留学。”米尔嘉重复道。

“诶……”

“有人建议我高中毕业以后，去美国的大学留学。”

“……谁建议你的？”

“双仓博士。美国数理研究所的所长，我的阿姨。”

“你已经……决定了？”

“决定了。”

“你要去，对吧？”

“对。”米尔嘉点点头。

“……”我的胸口，渐渐冰冷。

“我要研究数学。在那边上大学会很忙，但是应该能尽情研究数学。今年我去了很多次美国，还参观了双仓博士的研究所。”

这……我……我在干什么？

我想过高中毕业以后，跟米尔嘉去同一所大学吗？

明明都没跟她聊过以后的打算……

不，不对。可是，原来如此啊……

一旦毕了业，我们就该各奔东西了。

“……我都不知道。”我过了一会儿才开口道。

“嗯？”米尔嘉转向我这边。海风掀起她的长发。

“这个建议，双仓博士很久很久以前就提了，对吧？可是，直到今天为止，我一丁点儿都不知道。关于你今后的打算……”

“……”

“你不信我。”我察觉到自己这话有些欺负人。

“什么都没跟你说，是因为我之前还没想好。”她说道。

我无视了她语气中的困惑。

“那就是说，我已经……已经不能继续待在你身边了？”

我到底在说什么啊？

“不是的。我只是……想告诉你。”

可是，我听到了这些，又该说什么才好呢？

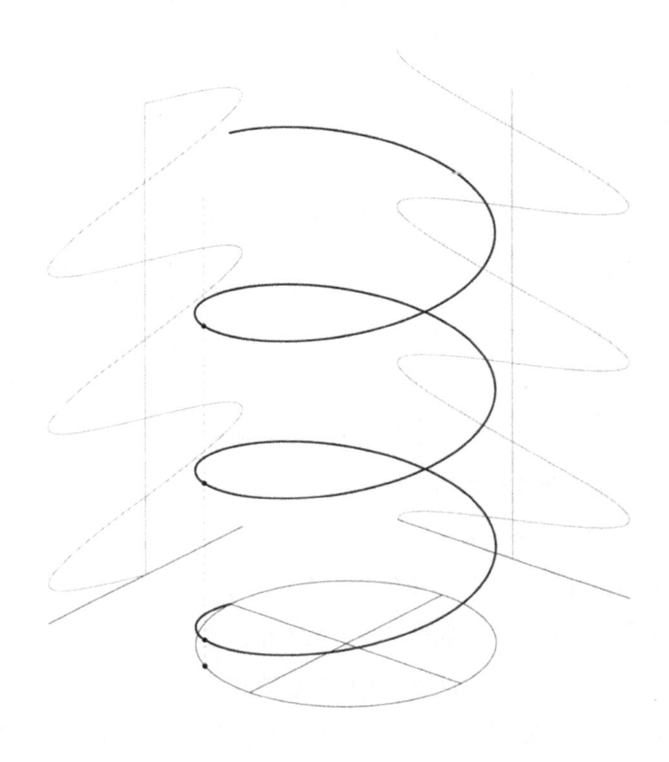

9.3.4 海边

我们默默地走下灯塔，沿着漫长的沙滩并肩走着。

涌来，又远去的 —— 海浪。

来来去去，反反复复 —— 一浪又一浪。

海浪爬升处，留下了许许多多的海草。

米尔嘉要留学？也难怪。以她的能力，美国只是小意思，她应该在更广阔的世界学习更丰富的知识。她有这份实力。

反过来，弱小的我又该如何？对于我来说无可替代的女生想展翅飞翔，而我只能说些风凉话…… 我真孩子气。

我一直都这么孩子气。

这…… 让我很不甘心，很丢脸。

这时，我的左脸遭受到了巨大的冲击。

我差点跌倒。这一瞬间过后，我意识到这份冲击是疼痛。

“笨蛋！”

米尔嘉怒气冲冲地抬着手。

“诶？”我把歪了的眼镜重新戴好。

“反正…… 你肯定又在想‘真不甘心’‘真丢脸’吧？”

米尔嘉放下手。

“你个笨蛋，‘不甘心’能改变什么？‘真丢脸’又能改变什么？就算你难受消沉，世界也不会因为你而有一丝改变。”

“我……”

“你脑子很聪明。看看周围，用你那聪明的脑子好好想想。大家都喜欢你。泰朵拉、盈盈、尤里、你妈…… 你难受消沉了，大家都不会开心的。所以，别再消沉下去了！”

“我……”

“别消沉了，别消沉了，别迷恋消沉的自己了！”

“我……我就是个小孩，一个总在同一个地方来回转圈的小孩。”

米尔嘉的语气忽然轻柔了许多。

“你……能看到所有的维度么？”

“……”

“你只能看到在圆周上转动的点。”

“……”

“你看不到螺旋。”

“……”

“所以，别消沉了……喂，别消沉了。”

米尔嘉说着，低下了头。

9.3.5　消毒

米尔嘉注视着脚边的沙子，而我注视着米尔嘉。

脸上挨了米尔嘉的暴击，现在还在一阵阵作痛。

不过，感觉堵在心里的东西消散了。

“就算你难受消沉，世界也不会因为你而有一丝改变。”

“别迷恋消沉的自己了！”

她说的话很狠，但说得没错。

高中毕业以后，米尔嘉要去留学。

我必须彻底接受这个事实。

这是在当前这个时间点，我能做到的。首先，要从这一步开始。

“那个……米尔嘉。”

“……”米尔嘉抬起头。

“很多很多事都…… 对不起，我这么不振作，对不起。”

“喔……” 她盯着我的脸。

“我会努力不让自己消沉的。”

“红了。” 她指着我的左脸。

“诶？” 我蹭了蹭脸，手上有淡淡的血迹。

“是我的指甲挠的吧？” 米尔嘉看着自己的指尖。

“啊，刚刚……” 扇我巴掌的时候刮到了么。

“消个毒吧。” 她一下子把脸靠了过来 ——

轻轻舔了一下我的脸。

天呐！

“消毒完毕 —— 有海水的味道。”

米尔嘉说着，温柔地微微笑了。

如果你也想成为数学家，

那你就必须有这样的觉悟：着重为了未来而工作。

——《关于数学的三个对话》[5]

第10章 哥德尔不完备定理

不管是什么样的真理，
只要一经发现，就很容易被人理解。
重点在于，要去发现真理。
—— 伽利略 · 伽利莱

10.1 双仓图书馆

10.1.1 入口

“唉 —— 累死了啦。”

“是这里吗？”

“嗯。”

现在正值春假，我和尤里、泰朵拉三个人来到了双仓图书馆。双仓图书馆是建在小山坡上的一座三层小楼，有一个圆圆的屋顶。我们从车站一路爬上山，迎面就看见了入口处的图书馆标志。

图书馆里面很开阔，像酒店的大堂一样。抬头望去，每一层都像回廊一样环绕着整个室内中庭。透过玻璃可以看见一排排的书架。柔软的沙发摆放在各处，坐在上面的人们各自看着自己想看的书。四处漂浮着一种图书馆特有的气息 —— 由很多很多图书散发出来的气息。

“我们去哪儿好？”泰朵拉四下张望。

“米尔嘉说有人会来告诉我们……”我说道。

这时，前台一位英俊的男士告诉了我们房间的位置。

“说是一楼的叫‘氯’的房间。”我在走廊里一边走着，一边和她们说话。

“泰朵拉，刚才那个人真是帅得要命啊……”尤里说道。

“那个人应该是图书管理员吧？”泰朵拉说道。

“他可没戴结婚戒指呀！”

几句话的工夫，居然连戒指都注意到了……啊，到了。

我推开了写着 Chlorine 的门。

10.1.2　氯

“你们来啦。”米尔嘉说道。

“我说米尔嘉，这里是哪儿啊？”我坐在椅子上，四下看了看整个房间。

房间中央有一张椭圆形的桌子，桌子周围摆放着带靠背的椅子。四面墙中有一面整个是一大块白板，这让房间看起来像个多功能会议室。房间的角落里有内线电话跟书架。从宽敞的窗户望出去，可以看到一片绿色，像是个庭园。

“这里？是图书馆啊。”米尔嘉说道。

“我记得叫……双仓图书馆吧？”泰朵拉坐下说道。

“对。双仓博士的私立图书馆。”米尔嘉说道，“这里有很多数理方面的藏书。也有很多房间像这间一样，里面有用来开会或讨论的设备。据说这里偶尔也会召开小型国际会议。虽说我只参加过几次数学研究会，不过我觉得这里确实很方便。”

诶？米尔嘉还参加过那种会议呐。

“米尔嘉大人，今天讲什么？”尤里问道。

“我们要花上一整天，一起‘用数学研究数学’。”

“用数学研究数学？”尤里不解。

“就是一起思考现代逻辑的出发点——**哥德尔不完备定理**。要是我们去高中图书室，会受很多限制，而且尤里你也去不了。”

“好高兴喵！啊，对了对了，米尔嘉大人，请收下这个！”

尤里递出一个小纸包，里面包着点心。

“喔……那这个就拿来配下午茶吧。”

米尔嘉面向白板，拿出一支马克笔。

“因为会讲很多，所以我们先来列个大纲。”

◎ ◎ ◎

首先，我要讲的是**希尔伯特计划**。数学家希尔伯特想要给数学一个牢固的理论基础，因而提出了希尔伯特计划。

其次，我要整体讲一下**哥德尔不完备定理**。哥德尔的不完备定理表明了希尔伯特计划用当时的方针是无法实现的。在证明哥德尔不完备定理之前，我要讲一下这个定理本身。

然后，就是仔细研究**哥德尔不完备定理的证明**。这里会讲很久，所以中途要吃个午饭，还有午后茶点。

最后是思考**不完备定理的意义**。关于不完备定理的负面评价很多，例如它破坏了希尔伯特计划呀，表明了数学的界限啊，等等。然而，不完备定理是创造了现代逻辑基础的定理。我们应该关注的是不完备定理具有的建设性意义。

那么，我们就进入正题吧。

10.2　希尔伯特计划

10.2.1　希尔伯特

戴维·希尔伯特是一位活跃在19世纪至20世纪初的数学领军人物。他为了给数学建立一个坚实牢固的基础而提出了希尔伯特计划。这个计划由以下三个阶段构成。

- **导入形式系统**
  - 以“形式系统”来表示数学。
- **证明相容性**
  - 证明用于表示数学的形式系统“不存在矛盾”。
- **证明完备性**
  - 证明用于表示数学的形式系统是“完备的”。

我来依次说明这三个阶段。

导入形式系统 —— 希尔伯特想要用形式系统来表示数学。数学是一门非常大的学问，涉及各种各样的领域。不弄清楚“数学是什么”，就不能建立起牢固的基础。因此希尔伯特决定把数学视为形式系统。于是，他把逻辑公式定义为符号的序列，并在逻辑公式中定义了公理这一概念。他还定义了推理规则，以根据逻辑公式推导出其他的逻辑公式。希尔伯特把那些源于公理，并通过推理规则接二连三地得到的逻辑公式叫作定理，把那些由被叫作定理的逻辑公式构成的序列叫作形式证明。如果形式系统中的形式证明在某种意义上表示了数学中的证明，那么就可以说，该形式系统确实摸清了数学的一个方面。如果数学能用形式系统来表示，那么我们只要研究该形式系统就可以了。

证明相容性 —— 希尔伯特认为，既然建立了用于表示数学的形式系统，该形式系统就需要具备相容性。这里所说的“相容性”指的是，对于该形式系统的任意逻辑公式 A 都存在以下性质：无法从形式上证明 A 和 ¬A 两者都成立。话说回来，在存在矛盾的形式系统中，所有的逻辑公式都能从形式上证明，所以这一条性质没什么意义。如果能够证明用于表示数学的形式系统具备相容性，那么就能断定我们无法从形式上证明 A 和 ¬A 两者都成立。

即使证明了相容性，但是一旦有人置疑该证明的有效性，那也不好办。于是，希尔伯特想到用一个排除了含义的形式系统来明确证明该形式系统自身不存在矛盾。

证明完备性 —— 希尔伯特认为，要想给数学建立一个牢固的基础，光满足相容性还不够。用于表示数学的形式系统不仅要具备相容性，还必须具备完备性。这里所说的“完备性”，指的是对于该形式系统的任意语句 A，都存在以下性质：能从形式上证明 A 和 ¬A 至少有一方成立。如果能够证明用于表示数学的形式系统的完备性，那么就能断定我们能从形式上证明 A 和 ¬A 至少有一方成立。

希尔伯特想通过“导入形式系统”来表示数学，再通过“证明相容性”来表示无法从形式上证明 A 和 ¬A 两者都成立，然后通过“证明完备性”来表示能从形式上证明 A 和 ¬A 至少有一方成立。可以说，他想向我们展示的就是“不存在形式证明的光芒照射不到的黑暗角落”。

这就是通过导入形式系统、证明相容性、证明完备性给数学建立牢固基础的过程。

那么，你们理解希尔伯特计划了吗？

希尔伯特计划

- **导入形式系统**
  - 以“形式系统”来表示数学。
    即用形式上的符号的序列来表示数学。
- **证明相容性**
  - 证明用于表示数学的形式系统“不存在矛盾”。
    即证明对于任意逻辑公式A，都无法从形式上证明A和$\neg$A两者都成立。
- **证明完备性**
  - 证明用于表示数学的形式系统是“完备的”。
    即证明对于任意语句A，都能从形式上证明A和$\neg$A至少有一方成立。

10.2.2　猜谜

“米尔嘉大人！”尤里说道，“您刚刚提到的‘形式证明’跟‘证明’这两个词……”

“嗯？我吩咐你哥哥说‘让尤里好好预习’了啊。”米尔嘉说着看向我。

“前一段，我不是跟你详细说过吗？尤里……”我说道。

“你只讲了形式证明……”尤里支支吾吾道。

“那么，我们来简单复习一下。”米尔嘉说道，“在形式系统中，我们把‘逻辑公式’定义为‘符号的序列’，并从逻辑公式中定义一个叫作‘公理’的概念，然后再定义一个根据逻辑公式推导逻辑公式的‘推理规则’。”

她用食指比划着圈圈，继续往下讲。

“‘形式证明’指的是由逻辑公式构成的一种有限序列 $a_1, a_2, a_3, \cdots, a_n$，它要满足以下条件。

- a_1 是公理。
- a_2 是公理，或通过使用推理规则能够根据 a_1 推导出 a_2。
- a_3 是公理，或通过使用推理规则能够根据 a_1 或 a_2(或者 a_1 和 a_2）推导出 a_3。
- ……
- a_n 是公理，或通过使用推理规则能够根据之前的逻辑公式推导出 a_n。

此时，我们把刚刚这个由逻辑公式构成的序列 $a_1, a_2, a_3, \cdots, a_n$ 叫作‘形式证明’，序列末尾的逻辑公式 a_n 叫作‘定理’。因此‘形式证明’只不过是形式系统中的‘由逻辑公式构成的序列’之一，说的是形式系统之内的事儿，也可以说是属于‘形式的世界’的概念。”

我们大家都点了点头。

“而‘非形式证明’是所谓的数学中的证明，说的是形式系统之外的事儿，也可以说是属于‘含义的世界’的概念。偶尔人们会把形式证明简称为证明，这就会引起麻烦。那么…… 尤里！”

“在！”尤里“唰”地一下子站了起来。

“我出个谜题来考考你理解了没。—— 在形式系统中，能把公理看成是定理吗？”

“…… 唔，我不明白。”

“那么，泰朵拉。”米尔嘉指着泰朵拉。

“我认为…… 能。”泰朵拉回答道，“定理指的是在形式证明的末尾出现的逻辑公式。例如，假设 a 是公理，然后思考仅由这一个公理构成的逻辑公式的序列 —— 这符合形式证明的条件。出现在该序列的末尾的逻辑公式 —— 虽说它既是第一个也是最后一个 —— 是 a 本身。因此，a 就是定理。所以，任何公理都能说是定理。”

“很好。”米尔嘉说道。

“唔…… 这样啊。”尤里嘀咕道。

“**下一道题**。”米尔嘉紧接着往下讲，“假设在完备的形式系统 X 中，语句 a 不是定理。现在，我们往形式系统 X 中追加一个语句 a 作为公理，生成了一个新的形式系统 Y。此时，形式系统 Y 存在矛盾。为什么？”

…… 无人应答。

“语句 …… 是什么来着？”泰朵拉问道。

“不含自由变量的逻辑公式。”米尔嘉马上回答道。

接着大家又陷入了沉默。

“根据定义来思考吧。‘形式系统是完备的’指的是什么？”米尔嘉问道。

“对于任意语句 A，都能从形式上证明 A 和 ¬A 至少有一方成立。”我答道。

“‘语句 a 不是定理’指的是？”米尔嘉又问道。

“就是说无法从形式上证明语句 a 成立。”泰朵拉答道。

“‘形式系统存在矛盾’指的是？”

“能从形式上证明某个逻辑公式 A 和 ¬A 两者都成立。”尤里答道。

“那么，提示已经齐了。形式系统 Y 存在矛盾的原因是？”

回答米尔嘉的仍旧是沉默。

我思考着，不能从形式上证明语句 a，也就是说 ……

“我明白了！”尤里大喊道。栗色的头发一瞬间闪耀着金色的光泽。

“喔 …… 那么，尤里你说。”米尔嘉指向尤里。

“因为 X 是完备的，所以应该能从形式上证明 a 和 ¬a 中的一方成立。”尤里迅速说道，“因为 a 不是定理，所以不能从形式上证明成立。因此，¬a 应该能从形式上证明成立。但是，Y 已经把 a 归为公理了。这样一来，就能从形式上证明 a 和 ¬a 两者在 Y 里都成立！所以，形式系统 Y 就存在矛盾了……”

说到这里，尤里观察了一下米尔嘉的脸色。

“很好。”米尔嘉说道。

每当梳理逻辑时，尤里都会爆发出惊人的速度……

“就像这样。”米尔嘉用双手做了一个捧住大球的手势，“对完备的形式系统来说，哪怕往公理里加一个无法从形式上证明的语句，都会出现矛盾。因此比起‘完备’这个词，用‘完整’更适合 —— 需要的东西都齐全了的意思。”

“完整……”泰朵拉喃喃道。

“我再出一道题。”米尔嘉说道，“如果形式系统存在矛盾，那么就能从形式上证明该形式系统的所有逻辑公式都成立。现在我们不去证明这个说法，但是一旦认可了这种说法，那么就会发现存在矛盾的形式系统是完备的。为什么？”

“啊，的确是这么回事。”我说道。

“诶？！明明有矛盾还是完备的？”泰朵拉不解。

“泰朵拉，现在你被矛盾和完备这两个词的字面含义带跑了。”我说道，“如果形式系统存在矛盾，那么就能从形式上证明该形式系统的所有逻辑公式都成立 —— 米尔嘉刚刚是这么说的，对吧？那么，由于语句是一种逻辑公式，所以所有语句都能从形式上来证明。这样一来，该形式系统就是完备的了。因为对完备的形式系统而言，不管选择何种语句 A，我们都能从形式上证明 A 和 ¬A 至少有一方成立 —— 这是刚刚已经定义了的，对吧？在矛盾的形式系统中，我们能从形式上证明 A 和 ¬A 两者都成立。如果‘能从形式上证明 A 和 ¬A 两者都成立’，那么就能说‘能从形式上证明 A 和 ¬A 至少有一方成立'，因此存在矛盾的形式系统是完备的。”

米尔嘉点点头，表示同意我的话，然后说道：

“很好。如果被字面意思带跑了，那么一听到‘存在矛盾的形式系统是完备的’这句话就会觉得很不可思议。然而，从数学上的定义来思考，这一切就理所当然了。”

“存在矛盾就是完备的么……”泰朵拉嘀咕道。

“我先声明一下吧。”米尔嘉说道，“我们不能根据‘存在矛盾就是完备的’引申出哲学层面的意义或是人生警句。不，引申不引申是你个人的自由。但是，从数学的角度来说，这种引申是没有意义的——那么，我们下面就谈谈哥德尔吧。”

10.3 哥德尔不完备定理

10.3.1 哥德尔

库尔特·哥德尔提出的**不完备定理**的证明发表于 1931 年，那时他 25 岁。论文的题目是《论〈数学原理〉及其相关系统的形式不可判定命题(I)》[1]。

我来读一下摘译的论文开头部分吧。

> 一直以来，数学都在朝着追求严谨性的方向发展。其结果众所周知，数学的大部分内容被形式化，甚至可以用几个机械性的规则来证明。

① 原论文英文题为 *On formally undecidable propositions of Principia Mathematica and related systems* (*I*)。论文题目中的《数学原理》一书原书名为 *Principia Mathematica*，指的是怀德海和罗素所著的书。——译者注

最全面的形式系统分为两个方面，一方面是数学原理(Principia Mathematica)系统，另一方面是策梅洛-弗兰克尔(Zermelo-Fraenkel)集合论公理系统。

这两个系统都很全面。时至今日，我们在数学上使用的所有的证明方法都能够用这些系统来形式化。也就是说，今天我们在数学上使用的所有证明方法都能够还原成形式系统中少数的公理和推理规则。因此我们往往会认为：在形式系统中能够用形式表现的所有数学性问题，都能够用该系统中的公理和推理规则来判定。

然而这是不正确的，原因如下所示。

哥德尔在这篇论文中证明了数条定理，其中就包括如今被人们称为“不完备定理”的两条定理，这两条定理分别叫作第一不完备定理和第二不完备定理。

哥德尔第一不完备定理

在满足某个条件的形式系统中，存在满足以下两个条件的语句 A。

- 该形式系统中不存在 A 的形式证明。
- 该形式系统中不存在 ¬A 的形式证明。

哥德尔第二不完备定理

在满足某个条件的形式系统中，不存在“表示该形式系统自身相容性的语句”的形式证明。

哥德尔的两条定理对希尔伯特计划造成了很大的打击。这是因为这两条定理证明了对于满足某个条件的形式系统而言，我们既不能从形式上证明其“完备性”，也不能从形式上证明其“自身的相容性”。而且，这里的“某个条件”也非常地自然。

10.3.2　讨论

“米尔嘉学姐，我提个问题。”泰朵拉举起了手，“也就是说，因为‘无法证明数学的相容性’，所以从哥德尔的第二不完备定理可以得出‘数学全都蕴含着矛盾’喽？”

“错。刚刚你提出的‘无法证明数学的相容性’，还有‘数学全都蕴含着矛盾’这两个看法是非常模糊的。我们重新回顾一下第二不完备定理。”

哥德尔第二不完备定理

在满足某个条件的形式系统中，不存在“表示该形式系统自身相容性的语句”的形式证明。

“哥德尔第二不完备定理不是关于‘数学本身’的定理，充其量只是一个关于‘满足某个条件的形式系统’的定理。”

“看来不能随随便便就把‘数学’和‘形式系统’划等号啊。”

“而且，”米尔嘉继续说道，“无法从形式上证明的是‘自身的相容性’。也就是说，满足某个条件的形式系统无法从形式上证明该系统本身的相容性。但是，在某些情况下还是能够从形式上证明其他系统的相容性的。”

“虽然不能够说‘我具备相容性’，但是可以说‘你具备相容性’……是这样吗？”泰朵拉问道。

“这说得也有点笼统了，不过，也可以那么说。就算第二不完备定理存在，也不会妨碍到实际的数学。如果想证明某个系统的相容性，就要使用更强的系统。实际上，数学家们也一直在研究如何证明各种各样的系统的相容性。如果省略了数学方面的条件，那么哥德尔不完备定理听上去就比较过激了。另外，如果忽视‘不完备’这个词在数学上的含义，而被其字面含义迷惑，那么推导出的结论就有可能超出数学的范畴。”

“米尔嘉大人，”尤里说道，“我记得有本书里说‘不完备定理从数学角度证明了理性的界限’……”

“我说尤里，”米尔嘉的眼神变温柔了，“哥德尔不完备定理是数学定理，数学定理不会去证明什么理性的界限。”

“是吗？”

“比如，方程式 $x^2 = -1$ 不存在实数解。这表示的并不是理性的界限，由此明确的只是方程式具有的性质。哥德尔不完备定理也是如此，它只是明确了满足某个条件的形式系统的性质。当然，不完备定理给数学带来的影响的确很大。但是它带来的并不是让数学萎缩的消极影响，而是创造崭新的数学的积极影响。”

“喔……”

“话说回来，‘理性的界限’这个说法是哥德尔六十岁大寿时奥本海默[①]致的祝辞，并不是带有数学色彩的主张[②]。但是不知道从什么时候起，这个说法就被人们单独拿出来用了。”

“这么说来，不完备定理的‘某个条件’是什么来着？”我问道。

“相容，蕴含皮亚诺算术公理，还要是递归的。”米尔嘉说道，“换言之，就是相容、能研究自然数、能够机械性地判断逻辑公式的序列是正确的形式证明。虽然哥德尔的论文中使用了比‘相容性’更强的‘ω 相容性’

① 20世纪的物理学家，美国籍犹太人，是曼哈顿计划的主要领导者之一。——译者注

② 出自《哥德尔与20世纪的逻辑学3》(原书名为『ゲーデルと20世紀の論理学3』，尚无中文版)一书，详见参考文献[30]。

这一条件，但是罗赛尔[1]证明了可以弱化这一条件，只取相容性。”

10.3.3 证明的概要

“来整体看一下哥德尔证明的大纲吧。这里把证明分为五个阶段，分别把它们叫作春天、夏天、秋天、冬天，还有新春。”

- **春天 —— 形式系统 P**
  - 定义形式系统 P 的基本符号、公理、推理规则。
- **夏天 —— 哥德尔数**
  - 把数分配给形式系统 P 的基本符号和序列。
- **秋天 —— 原始递归性**
  - 定义原始递归谓词[2]，介绍表现定理(representation theorem)。
- **冬天 —— 探索可证明性的漫漫长路**
  - 定义算术谓词乃至可证明性逻辑谓词。
- **新春 —— 无法判定的命题**
  - 构成 A 和 ¬A 都无法证明的命题，也就是不可判定命题。

10.4 春天——形式系统 P

10.4.1 基本符号

在“春天”阶段，我们要构建**形式系统 P**。P 是往数学原理系统中追加了皮亚诺公理和若干条公理后得到的产物。在这个形式系统 P 中，我们可以描述加法运算、乘法运算、幂运算、大小关系，等等。

---

① 20世纪的美国数学家、逻辑学家。——译者注

② 原始递归谓词(Primitive Recursive Predicate)是一类数论谓词。若数论谓词P的特征函数是一个原始递归函数，则称P为原始递归谓词。——译者注

我们接下来会证明该形式系统 P 中存在无法判定的语句，不过该形式系统 P 只不过是满足不完备定理成立这一条件的无数系统中的一个而已 —— 这一点是毋庸置疑的。

下面我们把**数**记作 $0, 1, 2, \cdots$，也就是不小于 0 的整数。

首先来定义**基本符号**。基本符号包括常量和变量。虽然我们不用考虑其含义，但是为了理解起来方便，还是给符号加上一点我们想要的含义吧。

定义**常量**。

▷ **常量-1** 0（零）是常量。

▷ **常量-2** f（后继数）是常量。

▷ **常量-3** ¬（非）是常量。

▷ **常量-4** ∨（逻辑或）是常量。

▷ **常量-5** ∀（任意的）是常量。

▷ **常量-6** (（开括号）是常量。

▷ **常量-7**)（闭括号）是常量。

定义**变量**。变量的类型包括 $1, 2, 3, \cdots$。

▷ **第1型变量** $x_1, y_1, z_1, \cdots$ 是用于数的变量。
我们将其称为第1型变量。

▷ **第2型变量** $x_2, y_2, z_2, \cdots$ 是用于数的集合的变量。
我们将其称为第2型变量。

▷ **第3型变量** $x_3, y_3, z_3, \cdots$ 是用于数的集合的集合的变量。
我们将其称为第3型变量。

像上面这样，一直定义到第 n 型变量。英文字母只有 26 个，所以这里我们假设可以根据需要使用可数的变量。

10.4.2　数项和符号

定义**数项**。数项用于在形式系统 P 中表示数。

- 用数项 0 表示数 0
- 用数项 f0 表示数 1
- 用数项 ff0 表示数 2
- 用数项 fff0 表示数 3
- ……
- 用数项 $\underbrace{\mathtt{ff}\cdots\mathtt{f}}_{n\text{个}}\mathtt{0}$ 表示数 n

▷ **数项**　我们把 $\mathtt{0}, \mathtt{f0}, \mathtt{ff0}, \mathtt{fff0}, \cdots$ 称作数项。

泰朵拉:“fff 连成一串，感觉很像音乐符号。”

我:“这里的 f 跟皮亚诺公理中出现的撇 ‘′’ 的作用相同。”

定义**符号**。

▷ **第 1 型符号**　我们把 $\mathtt{0}, \mathtt{f0}, \mathtt{ff0}, \mathtt{fff0}, \cdots$ 或是 $x, \mathtt{f}x, \mathtt{ff}x, \mathtt{fff}x, \cdots$ 称为第 1 型符号，此处设 x 是第 1 型变量。

泰朵拉:“呃…… 我不太明白。”

米尔嘉:“具体来说，第 1 型符号指的就是 fff0 跟 $\mathtt{fff}x_1$ 这样的。”

▷ **第 2 型符号**　我们把第 2 型变量称为第 2 型符号。

▷ **第 3 型符号**　我们把第 3 型变量称为第 3 型符号。

像上面这样，一直定义到第 n 型符号。

10.4.3 逻辑公式

下面来定义基本逻辑公式。

▷ **基本逻辑公式** 我们把呈a(b)这种形式的符号序列称为基本逻辑公式。

注意，这里设 a 是第 $n+1$ 型符号，b 是第 n 型符号。

米尔嘉："例如像 $x_2(0)$、$y_2(\mathtt{ff}x_1)$ 和 $z_3(x_2)$ 这样的就是基本逻辑公式。"

我："这……这是**集合(元素)**的形式么？"

米尔嘉："算是吧。"

泰朵拉："我们想让 $x_2(x_1)$ 有 $x_1 \in x_2$ 这个含义？"

米尔嘉："对。不过类型已经定好了，比如'x_1 是数''x_2 是其集合'这种。"

定义**逻辑公式**。

▷ **逻辑公式-1** 基本逻辑公式是逻辑公式。

▷ **逻辑公式-2** 若a是逻辑公式，则¬(a)也是逻辑公式。

▷ **逻辑公式-3** 若a和b是逻辑公式，则(a) ∨ (b)也是逻辑公式。

▷ **逻辑公式-4** 若a是逻辑公式且 x 为变量，则∀x(a)也是逻辑公式。

▷ **逻辑公式-5** 只有满足以上条件的才是逻辑公式。

泰朵拉："啊，我明白了。我们定义的是形式系统的逻辑公式呀。"

定义**省略形式**。

▷ **省略形式-1** 我们将(a) → (b)定义为(¬(a)) ∨ (b)。

▷ **省略形式-2** 我们将(a) ∧ (b)定义为¬((¬(a)) ∨ (¬(b)))。

▷ **省略形式-3** 我们将(a) ⇄ (b)定义为((a) → (b)) ∧ ((b) → (a))。

▷**省略形式-4** 我们将$\exists x(\mathrm{a})$定义为$\neg(\forall x(\neg(\mathrm{a})))$。

尤里："定义省略形式是什么意思？"

我："就是说为了简洁，我们要把$(\neg(\mathrm{a}))\vee(\mathrm{b})$写成$(\mathrm{a})\rightarrow(\mathrm{b})$。"

▷**括号的省略** 为了看起来方便，后面我们会省略冗长的括号。

10.4.4 公理

我们来把**皮亚诺公理**导入形式系统P。

▷**公理I-1** $\neg(\mathtt{f}x_1=0)$

▷**公理I-2** $(\mathtt{f}x_1=\mathtt{f}y_1)\rightarrow(x_1=y_1)$

▷**公理I-3** $x_2(0)\wedge\forall x_1(x_2(x_1)\rightarrow x_2(\mathtt{f}x_1))\rightarrow\forall x_1(x_2(x_1))$

泰朵拉："皮亚诺的公理不是有五条来着吗？"（2.1.1节）

米尔嘉："因为我们之前在使用类型的时候就已经导入了PA1和PA2啊。"

尤里："米尔嘉大人，'='的定义还没出来呢！"

米尔嘉："哥德尔的论文参考了《数学原理》，在论文中他将$x_1=y_1$定义成了$\forall u(u(x_1)\rightarrow u(y_1))$。就是说'不管集合$u$是什么样，只要$x_1$属于集合$u$，那么$y_1$就也属于集合$u$'。"

尤里："嗯？"

米尔嘉："就是通过'不存在只包括x_1或只包括y_1的集合'定义了'x_1和y_1相等'。第n型也同理。"

下面我们把**命题逻辑的公理**导入形式系统P。

把任意的逻辑公式p、q、r代入下面的公理II-1～公理II-4中就能得到公理。

▷ **公理Ⅱ-1** $\mathrm{p} \vee \mathrm{p} \to \mathrm{p}$

▷ **公理Ⅱ-2** $\mathrm{p} \to \mathrm{p} \vee \mathrm{q}$

▷ **公理Ⅱ-3** $\mathrm{p} \vee \mathrm{q} \to \mathrm{q} \vee \mathrm{p}$

▷ **公理Ⅱ-4** $(\mathrm{p} \to \mathrm{q}) \to (\mathrm{r} \vee \mathrm{p} \to \mathrm{r} \vee \mathrm{q})$

下面我们把**谓词逻辑的公理**导入形式系统 P。

▷ **公理Ⅲ-1** $\forall v(\mathrm{a}) \to \mathrm{subst}(\mathrm{a}, v, \mathrm{c})$

注意，这里假设：

- $\mathrm{subst}(\mathrm{a}, v, \mathrm{c})$ 表示“把 a 的所有自由的[①] v 用 c 代换后的逻辑公式”。
- c 跟 v 是同一个型的符号。
- 在 a 里，v 只要是自由的，c 中就没有受约束的变量。

我：“$\mathrm{subst}(\mathrm{a}, v, \mathrm{c})$ 是什么？”

米尔嘉：“把 a 中的 v 用 c 代换，也就是 substitute 后的结果。我举例解释一下吧。”

- a 是逻辑公式 $\neg(x_2(x_1))$。
- v 是名为 x_1 的第 1 型变量。
- c 是名为 f0 的第 1 型符号(数项)。
- 此时，$\mathrm{subst}(\mathrm{a}, v, \mathrm{c})$ 是逻辑公式 $\neg(x_2(\mathtt{f0}))$。

▷ **公理Ⅲ-2** $\forall v(\mathrm{b} \vee \mathrm{a}) \to \mathrm{b} \vee \forall v(\mathrm{a})$

注意，这里假设 v 是任意变量，b 中不出现自由的 v。

我：“要是 b 里不出现变量 v，那么就不会受到 $\forall v$ 的影响呗。”

---

① 这里指的是变量、未知数，等等。——译者注

接下来，我们把**集合的内涵公理**导入形式系统 P。

▷ **公理Ⅳ** $\exists u(\forall v(u(v) \rightleftarrows \mathrm{a}))$

注意，这里假设：

- u 是第 $n+1$ 型变量，v 是第 n 型变量。
- a 中不出现自由的 u。

我："内涵公理？"

米尔嘉："对应的是集合的内涵定义。"

我："什么意思啊？"

米尔嘉："总之就是'逻辑公式 a 能决定集合 u'。"

我们再把**集合的外延公理**导入形式系统 P。

▷ **公理Ⅴ** $\forall x_1(x_2(x_1) \rightleftarrows y_2(x_1)) \to (x_2 = y_2)$

我们把这个逻辑公式，以及将该逻辑公式"形式提升"后的逻辑公式定为公理。形式提升指的是让符号的类型都增加相同的数。也就是说，下面这些全都是公理。

- $\forall x_1(x_2(x_1) \rightleftarrows y_2(x_1)) \to (x_2 = y_2)$
- $\forall x_2(x_3(x_2) \rightleftarrows y_3(x_2)) \to (x_3 = y_3)$
- $\forall x_3(x_4(x_3) \rightleftarrows y_4(x_3)) \to (x_4 = y_4)$
- ……

我："这次是外延公理……"

米尔嘉："也就是说，假设对于任意 x_1，'x_1 是否属于集合 x_2' 和 'x_1 是否属于 y_2' 总是相容的。此时，我们设想集合 x_2 跟集合 y_2 相等……"

我："嗯？"

米尔嘉:“这是集合的外延定义。‘集合中的元素决定集合本身’。”

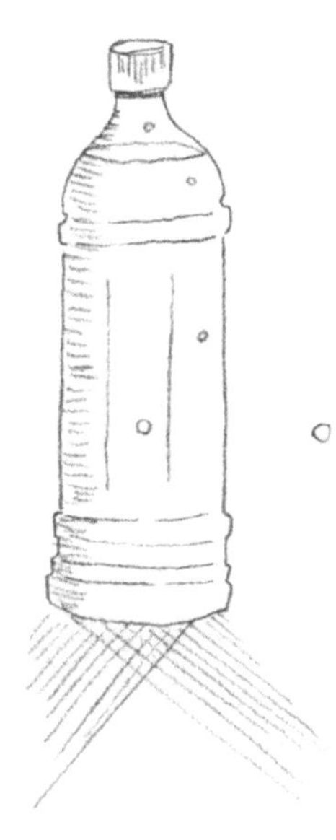

10.4.5 推理规则

我们继续把**推理规则**导入形式系统 P。

▷ **推理规则-1** 根据a和$a \to b$得到b。

此时，我们称 b 是根据 a 和 $a \to b$ 得到的**有效结论**。

我:“这是假言推理吧。”

▷ **推理规则-2** 根据a得到$\forall v(a)$。

此时，我们称 $\forall v(a)$ 是根据 a 得到的**有效结论**。

注意，此处的 v 是任意变量。

泰朵拉:“这个是…… 我不明白。”

米尔嘉:“就是说，既然没有条件的情况下都能导出 a，那么即使加上‘任意的’这个条件也能导出 a。”

至此，形式系统 P 的定义就结束了。

“春天”结束了。“季节”向着“夏天”—— 哥德尔数推移。

…… 在这之前，先吃个午饭吧。

10.5　午饭时间

10.5.1　元数学

我们跟着米尔嘉上到三楼，进了一间写着 Oxygen 的房间。这个房间布置得像是一间同时供应零食的咖啡馆。天气很好，于是我们选择坐在露天阳台的座位上。阳台一边可以看见海，另一边则可以看见森林。万里无云，阳光柔和。

我点了咖喱饭，尤里要了意大利面，泰朵拉要吃三明治，米尔嘉则点了巧克力挞。

“一牵扯到形式系统，感觉逻辑学就大不一样了呢。”我说道。

“是吗？”

“一提到逻辑学，我就只能想到三段论[1]或者德·摩根定律什么的。从数学角度来研究数学——我没想到还有这种领域……”

“不过这可是数理逻辑学的一部分。”米尔嘉说道。

“为什么非得把数学形式化呢？”尤里问道。

“要想严谨地进行讨论，做到形式化是非常重要的。”米尔嘉说道，“例如，假设我们想说‘这个证明是不可能的’，此时就需要定义‘证明是什么’‘证明是不可能的指的是什么意思’。没有这些定义，就没法区分以下两者：到底是自己碰巧没法证明，还是从原理上来讲就没法证明。”

我们大家都对米尔嘉的话点头表示同意。

“形式化也是对象化，也就是把自己想要讨论的东西明确为‘对象’。我们把以数学为对象的数学称为**元数学**。意思是‘关于数学的数学’，懂吧？也就是以形式系统来表示数学，再从数学角度去研究‘数学’这个表示结果。”

---

① 英文写作Syllogism，是逻辑学中由大前提和小前提出发导出结论的一种逻辑推理。——译者注

"这个是……嗯……"泰朵拉说道，"就像是 ϵ-δ 语言出现之后，我们才能进一步研究'极限'，对吧？"

10.5.2 用数学研究数学

"米尔嘉大人，"尤里说道，"关于哥德尔不完备定理，我看到过一本书。书里说'人生是不完整的，因而有趣'，还说'如果全都明白了，人生也就没意思了'。人家当时有种恍然大悟的感觉，可是……"

"嗯，也有人这么想。"米尔嘉苦笑，"看到不完备定理的结果，就认为'因为不明白，所以人生才有趣'。不过，这个吧，简直就像……"

米尔嘉闭上双眼，轻轻点了点头，然后睁开眼。

"就像看到了样式漂亮的蕾丝图案就认为'破了洞也很美'。这些人并没有理解蕾丝图案的样式所衍生的东西。他们只是从表面来观察这个世界，没有看穿其结构。这些样式明明还蕴含着更深的乐趣。数学形式化后，人们就能够研究数学本身拥有的丰富的数学性结构，可以从数学角度来研究以形式系统表示的数学。这就是'用数学研究数学'。自己关注的理论有着怎样的结构，多个理论之间有着怎样的关系……这明明应该是一个能衍生出非常多乐趣的问题。"

"就是要超越'伽利略的犹豫'吗？"我下意识问道。

"不完备不是失败或者缺点，有可能是通往新世界的入口。"

10.5.3 苏醒

饭后，我从自动贩卖机买了瓶水，然后回到了 Chlorine。房间里一个人也没有。白板上写着尤里的留言：

我们去图书馆观光啦！等我们回来哦♡♡♡

米尔嘉带她们去参观图书馆了啊……喊。

我喝了一口冰凉的矿泉水，开始回顾之前的内容。

嗯，虽然并没有全部理解，不过大体还算跟得上吧。总之，我们正在构建一个形式系统，下面我记得是哥德尔数跟原始递归谓词的定理来着。最后应该是反证法吧？如果假设存在形式证明，那么就会发生矛盾……米尔嘉大概会朝这个方向讲吧？

不久，饭后睡魔袭来，我趴在桌子上睡着了。

开门声。

"……所以说，是鱼的标记。"泰朵拉的声音。

"跟密码似的。"尤里的声音。

看来女生们回来了。不过我还在半梦半醒之中。

"呀，哥哥睡着了！"

"他一定累坏了。"

"话说回来，你刚刚说的'态度'是？"米尔嘉的声音。

"啊，这个……"泰朵拉的声音。"我一直认为自己学习起来'虽然花的时间比较长但很有毅力'。可是，光有这点是解不开数学题的，还需要类似灵感的才能，对吧？"

"没错，没错。"尤里的声音。

"我有时候想，自己没法产生灵感，但拓展一下思维应该还是能做到的。所以每逢解题时我就想'如果换成米尔嘉学姐……''如果换成学长……'。"

"喔……"

"我从米尔嘉学姐和学长身上学到了很多好东西，不只是解题方法和诀窍，还有……怎么说呢，就是类似于'态度'的东西。应该说是'乐在其中，并且认真面对'吧。不是光考试考高分就行了，重要的是'想要去真正理解'的态度。"

“哥哥他呀，一直在研究数学哦。”尤里的声音。

“学长他，在自己家里是什么样子的？”泰朵拉的声音。

“这个嘛…… 哥哥他有点迟钝呢。”

（喂！尤里！别瞎说呀！）

“而且，明显有顶撞阿姨的倾向……”

“话说，差不多该叫这只懒猫起床了吧？”米尔嘉的声音。

（懒猫？）

霎时间，一个冰得够呛的玩意儿“咚”地撞到了我的脖子上。

我大声叫着跳了起来。

“你醒了？”

黑发才女微笑着，手中拿着我那瓶矿泉水。

“那么，我们继续。下面进入‘夏天’。”

10.6 夏天——哥德尔数

10.6.1 基本符号的哥德尔数

在“夏天”阶段，我们要谈的是哥德尔数。

哥德尔数是分配给形式系统 P 的“符号、符号序列、符号序列的序列”[①]的编号。

首先，我们来定义**基本符号的哥德尔数**。

我们把不大于 13 的奇数作为哥德尔数分配给常量。

常量	0	f	¬	∨	∀	(	)
哥德尔数	1	3	5	7	9	11	13

① 有些文献中也称“符号、符号串、符号串的序列”。——编者注

泰朵拉："为什么是奇数？"

米尔嘉："马上你就明白了。"

把大于 13 的质数分配给第 1 型变量。

第1型变量	x_1	y_1	z_1	$\cdots$
哥德尔数	17	19	23	$\cdots$

把大于 13 的质数的平方分配给第 2 型变量。

第2型变量	x_2	y_2	z_2	$\cdots$
哥德尔数	17^2	19^2	23^2	$\cdots$

把大于 13 的质数的立方分配给第 3 型变量。

第3型变量	x_3	y_3	z_3	$\cdots$
哥德尔数	17^3	19^3	23^3	$\cdots$

像上面这样，一直到把大于 13 的质数的 n 次方分配给第 n 型变量。这样一来，我们就把哥德尔数分配给了常量和变量，也就是基本符号。

10.6.2　序列的哥德尔数

我们来定义序列的哥德尔数。注意，这里的序列指的是有限序列。

因为我们刚才已经定义了基本符号的哥德尔数，所以现在可以用哥德尔数的序列来表示基本符号的序列了。例如，思考下面这样的哥德尔数的序列。

$$n_1, n_2, n_3, \cdots, n_k$$

我们让这个序列对应下面这样的乘积。

$$2^{n_1} \times 3^{n_2} \times 5^{n_3} \times \cdots \times \mathrm{p}_k^{n_k}$$

然后把这个乘积定义为 $n_1, n_2, n_3, \ldots, n_k$ 这个序列的哥德尔数。这里的 p_k 是从小到大排列的第 k 个质数。

例如，表示 2 的数项是 `ff0` 这个基本符号的序列。基本符号 f 的哥德尔数是 3，基本符号 0 的哥德尔数是 1，因此基本符号的序列 `ff0` 可以用下面这样的哥德尔数的序列来表示。

$$3, 3, 1$$

把这个序列放在质数的指数位置上，构成下面这样的乘积。

$$2^3 \times 3^3 \times 5^1$$

计算该乘积，得到 $2^3 \times 3^3 \times 5^1 = 1080$。1080 这个数就是基本符号的序列 `ff0` 的哥德尔数。

尤里："咦？ `ff0` 不是 2 喵？"

米尔嘉："含义的世界里的数 2，在形式的世界里是用数项 `ff0` 来表示的。"

尤里："了解。"

米尔嘉："把 `ff0` 这个符号序列用哥德尔数表示就是 1080。"

尤里："喔……"

米尔嘉："泰朵拉，你想没想到为什么要在基本符号这里用奇数？"

泰朵拉："这……我不知道。"

米尔嘉："我们可以通过哥德尔数的奇偶来判断哥德尔数是否构成序列。"

泰朵拉："哦哦，如果哥德尔数是偶数，就表示序列！"

刚才我们给出了基本符号的序列 `ff0` 的示例。**符号序列**的哥德尔数跟**符号序列的序列**的哥德尔数可以用同样的思路来考虑。也就是说，不管构成序列的是什么东西，我们只要把构成序列的那个东西的哥德尔数放到按升序排列的质数的指数部分，取它们的乘积即可。

多亏质因数分解的唯一性，我们才能根据哥德尔数还原出唯一的序列。哥德尔的论文中用的是我们刚才说明的方法 —— 质数指数记数法，不过换成其他方法也可以。

那么，因为逻辑公式是符号序列，所以我们就可以定义“逻辑公式的哥德尔数”了。又因为形式证明是逻辑公式的序列，也就是符号序列的序列，所以我们还可以定义“形式证明的哥德尔数”。

这样一来，我们就可以把形式系统的一切都用哥德尔数这个数来表示了。

泰朵拉：“关于序列是符号序列还是符号序列的序列，能用哥德尔数来区分吗？”

米尔嘉：“这道谜题就留给你来解答吧。”

泰朵拉：“诶？两者都要是偶数，对吧？”

我：“我明白了。”

米尔嘉：“闭嘴。”

泰朵拉：“…… 我明白了。要看把哥德尔数质因数分解的时候出现的 2 的个数。”

米尔嘉：“2 的个数怎么了？”

泰朵拉：“如果 2 的个数是奇数，就是符号序列；如果是偶数就是符号序列的序列。”

米尔嘉：“很好。”

对于不完备定理，我们关注的是“形式证明是否存在于形式系统之中”。但是，如果不是“能理解形式证明的形式系统”，这样的问题就没有意义了。哥德尔用哥德尔数把形式证明译成了编码。这样一来，只要一个形式系统“能理解数”，那么这个形式系统就能理解形式证明。

泰朵拉：“把一切都用哥德尔数来表示……这个想法跟计算机的思路——把一切都用位来表示很像呀。”

米尔嘉：“泰朵拉，你说反了。世界上第一台计算机诞生于 20 世纪 40 年代，哥德尔的证明在那之前哟。”

那么，到这里“夏天”就结束了。我们进入“秋天”吧。

10.7　秋天——原始递归性

10.7.1　原始递归函数

在“秋天”阶段，我们需要先离开一下形式系统 P，去一趟含义的世界。

接下来，我们要定义一个函数的同伴——**原始递归函数**。这个函数用一句话说就是：获取函数的值时需要的“重复次数”存在上限的函数。

例如，求 n 的阶乘 $n! = n \times (n-1) \times \cdots \times 1$ 的函数 $\texttt{factorial}(n)$ 就是一种原始递归函数，我们可以像下面这样来定义它。

$$\begin{cases} \texttt{factorial}(0) & = 1 \\ \texttt{factorial}(n+1) & = (n+1) \times \texttt{factorial}(n) \end{cases}$$

下面试着求一下 factorial(3) 吧。

$\texttt{factorial}(3)$	
$= \underbrace{(2+1) \times \texttt{factorial}(2)}$	$n=2$，根据 $\texttt{factorial}(n+1)$ 的定义可知
$= (2+1) \times \underbrace{(1+1) \times \texttt{factorial}(1)}$	$n=1$，根据 $\texttt{factorial}(n+1)$ 的定义可知
$= (2+1) \times (1+1) \times \underbrace{(0+1) \times \texttt{factorial}(0)}$	$n=0$，根据 $\texttt{factorial}(n+1)$ 的定义可知
$= (2+1) \times (1+1) \times (0+1) \times 1$	根据 $\texttt{factorial}(0)$ 的定义
$= 3 \times 2 \times 1 \times 1$	计算结果
$= 6$	计算结果

像这样，要计算 $\texttt{factorial}(3)$，只要使用 4 次定义即可；要计算 $\texttt{factorial}(n)$，只要使用 $n+1$ 次定义即可。这就是“重复次数有上限”的含义。

事实上，要想计算 $\texttt{factorial}(n)$ 的值，还需要用到“×”和“+”的运算，所以我们再说得详细点儿吧。

假设函数 F, G, H 是用于处理数 $(0, 1, 2, \cdots)$ 的函数。

如下定义函数 F 时，我们称函数 F 是由函数 G 和 H 经**原始递归定义**[①]的。

$$\begin{cases} \mathrm{F}(0, & x) & = & \mathrm{G}(x) \\ \mathrm{F}(n+1, & x) & = & \mathrm{H}(n, x, \mathrm{F}(n, x)) \end{cases}$$

例如，像刚才那个求阶乘的函数 $\texttt{factorial}(n)$。只要让 $\mathrm{F}(n, x) = \texttt{factorial}(n)$，$\mathrm{G}(x) = 1, \mathrm{H}(n, x, y) = (n+1) \times y$，$\mathrm{F}(n, x)$ 就是由 G 和 H 经原始递归定义的函数。

一眼看去很复杂，不过用 $\mathrm{F}(3, x)$ 举个例子的话，你们应该就能有个大概认识了。

---

① 这是定义函数的一种方法，与原始递归模式的知识有关，想详细了解的读者请查阅“原始递归模式”。——译者注

$$
\begin{aligned}
F(3,x) &= \underset{\sim\sim\sim}{H(2,x,F(2,x))} \\
&= H(2,x,\underset{\sim\sim\sim}{H(1,x,F(1,x))}) \\
&= H(2,x,H(1,x,\underset{\sim\sim\sim}{H(0,x,F(0,x))})) \\
&= H(2,x,H(1,x,H(0,x,\underset{\sim\sim\sim}{G(x)})))
\end{aligned}
$$

只要用 1 次函数 G，并用 n 次函数 H，就能求出 $F(n,x)$。

之前我们聊的都是两个变量，下面我们再定义一个变量 N 吧。

$$
\begin{cases}
F(0, & \vec{x}) & = & G(\vec{x}) \\
F(n+1, & \vec{x}) & = & H(n,\vec{x},F(n,\vec{x}))
\end{cases}
$$

此处，$\vec{x}$是变量序列 $x_1, x_2, \cdots, x_{N-1}$ 的省略形式。

接下来，用我们刚才定义的“原始递归定义的函数”，来像下面这样定义**原始递归函数**。

▷ **原始递归函数-1** 常量函数是原始递归函数。

▷ **原始递归函数-2** 求后继数的函数是原始递归函数。

▷ **原始递归函数-3** 由两个原始递归函数经原始递归定义的函数是原始递归函数。

▷ **原始递归函数-4** 往原始递归函数的变量里代入原始递归函数后得到的函数是原始递归函数。

▷ **原始递归函数-5** 像 $F(\vec{x}) = x_k$ 这样用于提取一个变量的投影函数[①]是原始递归函数。

▷ **原始递归函数-6** 只有符合上述情况的函数才是原始递归函数。

① 也叫“射影函数”。——译者注

然后使用原始递归函数来定义**原始递归谓词**。

▷ **原始递归谓词** 存在满足以下条件的原始递归函数 $\mathrm{F}(n, \vec{x})$ 的谓词 $\mathrm{R}(n, \vec{x})$ 叫作原始递归谓词。

$$\mathrm{R}(n, \vec{x}) \iff \mathrm{F}(n, \vec{x}) = 0$$

泰朵拉："米尔嘉学姐，那个…… 麻烦停一下。"

米尔嘉："嗯？"

泰朵拉："我们现在…… 到底在干什么呢？"

米尔嘉："在定义原始递归谓词。"

泰朵拉："……"

米尔嘉："我们在定义有某种限制条件的谓词。因为在不完备定理的证明中，我们要用到满足这个谓词的定理。"

10.7.2 原始递归函数（谓词）的性质

如下定理在原始递归函数（谓词）中成立。

▷ **定理-1** 往原始递归函数（谓词）的变量里代入原始递归函数后，所得结果也是原始递归函数（谓词）。

▷ **定理-2** 若R和S是原始递归谓词，则 $\neg\mathrm{R}, \mathrm{R} \land \mathrm{S}, \mathrm{R} \lor \mathrm{S}$ 也是原始递归谓词。

▷ **定理-3** 若F和G是原始递归函数，则 $\mathrm{F} = \mathrm{G}$ 是原始递归谓词。

▷ **定理-4** 若M是原始递归函数，R是原始递归谓词，则下面的S是原始递归谓词。

$$\mathrm{S}(\vec{x}, \vec{y}) \iff \forall n \left[n \leqslant \mathrm{M}(\vec{x}) \Rightarrow \mathrm{R}(n, \vec{y}) \right]$$

这是谓词“对于所有小于等于$\mathrm{M}(\vec{x})$的 n，$\mathrm{R}(n,\vec{y})$都成立”。$\mathrm{M}(\vec{x})$表示上限，而这里的$\vec{x}$和$\vec{y}$分别表示有限个变量序列。

▷ **定理-5** 若M是原始递归函数，R是原始递归谓词，则下面的T是原始递归谓词。

$$\mathrm{T}(\vec{x},\vec{y}) \Longleftrightarrow \exists n \left[n \leqslant \mathrm{M}(\vec{x}) \land \mathrm{R}(n,\vec{y})\right]$$

这是谓词“在小于等于$\mathrm{M}(\vec{x})$的 n 中，存在令$\mathrm{R}(n,\vec{y})$成立的 n”。$\mathrm{M}(\vec{x})$表示上限。

▷ **定理-6** 若M是原始递归函数，R是原始递归谓词，则下面的F是原始递归函数。

$$\mathrm{F}(\vec{x},\vec{y}) = \min n \left[n \leqslant \mathrm{M}(\vec{x}) \land \mathrm{R}(n,\vec{y})\right]$$

这个函数用来求“在小于等于$\mathrm{M}(\vec{x})$的 n 中，满足$\mathrm{R}(n,\vec{y})$的最小的 n”。

如果不存在满足条件的 n，那么我们就把函数的值定义为 0。$\mathrm{M}(\vec{x})$表示上限。

泰朵拉：“米尔嘉学姐，那个…… 麻烦等一下。”

米尔嘉：“怎么了？”

泰朵拉：“词汇太多了，我脑子有点装不下了……”

米尔嘉：“有么？”

泰朵拉：“麻烦给我点时间，让我的脑袋习惯一下新事物。”

米尔嘉：“好吧，不过原始递归这类东西并没有多新。”

事实上，我们平常使用的函数和谓词有很多都是原始递归的。

例如，加法运算 $x+y$、乘法运算 $x \times y$、幂运算 x^y 等，这些都是原始递归函数。此外，$x<y$、$x \leqslant y$、$x=y$ 这些都是原始递归谓词。

在下一个“季节”——“冬天”里，我们会构建很多原始递归函数和原始递归谓词。

泰朵拉："我不明白原始递归跟不完备定理的关系，感觉很迷茫……"

米尔嘉："喔？那么……"

那么，我就来说说满足原始递归谓词的重要定理 —— 表现定理吧。

10.7.3 表现定理

在不完备定理的证明中，我们要用到"**表现定理**"。因为形式系统 P 能描述数论，所以这个表现定理成立。为了便于理解，我们这里以两个变量为例来说明，其实不管换成多少个变量，这个定理都同样成立。

表现定理

若 R 是包含两个变量的原始递归谓词，则对于任意数 m, n，都存在包含两个变量的逻辑公式 r，使得以下关系成立。

▶【**秋天-1**】：$\mathrm{R}(m, n) \Rightarrow$ 存在 $\mathrm{r}\langle\overline{m}, \overline{n}\rangle$ 的形式证明

▶【**秋天-2**】：$\neg\mathrm{R}(m, n) \Rightarrow$ 存在 $\mathtt{not}(\mathrm{r}\langle\overline{m}, \overline{n}\rangle)$ 的形式证明

此时，我们称逻辑公式 r 以不同数值表示了谓词 R。

表现定理保证了用于表示 R 的 r 的存在。

谓词 R 是"含义的世界"里的概念。逻辑公式 r 是"形式的世界"里的概念。

也就是说，表现定理是从"含义的世界"通往"形式的世界"的桥梁。

原始递归性是过桥用的通行证。

尤里："我不明白 $\mathrm{r}\langle\overline{m}, \overline{n}\rangle$ 的意思。"

米尔嘉："我这就要详细讲了。"

▷ **谓词和命题**

把数 m, n 代入拥有两个自由变量的谓词 R 中，将得到的命题记作 $\mathrm{R}(m, n)$。

泰朵拉："'谓词'和'命题'这两个术语还分开用呀……"

米尔嘉："对。谓词好比是'x 能被 y 整除'。因为谓词 R 拥有自由变量，所以光凭这些还不能判断命题是否成立。"

泰朵拉："所以说，要把具体的数代入自由变量里，命题才能成立，对吧？"

米尔嘉："没错。命题'12 能被 3 整除'成立，命题'12 能被 7 整除'就不成立。"

▷ **逻辑公式和语句**

把拥有两个"自由变量"的"逻辑公式" r 的"自由变量"用"数项" $\overline{m}, \overline{n}$ 代换，这里我们把代换后得到的"语句"记作 $\mathrm{r}\langle\overline{m}, \overline{n}\rangle$。

泰朵拉："这边又提到了'逻辑公式'和'语句'呀……"

米尔嘉："对。'语句'是没有自由变量的逻辑公式。"

泰朵拉："'谓词'和'命题'是含义的世界里的概念，'逻辑公式'和'语句'是形式的世界里的概念，对吧？"

米尔嘉："总结得很好。"

我："话说，米尔嘉，r 是逻辑公式，还是逻辑公式的哥德尔数呢？"

米尔嘉："r 是逻辑公式的哥德尔数。$\mathrm{r}\langle\overline{m}, \overline{n}\rangle$ 是语句的哥德尔数。"

◎ ◎ ◎

"通过表现定理，从含义的世界到形式的世界……是这样吗？"泰朵拉说道，"存在表示 R 的 r 也就是说，嗯……如果命题 $\mathrm{R}(m, n)$ 成立，

则存在语句 $\mathrm{r}\langle\overline{m},\overline{n}\rangle$ 的形式证明；如果命题 $\mathrm{R}(m,n)$ 不成立，则不存在语句 $\mathrm{r}\langle\overline{m},\overline{n}\rangle$ 的形式证明，对吧？"

"后半部分错了。" 米尔嘉大声说道，"你把表现定理给理解错了。"

"诶？" 泰朵拉重新看了一遍表现定理，"啊！确实，我理解错了。"

"嗯。" 米尔嘉说道，"若命题 $\mathrm{R}(m,n)$ 不成立，则存在语句 $\mathrm{r}\langle\overline{m},\overline{n}\rangle$ 的否定的形式证明。"

"我不太明白，逻辑公式表示谓词 —— 这不是天经地义的事情吗？" 泰朵拉问道。

"并不是。确实，既然是谓词，那么在含义的世界里就能被表示出来。然而，对于原始递归谓词，表现定理有着更为强大的主张 ——'把数代入谓词而得到的命题是否成立' 这一点是能靠形式证明来决定的。形式的世界可以决定命题在含义的世界里是否成立。表现定理里面的 '表现' 一词的确有着如此强大的含义。当谓词不存在原始递归性时，例如当 $\forall$ 和 $\exists$ 没有上限时，就不一定存在表示该谓词的逻辑公式。"

"嗯…… 原始递归啥的，我还不太明白。" 尤里说道。

"这样啊。" 米尔嘉说道，"可是，现在我们要进入下一个 '季节' 了。"

"好 ——"

"从 '秋天' 进入到 '冬天'。" 米尔嘉的语调听起来简直像是在唱歌似的，"在 '冬天' 阶段，我们要定义有关形式系统的谓词。如果定义成原始递归谓词……"

"存…… 存在能表示这类谓词的逻辑公式？" 泰朵拉问道。

"存在。如果 '有关形式系统的谓词' 是原始递归的，那么表示该谓词的逻辑公式就存在于该形式系统本身之中。保证这一点正是表现定理的力量所在。'冬天' 的目标，就是……"

这时米尔嘉低声说道，像是在说悄悄话一样。

"'p 是 x 的形式证明' 这个原始递归谓词。"

10.8 冬天——通往可证明性的漫长之旅

10.8.1 整理行装

在“冬天”阶段，我们要原始递归地构建“p 是 x 的‘形式证明’”这一谓词。为了“冬天”的漫长旅途，我们先来准备几件行装吧。

我们把“对于满足 $x \leqslant \mathrm{M}$ 的任意 x，…… 都成立”这一谓词写成下面这样，把符号 $\overset{\text{def}}{\Longleftrightarrow}$ 设为谓词的定义。

$$\forall x \leqslant \mathrm{M}\left[\cdots\cdots\right] \overset{\text{def}}{\Longleftrightarrow} \forall x\left[x \leqslant \mathrm{M} \Rightarrow \cdots\cdots\right]$$

把“存在满足○○条件，且小于等于 M 的 x”这一谓词写成下面这样。

$$\exists x \leqslant \mathrm{M}\left[\cdots\cdots\right] \overset{\text{def}}{\Longleftrightarrow} \exists x\left[x \leqslant \mathrm{M} \wedge \cdots\cdots\right]$$

然后，把求“基于条件 $x \leqslant \mathrm{M}$，满足○○条件的最小的 x”的函数写成下面这样。如果没有满足○○条件的 x，就定义该函数值为 0。设符号 $\overset{\text{def}}{=}$ 是函数的定义。

$$\min x \leqslant \mathrm{M}\left[\cdots\cdots\right] \overset{\text{def}}{=} \min x\left[x \leqslant \mathrm{M} \wedge \cdots\cdots\right]$$

为了便于阅读，我们把 7 个基本符号的哥德尔数写成下面这样。

$$\boxed{0} \overset{\text{def}}{=} 1 \quad \boxed{\mathrm{f}} \overset{\text{def}}{=} 3 \quad \boxed{\neg} \overset{\text{def}}{=} 5 \quad \boxed{\vee} \overset{\text{def}}{=} 7$$
$$\boxed{\forall} \overset{\text{def}}{=} 9 \quad \boxed{(} \overset{\text{def}}{=} 11 \quad \boxed{)} \overset{\text{def}}{=} 13$$

那么，我们出发吧。从定义 1 到定义 46，开始这场围绕整个含义的世界的漫长旅行。

10.8.2 数论

定义 1 CanDivide(x, d) 是谓词“x 能被 d 整除”。

$$\texttt{CanDivide}(x,d) \overset{\text{def}}{\Longleftrightarrow} \exists n \leqslant x\Big[x = d \times n\Big]$$

米尔嘉:“即定义‘存在一个 n, n 小于等于满足条件 $x = d \times n$ 的 x’。”

我:“原来如此。就是说‘12 能被 3 整除’可以写作 CanDivide$(12, 3)$ 呗。”

$$\exists n \leqslant 12\ \Big[12 = 3 \times n\ \Big]$$

泰朵拉:“满足该条件的 n 是……4 吗?”

我:“没错。因此 CanDivide$(12, 3)$ 成立。”

泰朵拉:“了解。那个……这里也用‘存在’表示可能性呀。”

尤里:“什么意思?”

泰朵拉:“用‘存在……’表示‘能被整除’。”

我:“原来泰朵拉在意这个地方呀。”

定义 2 IsPrime(x) 是谓词“x 是质数”。

$$\texttt{IsPrime}(x) \overset{\text{def}}{\Longleftrightarrow} x > 1 \land \neg\ \Big(\exists d \leqslant x\ \Big[d \neq 1 \land d \neq x \land \texttt{CanDivide}(x,d)\Big]\Big)$$

米尔嘉:“这个式子就让尤里来分析吧。”

尤里:“好。这个……咦? CanDivide(x, d) 是什么来着?”

我:“x 能被 d 整除。”

尤里:“啊,也就是说‘不存在能够除尽 x 且小于等于 x 的 d’?”

我:“尤里,你忘了$d \neq 1$和$d \neq x$了。”

尤里:“才没忘呢!”

泰朵拉:“还有 $x > 1$ 这个条件……结果确实是‘x 是质数’没错。”

定义 3 $\texttt{prime}(n, x)$ 是求‘x 的第 n 个质因数’的函数。此处我们按升序来排列质因数。为了方便计算，我们把第 0 个质因数定义为 0。

$$\begin{cases} \texttt{prime}(0, x) & \stackrel{\text{def}}{=} 0 \\ \texttt{prime}(n+1, x) & \stackrel{\text{def}}{=} \min \mathrm{p} \leqslant x \Big[\texttt{prime}(n, x) < \mathrm{p} \land \texttt{CanDivideByPrime}(x, \mathrm{p})\Big] \end{cases}$$

注意，这里我们将 $\texttt{CanDivideByPrime}(x, \mathrm{p})$ 定义如下。

$$\texttt{CanDivideByPrime}(x, \mathrm{p}) \stackrel{\text{def}}{\iff} \texttt{CanDivide}(x, \mathrm{p}) \land \texttt{IsPrime}(\mathrm{p})$$

我：“就是定义‘大于第 n 个质因数，且能整除 x 的最小的质数’吗？”

尤里：“具体例子！举个具体例子！”

我：“比如说，以 $2^4 \times 3^1 \times 7^2 = 2352$ 为例，就是下面这样。”

$\texttt{prime}(0, 2352) = 0$	根据定义
$\texttt{prime}(1, 2352) = 2$	大于 $\texttt{prime}(0, 2352)$，且能整除 2352 的最小质数是 2
$\texttt{prime}(2, 2352) = 3$	大于 $\texttt{prime}(1, 2352)$，且能整除 2352 的最小质数是 3
$\texttt{prime}(3, 2352) = 7$	大于 $\texttt{prime}(2, 2352)$，且能整除 2352 的最小质数是 7

定义 4 $\texttt{factorial}(n)$ 是求“n 的阶乘”的函数。

$$\begin{cases} \texttt{factorial}(0) & \stackrel{\text{def}}{=} 1 \\ \texttt{factorial}(n+1) & \stackrel{\text{def}}{=} (n+1) \times \texttt{factorial}(n) \end{cases}$$

定义 5 p_n 是求“第 n 个质数”的函数。为了方便计算，我们把第 0 个质数定义为 0。

$$\begin{cases} \mathrm{p}_0 & \stackrel{\text{def}}{=} 0 \\ \mathrm{p}_{n+1} & \stackrel{\text{def}}{=} \min \mathrm{p} \leqslant \mathrm{M}_5(n) \left[\mathrm{p}_n < \mathrm{p} \land \mathtt{IsPrime}(\mathrm{p}) \right] \end{cases}$$

注意，这里我们将 $\mathrm{M}_5(n)$ 定义如下。

$$\mathrm{M}_5(n) \stackrel{\text{def}}{=} \mathtt{factorial}(\mathrm{p}_n) + 1$$

尤里:“第 n 个质数?”

我:“$\mathrm{p}_0 = 0, \mathrm{p}_1 = 2, \mathrm{p}_2 = 3, \mathrm{p}_3 = 5, \mathrm{p}_4 = 7, \cdots$，诸如此类。”

尤里:“$\mathrm{p} \leqslant \mathrm{M}_5(n)$ 是从哪儿来的?”

我:“因为 $\mathrm{M}_5(n) = \mathtt{factorial}(n) + 1 = 1 \times 2 \times 3 \times \cdots \times \mathrm{p}_n + 1$ 呀。”

尤里:“然后呢?”

我:“因为 $\mathrm{M}_5(n)$ 大于 p_n，且肯定存在大于 p_n 且小于等于 $\mathrm{M}_5(n)$ 的质数。”

尤里:“所以呢?”

我:“所以，要找 p_{n+1} 的话，就得加上‘小于等于 $\mathrm{M}_5(n)$’这个条件。”

10.8.3 序列

定义 6 $x[n]$ 是求“序列 x 的第 n 个元素”的函数。“$1 \leqslant n \leqslant$ (序列的长度)”是其前提。

$$x[n] \stackrel{\text{def}}{=} \min k \leqslant x \left[\mathtt{CanDivideByPower}(x, n, k) \land \neg \mathtt{CanDivideByPower}(x, n, k+1) \right]$$

注意，这里我们将 $\mathtt{CanDivideByPower}(x, n, k)$ 定义如下。

$$\mathtt{CanDivideByPower}(x, n, k) \stackrel{\text{def}}{\iff} \mathtt{CanDivide}(x, \mathtt{prime}(n, x)^k)$$

米尔嘉:“序列的导入。这里用了质数指数记数法。”

泰朵拉:“我不太明白 $\mathtt{CanDivideByPower}(x, n, k)$ 的定义……”

我："这说的应该是……'x 能被 $\texttt{prime}(n,x)$ 的 k 次方整除'吧。"

泰朵拉："那这跟 $x[n]$ 又是怎么联系上的呢？"

我："嗯……x 虽然能被 $\texttt{prime}(n,x)$ 的 k 次方整除，但却不能被 $\texttt{prime}(n,x)$ 的 $k+1$ 次方整除，也就是说……我明白了，就是说，x 分解质因数，刚好只拥有 k 个 $\texttt{prime}(n,x)$。"

泰朵拉："这样啊……"

我："$\texttt{prime}(n,x)$ 的指数 k 是序列 x 的第 n 个元素。"

定义 7 $\texttt{len}(x)$ 是求"序列 x 的长度"的函数。

$$\texttt{len}(x) \stackrel{\text{def}}{=} \min k \leqslant x \left[\texttt{prime}(k,x) > 0 \land \texttt{prime}(k+1,x) = 0\right]$$

米尔嘉："序列 x 的第一个元素是 $x[1]$，最后一个元素可以通过 $x[\texttt{len}(x)]$ 来求得。例如把序列 $\boxed{\forall}\boxed{x1}\boxed{(}\cdots\boxed{)}$ 代换成序列 x，就是下面这样。"

$x\texttt{[1]}$	$x\texttt{[2]}$	$x\texttt{[3]}$	$\cdots$	$x\texttt{[len(}x\texttt{)]}$
$\boxed{\forall}$	$\boxed{x1}$	$\boxed{(}$	$\cdots$	$\boxed{)}$
॥	॥	॥	$\cdots$	॥
9	17	11	$\cdots$	13

定义 8 $x * y$是求"连接序列 x 和序列 y 的序列"的函数。

$$\begin{aligned} x * y \stackrel{\text{def}}{=} & \min z \leqslant \mathrm{M}_8(x,y) \\ & \left[\forall m \leqslant \texttt{len}(x)\left[1 \leqslant m \Rightarrow z\texttt{[}m\texttt{]} = x\texttt{[}m\texttt{]}\right]\right. \\ & \left.\land \forall n \leqslant \texttt{len}(y)\left[1 \leqslant n \Rightarrow z\texttt{[len(}x\texttt{)}+n\texttt{]} = y\texttt{[}n\texttt{]}\right]\right] \end{aligned}$$

注意，这里我们将 $\mathrm{M}_8(x,y)$ 定义如下。

$$\mathrm{M}_8(x,y) \stackrel{\text{def}}{=} (\mathrm{p}_{\texttt{len}(x)+\texttt{len}(y)})^{x+y}$$

米尔嘉："假设从 z[1] 到 z[len(x)] 为止的元素跟序列 x 中的各个元素相等，从 z[len(x) + 1] 到 z[len(x) + len(y)] 为止的元素跟序列 y 中的各个元素相等。此时，我们可以说 z 是连接了 x 和 y 的序列。"

$$
\begin{array}{ccccccc}
x\texttt{[1]} & \cdots & x\texttt{[len}(x)\texttt{]} & y\texttt{[1]} & \cdots & y\texttt{[len}(y)\texttt{]} \\
\shortparallel & \cdots & \shortparallel & \shortparallel & \cdots & \shortparallel \\
z\texttt{[1]} & \cdots & z\texttt{[len}(x)\texttt{]} & z\texttt{[len}(x)+1\texttt{]} & \cdots & z\texttt{[len}(x)+\texttt{len}(y)\texttt{]}
\end{array}
$$

定义 9　$\langle x\rangle$ 是求"仅由 x 构成的序列"的函数，这里设 $x > 0$。

$$\langle x\rangle \stackrel{\text{def}}{=} 2^x$$

定义 10　paren(x) 是求"把 x 放到括号里的序列"的函数。

$$\texttt{paren}(x) \stackrel{\text{def}}{=} \langle\boxed{(}\rangle * x * \langle\boxed{)}\rangle$$

米尔嘉："这个式子，尤里你也能看懂吧？"

尤里："嗯…… 能看懂。连接了 $\boxed{(}$、x 和 $\boxed{)}$！"

米尔嘉："没错。这就是'把 x 放到括号里的序列'的定义。"

10.8.4　变量・符号・逻辑公式

定义 11　IsVarType(x, n) 是谓词"x 是第 n 型'变量'"。

$$\texttt{IsVarType}(x,n) \stackrel{\text{def}}{\Longleftrightarrow} n \geqslant 1 \land \exists \mathrm{p} \leqslant x \left[\texttt{IsVarBase}(\mathrm{p}) \land x = \mathrm{p}^n\right]$$

注意，这里我们将 IsVarBase(p) 定义如下。

$$\texttt{IsVarBase}(\mathrm{p}) \stackrel{\text{def}}{\Longleftrightarrow} \mathrm{p} > \boxed{)} \land \texttt{IsPrime}(\mathrm{p})$$

米尔嘉："变量的导入。"

我："为什么要在变量两个字上加引号呢？"

米尔嘉:“这里说的变量是元数学的概念。”

我:“元数学的概念……”

米尔嘉:“也就是说，x 表示的不是含义的世界里的变量，而是在形式系统 P 这边定义的变量的哥德尔数。”

泰朵拉:“p > $\boxed{)}$是什么意思呢?”

米尔嘉:“跟 p > 13 一样。回忆一下变量的哥德尔数吧。”(10.6 节)

定义 12 $\texttt{IsVar}(x)$ 是谓词“x 是‘变量’”。

$$\texttt{IsVar}(x) \overset{\text{def}}{\Longleftrightarrow} \exists n \leqslant x \left[\texttt{IsVarType}(x, n)\right]$$

米尔嘉:“尤里，这个式子你能看懂吗?”

尤里:“存在满足 x 是第 n 型变量的 n。”

我:“如果存在满足‘x 是第 n 型变量’的 n，那么 x 就是变量了。”

定义 13 $\texttt{not}(x)$ 是求“$\neg(x)$”的函数。

$$\texttt{not}(x) \overset{\text{def}}{=} \langle \boxed{\neg} \rangle * \texttt{paren}(x)$$

米尔嘉:“逻辑运算的导入。”

我:“‘$\langle \boxed{\neg} \rangle * \texttt{paren}(x)$’这部分对应的是逻辑公式‘$\neg(\cdots)$’，对吧?”

泰朵拉:“咦……这个 $\texttt{not}(x)$，在表现定理里出现过吧?”

定义 14 $\texttt{or}(x, y)$ 是求“$(x) \vee (y)$”的函数。

$$\texttt{or}(x, y) \overset{\text{def}}{=} \texttt{paren}(x) * \langle \boxed{\vee} \rangle * \texttt{paren}(y)$$

定义 15 $\texttt{forall}(x, \mathrm{a})$ 是求“$\forall x(\mathrm{a})$”的函数。

$$\texttt{forall}(x, \mathrm{a}) \overset{\text{def}}{=} \langle \boxed{\forall} \rangle * \langle x \rangle * \texttt{paren}(\mathrm{a})$$

我："就是给出变量 x 和逻辑公式 a，求 $\forall x(\mathrm{a})$ 的函数吧？"

米尔嘉："说得再准确点儿的话，$\texttt{forall}(x,\mathrm{a})$ 这个函数的意思就是，当 x 是表示某个变量的哥德尔数，a 是表示某个逻辑公式的哥德尔数时，求相当于 $\forall x(\mathrm{a})$ 的逻辑公式的哥德尔数。"

我："啊，原来如此。在含义的世界里，形式系统 P 的一切都是用数来表示的啊。"

泰朵拉："什么意思？"

我："就是说变量和逻辑公式全都是用哥德尔数来表示的。"

尤里："不用检查一下 $\texttt{IsVar}(x)$ 喵？"

米尔嘉："尤里，你这问题提得好。我们会在用 $\texttt{forall}(x,\mathrm{a})$ 的时候检查它。"

定义 16 $\texttt{succ}(n,x)$ 是求"x 的第 n 个后继数"的函数。

$$\begin{cases} \texttt{succ}(0,x) & \stackrel{\text{def}}{=} x \\ \texttt{succ}(n+1,x) & \stackrel{\text{def}}{=} \langle\, \boxed{\mathrm{f}}\, \rangle * \texttt{succ}(n,x) \end{cases}$$

尤里："就是说，$\texttt{succ}(0,x)$ 等于'x 本身'？"

我："肯定是这样啊。因为 x 的第 0 个后继数就是 x 本身呀。"

泰朵拉："$\texttt{succ}(n+1,x)$ 是'连接序列 f 和序列 $\texttt{succ}(n,x)$ 的序列'吗？"

我："对对。虽然有点原地打转的意思吧……"

泰朵拉："因为从 $n+1$ 减了 1，所以没有关系，是吧？"

我："因为有 $\texttt{succ}(0,x)$，所以不会无限递降[①]。"

尤里："刚刚，也有跟这个很像的……"

我："喔喔，这跟定义 4 的 $\texttt{factorial}(n)$ 也很像呢。"

① 英文写作Method of Infinite Descent，中文亦称费马递降法。这是专门证明与正整数有关的命题的方法，常用于确立否定的结论。——译者注

定义 17 $\overline{n}$是求“对于 n 的‘数项’”的函数。

$$\overline{n} \overset{\text{def}}{=} \texttt{succ}(n, \langle \boxed{\texttt{0}} \rangle)$$

泰朵拉：“就是‘0 的第 n 个后继数’这个定义，对吧？”

尤里：“也就是说，$\overline{n}$是$\underbrace{\texttt{ff}\cdots\texttt{f}}_{n\text{个}}\texttt{0}$的哥德尔数喵！”

定义 18 $\texttt{IsNumberType}(x)$ 是谓词“x 是‘第 1 型符号’”。

$$\texttt{IsNumberType}(x) \overset{\text{def}}{\iff} \exists m, n \leqslant x\Big[\big(m = \boxed{\texttt{0}} \vee \texttt{IsVarType}(m, 1)\big) \wedge x = \texttt{succ}(n, \langle m \rangle)\Big]$$

米尔嘉：“$m = \boxed{\texttt{0}} \vee \texttt{IsVarType}(m, 1)$ 这里，你们能理解吗？”

我：“我觉得指的是，$m = \boxed{\texttt{0}}$ 对应 $\texttt{fff0}$ 这种形式。”

泰朵拉：“$\texttt{IsVarType}(m, 1)$ 对应的则是 $\texttt{fff}x_1$ 这种形式，对吧？”

定义 19 $\texttt{IsNthType}(x, n)$ 是谓词“x 是‘第 n 型符号’”。

$$\texttt{IsNthType}(x, n) \overset{\text{def}}{\iff} \big(n = 1 \wedge \texttt{IsNumberType}(x)\big) \vee \Big(n > 1 \wedge \exists v \leqslant x\big[\texttt{IsVarType}(v, n) \wedge x = \langle v \rangle\big]\Big)$$

泰朵拉：“总觉得，跟计算机的程序似的。”

我：“诶……哪里像？”

泰朵拉：“分情况讨论 $n = 1$ 和 $n > 1$ 这部分。”

定义 20 $\texttt{IsElementForm}(x)$ 是谓词“x 是‘基本逻辑公式’”。

$$\texttt{IsElementForm}(x) \overset{\text{def}}{\iff} \exists \mathrm{a}, \mathrm{b}, n \leqslant x\big[\texttt{IsNthType}(\mathrm{a}, n+1) \wedge \texttt{IsNthType}(\mathrm{b}, n) \wedge x = \mathrm{a} * \texttt{paren}(\mathrm{b})\big]$$

注意，这里我们将“$\exists \mathrm{a}, \mathrm{b}, n \leqslant x[\cdots]$”定义如下。

$$\exists \mathrm{a}, \mathrm{b}, n \leqslant x\,[\cdots] \overset{\text{def}}{\Longleftrightarrow} \exists \mathrm{a} \leqslant x\Big[\exists \mathrm{b} \leqslant x\big[\exists n \leqslant x[\cdots]\big]\Big]$$

米尔嘉:“基本逻辑公式的导入。”

泰朵拉:“基本逻辑公式，就是 a(b) 这种形式的逻辑公式吧？”

米尔嘉:“对。不过 a 必须是第 $n+1$ 型，b 必须是第 n 型。”

我:“原来如此，$\texttt{IsNthType}(\mathrm{a}, n+1) \land \texttt{IsNthType}(\mathrm{b}, n)$ 是检查类型的呀。”

定义 21 $\texttt{IsOp}(x, \mathrm{a}, \mathrm{b})$ 是谓词“x 是‘$\neg$(a)’或‘(a) $\lor$ (b)’或‘$\forall v$(a)’”。

$$\texttt{IsOp}(x, \mathrm{a}, \mathrm{b}) \overset{\text{def}}{\Longleftrightarrow} \texttt{IsNotOp}(x, \mathrm{a}) \lor \texttt{IsOrOp}(x, \mathrm{a}, \mathrm{b}) \lor \texttt{IsForallOp}(x, \mathrm{a})$$

注意，这里我们将 $\texttt{IsNotOp}(x, \mathrm{a})$, $\texttt{IsOrOp}(x, \mathrm{a}, \mathrm{b})$, $\texttt{IsForallOp}(x, \mathrm{a})$ 定义如下。

$$\begin{aligned}
\texttt{IsNotOp}(x, \mathrm{a}) &\overset{\text{def}}{\Longleftrightarrow} x = \texttt{not}(\mathrm{a}) \\
\texttt{IsOrOp}(x, \mathrm{a}, \mathrm{b}) &\overset{\text{def}}{\Longleftrightarrow} x = \texttt{or}(\mathrm{a}, \mathrm{b}) \\
\texttt{IsForallOp}(x, \mathrm{a}) &\overset{\text{def}}{\Longleftrightarrow} \exists v \leqslant x\Big[\texttt{IsVar}(v) \land x = \texttt{forall}(v, \mathrm{a})\Big]
\end{aligned}$$

尤里:“这个 Op 是什么？”

米尔嘉:“是运算符。Operator。”

尤里:“欧破瑞特？”

米尔嘉:“在这里指的是 ¬、∨、∀。”

定义 22 $\texttt{IsFormSeq}(x)$ 是谓词“x 是根据‘基本逻辑公式’构建的‘逻辑公式’的序列”。

$$\texttt{IsFormSeq}(x) \overset{\text{def}}{\Longleftrightarrow} \texttt{len}(x) > 0 \land \forall n \leqslant \texttt{len}(x) \Big[n > 0 \Rightarrow$$

$$\texttt{IsElementForm}(x\texttt{[}n\texttt{]}) \lor \exists \mathrm{p}, \mathrm{q} < n \Big[\mathrm{p}, \mathrm{q} > 0 \land \texttt{IsOp}(x\texttt{[}n\texttt{]}, x\texttt{[p]}, x\texttt{[q]}) \Big] \Big]$$

米尔嘉:“看起来很复杂，仔细琢磨琢磨就简单了。”

尤里:“$x[n]$ 是序列 x 的第 n 个元素来着？”

泰朵拉:“序列 x 里的都是基本逻辑公式？还是说……”

我:“$\texttt{IsOp}(x[n], x[\mathrm{p}], x[\mathrm{q}])$ 是什么啊……”

米尔嘉:“关键在于 $\mathrm{p}, \mathrm{q} < n$。”

我:“啊！ $x[n]$ 是根据 $x[\mathrm{p}]$ 和 $x[\mathrm{q}]$ 生成的啊！”

泰朵拉:“生成的？”

我:“就是说，序列里第 n 个逻辑公式 $x[n]$ 是根据它之前的 $x[\mathrm{p}]$ 和 $x[\mathrm{q}]$ 生成的。”

泰朵拉:“就是形式证明吗？”

我:“不是啦。是逻辑公式的定义。只有基本逻辑公式、$\neg(\mathrm{a})$、$(\mathrm{a}) \lor (\mathrm{b})$，以及 $\forall x(\mathrm{a})$ 这样形式的符号序列才是逻辑公式呀。”

泰朵拉:“了解……”

我:“已经按照逻辑公式的定义那样，根据基本逻辑公式构建好了哟——逻辑公式的序列表示的就是这个构建过程。”

尤里:“用脑太多，肚子饿了……”

米尔嘉:“我们边吃点心边继续吧——啊！那块巧克力是我的！”

定义 23 $\texttt{IsForm}(x)$ 是谓词“x 是‘逻辑公式’”。此处我们定义“存在一个根据‘基本逻辑公式’构建的‘逻辑公式的序列’ n，使得最后的元素是 x”。

$$\mathtt{IsForm}(x) \overset{\text{def}}{\iff} \exists n \leqslant \mathrm{M}_{23}(x)\Big[\mathtt{IsFormSeq}(n) \land \mathtt{IsEndedWith}(n, x)\Big]$$

注意，这里我们将 $\mathrm{M}_{23}(x)$ 和 $\mathtt{IsEndedWith}(n, x)$ 定义如下。

$$\mathrm{M}_{23}(x) \overset{\text{def}}{=} \left(\mathrm{p}_{\mathtt{len}(x)^2}\right)^{x \times \mathtt{len}(x)^2}$$

$$\mathtt{IsEndedWith}(n, x) \overset{\text{def}}{\iff} n\mathtt{[len}(n)\mathtt{]} = x$$

定义 24　$\mathtt{IsBoundAt}(v, n, x)$ 是谓词"'变量' v 在 x 的第 n 个位置'受约束'。"

$$\begin{aligned}\mathtt{IsBoundAt}(v, n, x) \overset{\text{def}}{\iff}\ & \mathtt{IsVar}(v) \land \mathtt{IsForm}(x) \\ & \land\ \exists \mathrm{a}, \mathrm{b}, \mathrm{c} \leqslant x\Big[x = \mathrm{a} * \mathtt{forall}(v, \mathrm{b}) * \mathrm{c} \\ & \qquad \land\ \mathtt{IsForm}(\mathrm{b}) \land \mathtt{len}(\mathrm{a}) + 1 \leqslant n \leqslant \mathtt{len}(\mathrm{a}) + \mathtt{len}(\mathtt{forall}(v, \mathrm{b}))\Big]\end{aligned}$$

米尔嘉:"约束[1]的导入。"

尤里:"这里！因为要用 $\mathtt{forall}(v, \mathrm{b})$，所以检查了 $\mathtt{IsVar}(v)$。"

泰朵拉:"$\mathtt{len}(\mathrm{a}) + 1 \leqslant n \leqslant \mathtt{len}(\mathrm{a}) + \mathtt{len}(\mathtt{forall}(v, \mathrm{b}))$ 表示的是什么范围？"

米尔嘉:"表示的是变量 v 受约束的范围，就是 Scope。变量 v 不一定在该范围内出现。"

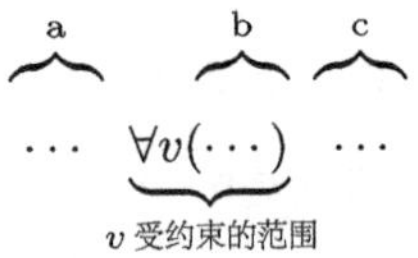

$$\overbrace{\cdots}^{\mathrm{a}}\quad \underbrace{\forall \overbrace{v(\cdots)}^{\mathrm{b}}}_{v\text{受约束的范围}}\quad \overbrace{\cdots}^{\mathrm{c}}$$

① 在分析某些具体的逻辑函数时，经常会遇到"输入变量的取值不是任意的"这种状况。像这样对输入变量的取值设置的限制即称为约束。——译者注

定义 25 $\texttt{IsFreeAt}(v, n, x)$ 是谓词"'变量' v 在 x 的第 n 个位置没有'受约束'"。

$$\texttt{IsFreeAt}(v,n,x) \overset{\text{def}}{\Longleftrightarrow}$$
$$\texttt{IsVar}(v) \wedge \texttt{IsForm}(x) \wedge v = x\texttt{[}n\texttt{]} \wedge n \leqslant \texttt{len}(x) \wedge \neg\texttt{IsBoundAt}(v,n,x)$$

定义 26 $\texttt{IsFree}(v, x)$ 是谓词"v 是 x 的'自由变量'"。

$$\texttt{IsFree}(v,x) \overset{\text{def}}{\Longleftrightarrow} \exists n \leqslant \texttt{len}(x)\Big[\texttt{IsFreeAt}(v,n,x)\Big]$$

定义 27 函数 $\texttt{substAtWith}(x, n, \mathrm{c})$ 求的是"用 c 代换 x 的第 n 个元素后的结果"。注意，这里的前提是 $1 \leqslant n \leqslant \texttt{len}(x)$。

$$\begin{aligned}&\texttt{substAtWith}(x,n,\mathrm{c}) \overset{\text{def}}{=}\\&\quad \min z \leqslant \mathrm{M}_8(x,\mathrm{c})\Big[\exists \mathrm{a},\mathrm{b} \leqslant x\Big[n = \texttt{len}(\mathrm{a}) + 1\\&\qquad\qquad\qquad \wedge\ x = \mathrm{a} * \langle x\texttt{[}n\texttt{]}\rangle * \mathrm{b} \wedge z = \mathrm{a} * \mathrm{c} * \mathrm{b}\Big]\Big]\end{aligned}$$

米尔嘉:"自由变量和代换的导入。"

泰朵拉:"到处都是变量，搞不太懂……"

我:"这儿的重点好像是 x 和 z。"

$$\begin{array}{ccccc} x & = & \overbrace{\cdots}^{\mathrm{a}} & x\texttt{[}n\texttt{]} & \overbrace{\cdots}^{\mathrm{b}} \\ z & = & \underbrace{\cdots}_{\mathrm{a}} & \underbrace{\cdots}_{\mathrm{c}} & \underbrace{\cdots}_{\mathrm{b}} \end{array}$$

泰朵拉:"就是说，用 c 代换序列 x 的第 n 个元素后，得到的序列等于 z 么……"

定义 28 函数 $\texttt{freepos}(k, v, x)$ 求的是"x 的第 $k+1$ 个'自由'的

v 的位置”。注意，这里的“第 $k+1$ 个”是从序列的结尾数起，也就是从后往前数的。此外，当 v 在该位置不自由时，该函数返回 0。

$$\begin{aligned}\texttt{freepos}(0,v,x) &\stackrel{\text{def}}{=} \min n \leqslant \texttt{len}(x)\Big[\texttt{IsFreeAt}(v,n,x)\\ &\quad \wedge \neg\Big(\exists \mathrm{p} \leqslant \texttt{len}(x)\Big[n<\mathrm{p} \wedge \texttt{IsFreeAt}(v,\mathrm{p},x)\Big]\Big)\Big]\\ \texttt{freepos}(k+1,v,x) &\stackrel{\text{def}}{=} \min n < \texttt{freepos}(k,v,x)\Big[\texttt{IsFreeAt}(v,n,x)\\ &\quad \wedge \neg\Big(\exists \mathrm{p} < \texttt{freepos}(k,v,x)\Big[n<\mathrm{p} \wedge \texttt{IsFreeAt}(v,\mathrm{p},x)\Big]\Big)\Big]\end{aligned}$$

泰朵拉:“为什么只有这里 v 的位置要从后往前倒着数呢?”

米尔嘉:“稍后就能揭晓谜底了。”

定义 29 函数 $\texttt{freenum}(v,x)$ 求的是“在 x 中有多少个‘自由’的 v 的位置”。

$$\texttt{freenum}(v,x) \stackrel{\text{def}}{=} \min n \leqslant \texttt{len}(x)\Big[\texttt{freepos}(n,v,x)=0\Big]$$

定义 30 函数 $\texttt{substSome}(k,x,v,\mathrm{c})$ 求的是“把 x 中的 k 个‘自由’的 v 的位置，用 c 代换后得到的‘逻辑公式’”。

$$\begin{cases}\texttt{substSome}(0,x,v,\mathrm{c}) & \stackrel{\text{def}}{=} x\\ \texttt{substSome}(k+1,x,v,\mathrm{c}) & \stackrel{\text{def}}{=} \texttt{substAtWith}(\texttt{substSome}(k,x,v,\mathrm{c}),\texttt{freepos}(k,v,x),\mathrm{c})\end{cases}$$

我:“我明白了!”

泰朵拉:“明白什么了?”

我:“为什么在 $\texttt{freepos}(k,v,x)$ 那里，位置是从后往前倒着数的。”

泰朵拉:“为什么?”

我:“计算 $\texttt{substSome}(k,x,v,\mathrm{c})$ 的时候，k 会逐渐减小。因此，要想让式子计算到结尾的时候结果为 0，就得反过来数。”

定义 31 函数 $\texttt{subst}(\mathrm{a}, v, \mathrm{c})$ 求的是“把所有的 a 的‘自由’的 v 都用 c 代换后的‘逻辑公式’”。

$$\texttt{subst}(\mathrm{a}, v, \mathrm{c}) \stackrel{\text{def}}{=} \texttt{substSome}((\texttt{freenum}(v, \mathrm{a}), \mathrm{a}, v, \mathrm{c})$$

米尔嘉:“这个 $\texttt{subst}(\mathrm{a}, v, \mathrm{c})$ 是公理 III-1 中出现过的‘把 a 的所有自由的 v 用 c 代换后的逻辑公式’。”

定义 32 函数 $\texttt{implies}(\mathrm{a}, \mathrm{b})$、函数 $\texttt{and}(\mathrm{a}, \mathrm{b})$、函数 $\texttt{equiv}(\mathrm{a}, \mathrm{b})$、函数 $\texttt{exists}(x, \mathrm{a})$ 分别求的是“$(\mathrm{a}) \to (\mathrm{b})$”“$(\mathrm{a}) \land (\mathrm{b})$”“$(\mathrm{a}) \rightleftarrows (\mathrm{b})$”“$\exists x(\mathrm{a})$”(10.4.3 节)。

$$\begin{aligned}
\texttt{implies}(\mathrm{a}, \mathrm{b}) &\stackrel{\text{def}}{=} \texttt{or}(\texttt{not}(\mathrm{a}), \mathrm{b}) \\
\texttt{and}(\mathrm{a}, \mathrm{b}) &\stackrel{\text{def}}{=} \texttt{not}(\texttt{or}(\texttt{not}(\mathrm{a}), \texttt{not}(\mathrm{b}))) \\
\texttt{equiv}(\mathrm{a}, \mathrm{b}) &\stackrel{\text{def}}{=} \texttt{and}(\texttt{implies}(\mathrm{a}, \mathrm{b}), \texttt{implies}(\mathrm{b}, \mathrm{a})) \\
\texttt{exists}(x, \mathrm{a}) &\stackrel{\text{def}}{=} \texttt{not}(\texttt{forall}(x, \texttt{not}(\mathrm{a})))
\end{aligned}$$

定义 33 函数 $\texttt{typelift}(n, x)$ 求的是“把 x‘形式提升’ n 后的结果”。“乘以 $\texttt{prime}(1, x\texttt{[}k\texttt{]})^n$”这部分相当于形式提升。然后，根据是否是常量来分情况讨论，对于常量，不作形式提升。

$$\begin{aligned}
\texttt{typelift}(n, x) \stackrel{\text{def}}{=} \min y \leqslant x^{(x^n)} \Big[\forall k \leqslant \texttt{len}(x) \Big[\\
\Big(\neg\texttt{IsVar}(x\texttt{[}k\texttt{]}) \land y\texttt{[}k\texttt{]} = x\texttt{[}k\texttt{]}\Big) \\
\lor \Big(\texttt{IsVar}(x\texttt{[}k\texttt{]}) \land y\texttt{[}k\texttt{]} = x\texttt{[}k\texttt{]} \times \texttt{prime}(1, x\texttt{[}k\texttt{]})^n\Big)\Big]\Big]
\end{aligned}$$

- 例如，假设 x 是逻辑公式 $x_2(x_1)$。
- 作为序列来看的话，x 是 $\boxed{x_2}\boxed{(}\boxed{x_1}\boxed{)}$。
- $\texttt{typelift}(1, x)$ 是 $\boxed{x_3}\boxed{(}\boxed{x_2}\boxed{)}$。
- $\texttt{typelift}(2, x)$ 是 $\boxed{x_4}\boxed{(}\boxed{x_3}\boxed{)}$。
- 不管常量 $\boxed{(}$ 和 $\boxed{)}$，只对变量 $\boxed{x_2}$ 和 $\boxed{x_1}$ 单独作了形式提升。

泰朵拉："总感觉……这个也很像程序。"

我："程序？"

泰朵拉："就是根据是否是 $\texttt{IsVar}(x\texttt{[}k\texttt{]})$ 来分情况讨论。"

米尔嘉："$\forall k \leqslant \texttt{len}(x)$ 是上限为 $\texttt{len}(x)$ 的循环。"

泰朵拉："哥德尔在没有计算机的时代就做了这些证明呀……"

10.8.5 公理、定理、形式证明

定义 34 $\texttt{IsAxiomI}(x)$ 是谓词"x 是根据公理 I（10.4.4 节）得到的'逻辑公式'"。与公理 I-1、公理 I-2、公理 I-3 对应的哥德尔数分别是 α_1、α_2、α_3。

$$\texttt{IsAxiomI}(x) \overset{\text{def}}{\Longleftrightarrow} x = \alpha_1 \vee x = \alpha_2 \vee x = \alpha_3$$

米尔嘉："公理的导入。"

我："米尔嘉，你看上去很高兴嘛。"

米尔嘉："因为终于到了能讨论形式系统的地方啦。"

定义 35 $\texttt{IsSchemaII}(n, x)$ 是谓词"x 是根据公理 II-n（10.4.4 节）得到的'逻辑公式'"。

$$\begin{aligned}\texttt{IsSchemaII}(1, x) \overset{\text{def}}{\Longleftrightarrow} \exists \mathrm{p} \leqslant x \Big[& \texttt{IsForm}(\mathrm{p}) \\ & \wedge x = \texttt{implies}(\texttt{or}(\mathrm{p}, \mathrm{p}), \mathrm{p}) \Big]\end{aligned}$$

$$\texttt{IsSchemaII}(2,x) \overset{\text{def}}{\Longleftrightarrow} \exists \mathrm{p},\mathrm{q} \leqslant x \Big[\texttt{IsForm}(\mathrm{p}) \wedge \texttt{IsForm}(\mathrm{q}) \wedge x = \texttt{implies}(\mathrm{p}, \texttt{or}(\mathrm{p},\mathrm{q})) \Big]$$

$$\texttt{IsSchemaII}(3,x) \overset{\text{def}}{\Longleftrightarrow} \exists \mathrm{p},\mathrm{q} \leqslant x \Big[\texttt{IsForm}(\mathrm{p}) \wedge \texttt{IsForm}(\mathrm{q}) \wedge x = \texttt{implies}(\texttt{or}(\mathrm{p},\mathrm{q}), \texttt{or}(\mathrm{q},\mathrm{p})) \Big]$$

$$\texttt{IsSchemaII}(4,x) \overset{\text{def}}{\Longleftrightarrow} \exists \mathrm{p},\mathrm{q},\mathrm{r} \leqslant x \Big[\texttt{IsForm}(\mathrm{p}) \wedge \texttt{IsForm}(\mathrm{q}) \wedge \texttt{IsForm}(\mathrm{r}) \wedge x = \texttt{implies}(\texttt{implies}(\mathrm{p},\mathrm{q}), \texttt{implies}(\texttt{or}(\mathrm{r},\mathrm{p}), \texttt{or}(\mathrm{r},\mathrm{p}))) \Big]$$

定义 36 $\texttt{IsAxiomII}(x)$ 是谓词“x 是根据公理 II（10.4.4 节）得到的‘逻辑公式’”。

$$\texttt{IsAxiomII}(x) \overset{\text{def}}{\Longleftrightarrow} \texttt{IsSchemaII}(1,x) \vee \texttt{IsSchemaII}(2,x) \vee \texttt{IsSchemaII}(3,x) \vee \texttt{IsSchemaII}(4,x)$$

定义 37 $\texttt{IsNotBoundIn}(z,y,v)$ 是谓词“在 y 中 v 是‘自由’的范围内，z 没有受‘约束’的‘变量’”。

$$\texttt{IsNotBoundIn}(z,y,v) \overset{\text{def}}{\Longleftrightarrow} \neg \Big(\exists n \leqslant \texttt{len}(y) \Big[\exists m \leqslant \texttt{len}(z) \Big[\exists w \leqslant z \Big[w = z[m] \wedge \texttt{IsBoundAt}(w,n,y) \wedge \texttt{IsFreeAt}(v,n,y) \Big] \Big] \Big] \Big)$$

定义 38 $\texttt{IsSchemaIII}(1,x)$ 是谓词“x 是根据公理 III-1（10.4.4 节）得到的‘逻辑公式’”。

$$\texttt{IsSchemaIII}(1,x) \overset{\text{def}}{\Longleftrightarrow} \exists v,y,z,n \leqslant x \Big[\texttt{IsVarType}(v,n) \wedge \texttt{IsNthType}(z,n) \wedge \texttt{IsForm}(y) \wedge \texttt{IsNotBoundIn}(z,y,v) \wedge x = \texttt{implies}(\texttt{forall}(v,y), \texttt{subst}(y,v,z)) \Big]$$

定义 39 $\texttt{IsSchemaIII}(2, x)$ 是谓词“x 是根据公理 III-2（10.4.4 节）得到的‘逻辑公式’”。

$$\texttt{IsSchemaIII}(2, x) \overset{\text{def}}{\Longleftrightarrow}$$
$$\exists\, v, \mathrm{q}, \mathrm{p} \leqslant x \Big[\ \texttt{IsVar}(v) \wedge \texttt{IsForm}(\mathrm{p}) \wedge \neg\texttt{IsFree}(v, \mathrm{p}) \wedge \texttt{IsForm}(\mathrm{q})$$
$$\wedge\ x = \texttt{implies}(\texttt{forall}(v, \texttt{or}(\mathrm{p}, \mathrm{q})), \texttt{or}(\mathrm{p}, \texttt{forall}(v, \mathrm{q})))\ \Big]$$

定义 40 $\texttt{IsAxiomIV}(x)$ 是谓词“x 是根据公理 IV（10.4.4 节）得到的‘逻辑公式’”。

$$\texttt{IsAxiomIV}(x) \overset{\text{def}}{\Longleftrightarrow}$$
$$\exists\, u, v, y, n \leqslant x \Big[\texttt{IsVarType}(u, n+1) \wedge \texttt{IsVarType}(v, n)$$
$$\wedge\ \neg\texttt{IsFree}(u, y) \wedge \texttt{IsForm}(y)$$
$$\wedge\ x = \texttt{exists}(u, \texttt{forall}(v, \texttt{equiv}(\langle u \rangle * \texttt{paren}(\langle v \rangle), y)))\Big]$$

定义 41 $\texttt{IsAxiomV}(x)$ 是谓词“x 是根据公理 V（10.4.4 节）得到的‘逻辑公式’”。与公理 V 对应的哥德尔数是 α_4。

$$\texttt{IsAxiomV}(x) \overset{\text{def}}{\Longleftrightarrow} \exists\, n \leqslant x \Big[\ x = \texttt{typelift}(n, \alpha_4)\Big]$$

定义 42 $\texttt{IsAxiom}(x)$ 是谓词“x 是‘公理’”。

$$\texttt{IsAxiom}(x) \overset{\text{def}}{\Longleftrightarrow}$$
$$\texttt{IsAxiomI}(x) \vee \texttt{IsAxiomII}(x) \vee \texttt{IsAxiomIII}(x) \vee \texttt{IsAxiomIV}(x) \vee \texttt{IsAxiomV}(x)$$

注意，这里我们将 $\texttt{IsAxiomIII}(x)$ 定义如下。

$$\texttt{IsAxiomIII}(x) \overset{\text{def}}{\Longleftrightarrow} \texttt{IsSchemaIII}(1, x) \vee \texttt{IsSchemaIII}(2, x)$$

定义 43 $\texttt{IsConseq}(x, \mathrm{a}, \mathrm{b})$ 是谓词“x 是 a 和 b 的‘直接推论’”。

$$\texttt{IsConseq}(x, \mathrm{a}, \mathrm{b}) \overset{\text{def}}{\Longleftrightarrow} a = \texttt{implies}(\mathrm{b}, x) \vee \exists\, v \leqslant x \Big[\ \texttt{IsVar}(v) \wedge x = \texttt{forall}(v, \mathrm{a})\ \Big]$$

米尔嘉："推理规则。"

泰朵拉："这里出现的 Conseq 指的是？"

米尔嘉："是直接推论的英文 Immediate Consequence 的略称。"

泰朵拉："$\vee$ 前面的部分，指的是根据 $\mathrm{a} = \mathtt{implies}(\mathrm{b}, x)$ 和 b 得出 x 吧。"

米尔嘉："相当于根据 $\mathrm{b} \to x$ 和 b 得出 x。"

泰朵拉："那 $\vee$ 后面的部分，指的是根据 a 得到 $\mathtt{forall}(v, \mathrm{a})$，对吧？"

米尔嘉："相当于根据 a 得到 $\forall v(\mathrm{a})$。"

尤里："啊，这边也检查了 $\mathtt{IsVar}(v)$。"

定义 44 $\mathtt{IsProof}(x)$ 是谓词"x 是'形式证明'"。

$$\begin{aligned}\mathtt{IsProof}(x) \overset{\text{def}}{\Longleftrightarrow}\; & \mathtt{len}(x) > 0 \\ & \wedge\ \forall n \leqslant \mathtt{len}(x) \left[\ n > 0 \Rightarrow \mathtt{IsAxiomAt}(x, n) \vee \mathtt{ConseqAt}(x, n)\ \right]\end{aligned}$$

注意，这里我们将 $\mathtt{IsAxiomAt}(x, n)$ 和 $\mathtt{ConseqAt}(x, n)$ 定义如下。

$$\begin{aligned}\mathtt{IsAxiomAt}(x, n) & \overset{\text{def}}{\Longleftrightarrow} \mathtt{IsAxiom}(x\,\mathtt{[}n\mathtt{]}) \\ \mathtt{ConseqAt}(x, n) & \overset{\text{def}}{\Longleftrightarrow} \exists \mathrm{p}, \mathrm{q} < n \left[\ \mathrm{p}, \mathrm{q} > 0 \wedge \mathtt{IsConseq}(x\,\mathtt{[}n\mathtt{]}, x\,\mathtt{[}\mathrm{p}\mathtt{]}, x\,\mathtt{[}\mathrm{q}\mathtt{]})\ \right]\end{aligned}$$

定义 45 $\mathtt{Proves}(\mathrm{p}, x)$ 是谓词"p 是 x 的'形式证明'"。

$$\mathtt{Proves}(\mathrm{p}, x) \overset{\text{def}}{\Longleftrightarrow} \mathtt{IsProof}(\mathrm{p}) \wedge \mathtt{IsEndedWith}(\mathrm{p}, x)$$

米尔嘉："尤里！"

尤里："在！ p 是形式证明，结尾的逻辑公式是 x。"

我："p 从形式上证明了 x…… 吗？"

泰朵拉："总算证明出来啦……"

定义 46　$\texttt{IsProvable}(x)$ 是谓词“对 x 而言，存在‘形式证明’”。

$$\texttt{IsProvable}(x) \overset{\text{def}}{\Longleftrightarrow} \exists \mathrm{p}\Big[\,\texttt{Proves}(\mathrm{p}, x)\Big]$$

“那么，我们来猜个谜。”米尔嘉面带悦色地说道，“定义 1 ~ 定义 45 跟定义 46 的巨大差异在哪儿？”

一时间大家都埋头思考着。

“定义 46 里有一个自由变量…… 是这种差异吗？”泰朵拉说道。

“不对。自由变量只有一个的谓词还有很多。”

“形式不同？”尤里说道。

“形式？再明确点。”米尔嘉说道。

“嗯…… 只有定义 46 有 $\exists \mathrm{p}$ 这种形式。”

“其他地方也出现了 $\exists$ 吧。”米尔嘉说道，但眼里却透着喜悦。

“不是这个啦，我是说定义 46 的 $\exists \mathrm{p}$ 并不是 $\exists \mathrm{p} \leqslant \mathrm{M}$ 这样的形式。”

“就是这里！”米尔嘉说道，“从定义 1 到定义 45，不管是 $\forall$ 还是 $\exists$，一定都有上限。如果我们把 $\forall$ 和 $\exists$ 想成‘研究循环命题’的结构，那么就会明白‘有上限’的意思就是已知重复的次数。这就是原始递归性。从定义 1 到定义 45，全都是原始递归的。只有定义 46 的 $\texttt{IsProvable}(x)$ 不是原始递归的。”

10.9　新春——不可判定语句

10.9.1　“季节”的确认

那么，马上就要到“新春”了。我们先来确认一下前面四个“季节”的经历。

“春天”，我们定义了**形式系统 P**，也就是形式系统 P 的基本符号、公理、推理规则，等等。

“夏天”，我们定义了**哥德尔数**。确定了把形式系统 P 的基本符号和序列跟数相对应的方法。这样一来，就可以用数来表示形式系统了。

“秋天”，我们定义了**原始递归函数**和**原始递归谓词**。此外，虽然没有去证明表现定理，但也学习了它。表现定理是从含义的世界通往形式的世界的桥梁。

“冬天”，我们把 Proves(p, x)，即谓词“**p 是 x 的‘形式证明’**”定义成了原始递归谓词。

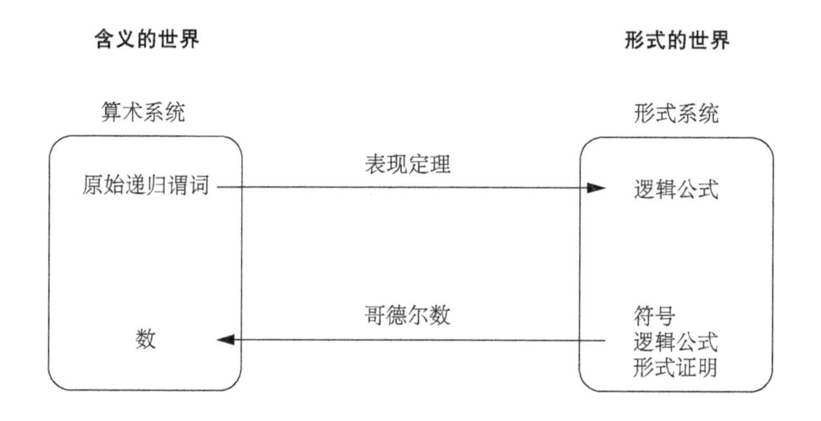

下面，该“新春”了。我们要以前面的一切准备为基础，构成不可判定语句。形式系统 P 包含了 A 和 ¬A 都无法从形式上证明的语句，即不可判定语句。

“新春”由八个阶段构成。

下面我们按照“种子”“绿芽”“枝杈”“叶子”“蓓蕾”，以及“梅花”“桃花”“樱花”的顺序来进行讨论。在最后的“樱花”阶段，第一不完备定理的证明才会结束。

10.9.2　种子——从含义的世界到形式的世界

我们将含有两个变量的谓词 Q 定义如下。

$$\mathrm{Q}(x,y) \overset{\text{def}}{\Longleftrightarrow} \neg\mathtt{Proves}(x, \mathtt{subst}(y, \boxed{y_1}, \overline{y}))$$

$\mathrm{Q}(x,y)$ 是谓词“x 不是 $\mathtt{subst}(y, \boxed{y_1}, \overline{y})$ 的‘形式证明’”。这是原始递归谓词，因为 $\mathrm{Q}(x,y)$ 是用我们在“冬天”定义的原始递归谓词和原始递归函数定义的。

在此，为了便于阅读，我们将变量的哥德尔数定义如下。

$$\boxed{x_1} \overset{\text{def}}{=} 17, \quad \boxed{y_1} \overset{\text{def}}{=} 19$$

尤里：“我们在‘冬天’定义了什么来着？”

我：“$\mathtt{Proves}(\mathrm{p}, x)$ 和 $\mathtt{subst}(x, v, \mathrm{c})$ 呀。”

泰朵拉：“还有…… 求数项的函数 $\overline{x}$ 也是。”

尤里：“$\boxed{y_1}$ 呢？”

我：“$\boxed{y_1}$ 是 19，只是个数而已。”

尤里：“为什么 $\boxed{y_1}$ 是 19 来着？”

我：“因为变量的哥德尔数的定义呀。”（10.6.1 节）

米尔嘉：“只是一个数，就是说常量函数也是原始递归函数。”

一旦在这里使用表现定理中的“秋天 -2”（10.7.3 节），我们就可以得出：对于任意数 m, n，存在双变量逻辑公式 q，使得以下关系成立。

$$\neg\mathrm{Q}(m,n) \Rightarrow \text{存在 } \mathtt{not}(\mathrm{q}\langle\overline{m},\overline{n}\rangle) \text{ 的“形式证明”}$$

注意，这里我们将 $\mathrm{q}\langle\overline{m},\overline{n}\rangle$ 定义如下。

$$\mathrm{q}\langle\overline{m},\overline{n}\rangle \overset{\text{def}}{=} \mathtt{subst}(\mathtt{subst}(\mathrm{q}, \boxed{x_1}, \overline{m}), \boxed{y_1}, \overline{n})$$

泰朵拉："诶……这样一来，不就用 q 定义了 q 吗？"

米尔嘉："并不是。这里是在用 q 定义$\mathrm{q}\langle\overline{m},\overline{n}\rangle$。"

泰朵拉："不好意思，我不明白这两个有什么差别。"

米尔嘉："q 是双变量逻辑公式的哥德尔数。变量的哥德尔数是$\boxed{x_1}$和$\boxed{y_1}$。"

泰朵拉："了解。就是 17 和 19 吧。"

米尔嘉："所以$\mathrm{q}\langle\overline{m},\overline{n}\rangle$就是，把 q 的两个变量分别用$\overline{m}$和$\overline{n}$代换后得到的语句的哥德尔数。"

泰朵拉："啊……这样呀。这么说来，在讲表现定理的时候，也讲过同样的内容呢。"

为了方便讲解，我们先说了能从"秋天 -2"推导出的部分，但是"秋天 -1"和"秋天 -2"需要一起来看。也就是说，这里出现的 q 在"秋天 -1"和"秋天 -2"中是一样的。"秋天 -1"我们之后再讲解。

接下来，用$\texttt{IsProvable}(\texttt{not}(\mathrm{q}\langle\overline{m},\overline{n}\rangle))$表示"存在$\texttt{not}(\mathrm{q}\langle\overline{m},\overline{n}\rangle)$的'形式证明'"，得到下面的 A0。

▶ A0：$\neg\mathrm{Q}(m,n) \Rightarrow \texttt{IsProvable}(\texttt{not}(\mathrm{q}\langle\overline{m},\overline{n}\rangle))$

根据谓词 Q 的定义，$\neg\mathrm{Q}(m,n)$ 可以写成 $\neg\neg\mathrm{Proves}(m,n\langle\overline{n}\rangle)$，也就是 $\mathrm{Proves}(m,n\langle\overline{n}\rangle)$。注意，这里我们将$n\langle\overline{n}\rangle$定义如下。

$$n\langle\overline{n}\rangle \stackrel{\mathrm{def}}{=} \texttt{subst}(n,\boxed{y_1},\overline{n})$$

然后，根据 A0 得出下面的 A1。

▶ A1：$\texttt{Proves}(m,n\langle\overline{n}\rangle) \Rightarrow \texttt{IsProvable}(\texttt{not}(\mathrm{q}\langle\overline{m}\ \overline{n}\rangle))$

我们会在"叶子"阶段用到这个 A1。

泰朵拉:“话说回来,刚才那个 $\texttt{subst}(n, \boxed{y_1}, \overline{n})$ 到底是什么?”

我:“把单变量逻辑公式 n 的自由变量$\boxed{y_1}$,嗯…… 用数项是 n 本身的$\overline{n}$代换后得到的语句,大概是这个意思吧。”

米尔嘉:“没错。从元数学的角度来看,这么表达很恰当。而换到算术的角度,就非常啰嗦了。‘逻辑公式’会变成‘逻辑公式的哥德尔数’,‘设为数项的$\overline{n}$’会变成‘设为数项的$\overline{n}$的哥德尔数’,‘…… 得到的语句’则会变成‘…… 得到的语句的哥德尔数’。这是因为一切都用数来表示了。”

泰朵拉:“那个 …… $\texttt{subst}(n, \boxed{y_1}, \overline{n})$ 究竟指的是什么呢?”

米尔嘉:“n 的对角化。也就是说,设‘□是○○’为 n,$\texttt{subst}(n, \boxed{y_1}, \overline{n})$ 就是‘□是○○’中的○○。”

这次我们就用表现定理的“秋天 -1”来得出下面的 B0。

► B0:$\mathrm{Q}(m,n) \Rightarrow \texttt{IsProvable}(\mathrm{q}\langle \overline{m}, \overline{n} \rangle)$

根据谓词 Q 的定义,$\mathrm{Q}(m, n)$ 可以写作 $\neg\texttt{Proves}(m, n\langle \overline{n} \rangle)$。然后,根据 B0 得出下面的 B1。

► B1:$\underset{\sim\sim\sim\sim\sim\sim\sim\sim\sim}{\neg\texttt{Proves}(m, n\langle\overline{n}\rangle)} \Rightarrow \texttt{IsProvable}(\mathrm{q}\langle \overline{m}, \overline{n} \rangle)$

我们会在“蓓蕾”阶段用到这个 B1。

我:“怎么了,泰朵拉?看你不停地翻笔记。”

泰朵拉:“没有 …… 只是想到了点东西。”

10.9.3　绿芽——p 的定义

设 q 的两个自由变量为$\boxed{x_1}$和$\boxed{y_1}$,为了明确表示这一点,我们把 q 写成 $\mathrm{q}\langle \boxed{x_1}, \boxed{y_1} \rangle$。

$$\mathrm{q} = \mathrm{q}\langle \boxed{x_1}, \boxed{y_1} \rangle$$

现在，如果把逻辑公式 p 定义成 $\texttt{forall}(\boxed{x_1}, \mathrm{q})$，p 就可以写成下面这样了。

$$\mathrm{p} \stackrel{\text{def}}{=} \texttt{forall}(\boxed{x_1}, \mathrm{q}\langle \boxed{x_1}, \boxed{y_1} \rangle)$$

仔细观察的话，我们就会发现 q 的自由变量 $\boxed{x_1}$ 在 p 中是受 $\texttt{forall}(\boxed{x_1}, \cdots)$ 约束的，因此 p 只持有 $\boxed{y_1}$ 这个自由变量。我们将 p 记作 $\mathrm{p}\langle \boxed{y_1} \rangle$，所以 $\mathrm{p}\langle \boxed{y_1} \rangle$ 能写成下面的 C1 这样。

▶ C1：$\mathrm{p}\langle \boxed{y_1} \rangle = \texttt{forall}(\boxed{x_1}, \mathrm{q}\langle \boxed{x_1}, \boxed{y_1} \rangle)$

在 C1 中，用 $\overline{\mathrm{p}}$ 代换 $\boxed{y_1}$，得出下面的 C2。

▶ C2：$\mathrm{p}\langle \overline{\mathrm{p}} \rangle = \texttt{forall}(\boxed{x_1}, \mathrm{q}\langle \boxed{x_1}, \overline{\mathrm{p}} \rangle)$

注意，这里设 $\mathrm{p}\langle \overline{\mathrm{p}} \rangle \stackrel{\text{def}}{=} \texttt{subst}(\mathrm{p}, \boxed{y_1}, \overline{\mathrm{p}})$。

我们会在“叶子”和“蓓蕾”阶段用到这个 C2。

10.9.4 枝杈——r 的定义

在“枝杈”阶段，我们要把 r 这个单变量逻辑公式定义成 $\mathrm{q}\langle \boxed{x_1}, \overline{\mathrm{p}} \rangle$。因为 r 中剩下的自由变量是 $\boxed{x_1}$，所以我们把 r 写作 $\mathrm{r}\langle \boxed{x_1} \rangle$。

▶ C3：$\mathrm{r}\langle \boxed{x_1} \rangle \stackrel{\text{def}}{=} \mathrm{q}\langle \boxed{x_1}, \overline{\mathrm{p}} \rangle$

在 C3 中，我们用 $\overline{m}$ 代换 $\boxed{x_1}$，得出下面的 C4。

▶ C4：$\mathrm{r}\langle \overline{m} \rangle = \mathrm{q}\langle \overline{m}, \overline{p} \rangle$

我们会在“叶子”和“蓓蕾”阶段用到这个 C4。

不要忘记我们现在还身处“含义的世界”里，面对的一直都是数。然而，这里的数指的是哥德尔数。从算术的角度来看，我们面对的是数，从元数学的角度来看，我们面对的则是“数项”“逻辑公式”，或者是“形式证明”。

10.9.5 叶子——从 A1 往下走

在“叶子”阶段，我们的目标是用 r 来表示在“种子”阶段推导出的 A1。

▶ A1：$\texttt{Proves}(m, n\langle\overline{n}\rangle) \Rightarrow \texttt{IsProvable}(\texttt{not}(\mathrm{q}\langle\overline{m}, \overline{n}\rangle))$

把 p 代入 A1 的 n，得出下面的 A2。

▶ A2：$\texttt{Proves}(m, \underset{\sim}{\mathrm{p}\langle\overline{\mathrm{p}}\rangle}) \Rightarrow \texttt{IsProvable}(\texttt{not}(\mathrm{q}\langle\overline{m}, \underset{\sim}{\overline{\mathrm{p}}}\rangle))$

根据 A2 和 C2“$(\mathrm{p}\langle\overline{\mathrm{p}}\rangle = \texttt{forall}(\boxed{x_1}, \mathrm{q}\langle\boxed{x_1}, \overline{\mathrm{p}}\rangle))$”，得出下面的 A3。

▶ A3：$\texttt{Proves}(m, \underset{\sim}{\texttt{forall}(\boxed{x_1}, \mathrm{q}\langle\boxed{x_1}, \overline{\mathrm{p}}\rangle)}) \Rightarrow \texttt{IsProvable}(\texttt{not}(\mathrm{q}\langle\overline{m}, \overline{\mathrm{p}}\rangle))$

根据 A3 和 C3“$(\mathrm{r}\langle\boxed{x_1}\rangle = \mathrm{q}\langle\boxed{x_1}, \overline{\mathrm{p}}\rangle)$”，得出下面的 A4。

▶ A4：$\texttt{Proves}(m, \texttt{forall}(\boxed{x_1}, \underset{\sim}{\mathrm{r}\langle\boxed{x_1}\rangle})) \Rightarrow \texttt{IsProvable}(\texttt{not}(\mathrm{q}\langle\overline{m}, \overline{\mathrm{p}}\rangle))$

根据 A4 和 C4“$(\mathrm{r}\langle\overline{m}\rangle = \mathrm{q}\langle\overline{m}, \overline{\mathrm{p}}\rangle)$”，得出下面的 A5。

▶ A5：$\texttt{Proves}(m, \texttt{forall}(\boxed{x_1}, \mathrm{r}\langle\boxed{x_1}\rangle)) \Rightarrow \texttt{IsProvable}(\texttt{not}(\underset{\sim}{\mathrm{r}\langle\overline{m}\rangle}))$

我们会在“梅花”阶段用到这个 A5。

10.9.6 蓓蕾——从 B1 开始往下走

在“蓓蕾”阶段，我们的目标是用 r 来表示在‘种子’阶段推导出的 B1。

▶ B1：$\neg\texttt{Proves}(m, n\langle \overline{n} \rangle) \Rightarrow \texttt{IsProvable}(\mathrm{q}\langle \overline{m}, \overline{n} \rangle)$

把 p 代入 B1 的 n，得出下面的 B2。

▶ B2：$\neg\texttt{Proves}(m, \mathrm{p}\langle \overline{\mathrm{p}} \rangle) \Rightarrow \texttt{IsProvable}(\mathrm{q}\langle \overline{m}, \overline{\mathrm{p}} \rangle)$

根据 B2 和 C2“($\mathrm{p}\langle \overline{\mathrm{p}} \rangle = \texttt{forall}(\boxed{x_1}, \mathrm{q}\langle \boxed{x_1}, \overline{\mathrm{p}} \rangle)$)”，得出下面的 B3。

▶ B3：$\neg\texttt{Proves}(m, \texttt{forall}(\boxed{x_1}, \mathrm{q}\langle \boxed{x_1}, \overline{\mathrm{p}} \rangle)) \Rightarrow \texttt{IsProvable}(\mathrm{q}\langle \overline{m}, \overline{\mathrm{p}} \rangle)$

根据 B3 和 C3“($\mathrm{r}\langle \boxed{x_1} \rangle \stackrel{\text{def}}{=} \mathrm{q}\langle \boxed{x_1}, \overline{\mathrm{p}} \rangle$)”，得出下面的 B4。

▶ B4：$\neg\texttt{Proves}(m, \texttt{forall}(\boxed{x_1}, \mathrm{r}\langle \boxed{x_1} \rangle)) \Rightarrow \texttt{IsProvable}(\mathrm{q}\langle \overline{m}, \overline{\mathrm{p}} \rangle)$

根据 B4 和 C4“($\mathrm{r}\langle \overline{m} \rangle = \mathrm{q}\langle \overline{m}, \overline{\mathrm{p}} \rangle$)”，得出下面的 B5。

▶ B5：$\neg\texttt{Proves}(m, \texttt{forall}(\boxed{x_1}, \mathrm{r}\langle \boxed{x_1} \rangle)) \Rightarrow \texttt{IsProvable}(\mathrm{r}\langle \overline{m} \rangle)$

我们会在“桃花”阶段用到这个 B5。

10.9.7 不可判定语句的定义

事实上，刚刚出现在“蓓蕾”阶段的 $\texttt{forall}(\boxed{x_1}, \mathrm{r}\langle \boxed{x_1} \rangle)$ 是个不可判定语句。我们就称该语句为 g 吧。

▷ **g的定义** $\mathrm{g} \stackrel{\text{def}}{=} \texttt{forall}(\boxed{x_1}, \mathrm{r}\langle \boxed{x_1} \rangle)$

要证明 g 是不可判定语句，只要证明以下两项即可。

- $\neg$IsProvable(g)
- $\neg$IsProvable(not(g))

我们将分别在“梅花”和“桃花”阶段来证明这两项。

10.9.8 梅花——$\neg$IsProvable(g)

这里假设一个前提 —— 形式系统 P 是相容的。

▶ D0：形式系统P是相容的。

在“梅花”阶段，我们想证明的命题是 $\neg$IsProvable(forall($\boxed{x_1}$, r⟨$\boxed{x_1}$⟩))。这里要使用反证法。假设下面的 D1 是我们想证明的命题的否定。

▶ D1：IsProvable(forall($\boxed{x_1}$, r⟨$\boxed{x_1}$⟩))

把 D1 中的 forall($\boxed{x_1}$, r⟨$\boxed{x_1}$⟩) 的形式证明假设为 s，得出下面的 D2。

▶ D2：Proves(s, forall($\boxed{x_1}$, r⟨$\boxed{x_1}$⟩))

在此，我们来看一下在“叶子”阶段导出的 A5。因为对于任意 m，A5 都成立，所以即使拿 D2 的 s 当作 m，A5 也成立。因此，可以得出下面的 D3。

▶ D3：Proves(s, forall($\boxed{x_1}$, r⟨$\boxed{x_1}$⟩)) $\Rightarrow$ IsProvable(not(r⟨$\overline{\text{s}}$⟩))

根据 D2 和 D3 得出下面的 D4。

▶ D4：IsProvable(not(r⟨$\overline{\text{s}}$⟩))

下面来看 D1。我们从元数学的角度出发来就形式系统进行考察。根据 D1，我们已知 forall($\boxed{x_1}$, r⟨$\boxed{x_1}$⟩) 这个语句存在形式证明。也就是说，forall($\boxed{x_1}$, r⟨$\boxed{x_1}$⟩) 会成为定理。

在这里，我们把 D1 跟形式系统 P 中的公理 III-1 相结合，得出 subst(r, $\boxed{x_1}$, $\bar{\mathrm{s}}$)，也就是 r⟨$\bar{\mathrm{s}}$⟩。这样一来，r⟨$\bar{\mathrm{s}}$⟩ 也会成为定理。

因为 r⟨$\bar{\mathrm{s}}$⟩ 存在形式证明，所以可以得出下面的 D5。

▶ D5：IsProvable(r⟨$\bar{\mathrm{s}}$⟩)

根据 D4 和 D5，我们知道了 not(r⟨$\bar{\mathrm{s}}$⟩) 和 r⟨$\bar{\mathrm{s}}$⟩ 都能从形式上来证明。因此，可以得出下面的 D6。

▶ D6：形式系统P是矛盾的。

D6 跟前提 D0（形式系统 P 是相容的）相矛盾。因此，根据反证法，之前假设的 D1，即“(IsProvable(forall($\boxed{x_1}$, r⟨$\boxed{x_1}$⟩)))”的否定成立。

也就是说，我们证明了下面的 D7 成立。

▶ D7：¬IsProvable(forall($\boxed{x_1}$, r⟨$\boxed{x_1}$⟩))

泰朵拉：“咦…… 刚刚是不是出现了两种‘矛盾’？”

米尔嘉：“你注意到了这点呀。”

我：“两种？”

米尔嘉：“D4 和 D5 在形式的世界里相矛盾——逻辑公式和其否定都能从形式上来证明。”

我：“嗯，确实。所以呢？”

米尔嘉：“D0 和 D6 在含义的世界里相矛盾，命题和其否定都成立。”

我：“确实如此。两种矛盾啊……”

10.9.9 桃花——¬IsProvable(not(g))的证明

对形式系统 P，我们以下面的 E0 为前提条件。

▶ E0：形式系统P是ω相容[①]的。

这里，我们来定义一下ω矛盾和ω相容吧。

▷ **ω矛盾** “某个形式系统是ω矛盾的”指的是对于单变量逻辑公式$\mathrm{f}\langle\boxed{x_1}\rangle$而言，下面两个条件都能成立。

- $\mathrm{f}\langle\overline{0}\rangle, \mathrm{f}\langle\overline{1}\rangle, \mathrm{f}\langle\overline{2}\rangle \cdots$ 都存在形式证明。
- `not(forall(`$\boxed{x_1}$`, f⟨`$\boxed{x_1}$`⟩))` 存在形式证明。

▷ **ω相容** “某个形式系统是ω相容的”指的是形式系统没有ω矛盾。

比起单纯的相容，ω相容是更为苛刻的条件。如果某个形式系统是ω相容的，那么就可以说它肯定是相容的。然而反过来，我们不能因为某个形式系统是相容的，就说它一定是ω相容的。

我："就算是相容，也不一定是ω相容么……真不可思议啊。既然对于任何数 t，我们都能从形式上证明$\mathrm{f}\langle\overline{\mathrm{t}}\rangle$，那么不就也能从形式上来证明`(forall(`$\boxed{x_1}$`, f⟨`$\boxed{x_1}$`⟩))`吗？"

米尔嘉："从数的标准解释来说，确实会感到不可思议。这是因为，关于'所有的数'的观点，和使用了'$\forall$'的观点间存在偏差。"

泰朵拉："为什么会冒出来个ω？"

米尔嘉："这里使用的ω是数的集合$\omega = \{0, 1, 2, \ldots\}$的意思。$\omega$相容这个说法可能是根据'从数的标准来解释是不矛盾的'这一点来说的。

---

① 相容性又叫作无矛盾性或一致性，因此"ω相容"也可以说成"ω无矛盾"。
——译者注

这样一来，我们想在“桃花”阶段证明的就是以下内容了。

$\neg$IsProvable(not(forall($\boxed{x_1}$, r⟨$\boxed{x_1}$⟩)))

根据我们在“梅花”阶段推导出的 D7，下面的 E1 对于任意逻辑公式的序列 t 都成立。

▶ E1：$\neg$Proves(t, forall($\boxed{x_1}$, r⟨$\boxed{x_1}$⟩))

在“蓓蕾”阶段推导出的 B5 在 m 为 t 时也成立，因此我们可以得出下面的 E2。

▶ E2：$\neg$Proves(t, forall($\boxed{x_1}$, r⟨$\boxed{x_1}$⟩)) $\Rightarrow$ IsProvable(r⟨$\bar{\mathrm{t}}$⟩)

根据 E1 和 E2，可以得出下面的 E3，E3 对任意 t 都成立。

▶ E3：IsProvable(r⟨$\bar{\mathrm{t}}$⟩)

我们在此处使用反证法。

假设下面的 E4 是我们想证明的命题的否定。

▶ E4：IsProvable(not(forall($\boxed{x_1}$, r⟨$\boxed{x_1}$⟩)))

根据 E4 和“E3 对任意 t 都成立”得出 E5。

▶ E5：形式系统 P 是 ω 矛盾的。

E5 跟前提 E0（形式系统 P 是 ω 相容的）相矛盾。

因此，根据反证法，我们假设的 E4 的否定成立。

也就是说，我们证明了下面的 E6 成立。

▶ E6：$\neg$IsProvable(not(forall($\boxed{x_1}$, r⟨$\boxed{x_1}$⟩)))

10.9.10 樱花——证明形式系统P是不完备的

根据我们在“梅花”阶段推导出的D7和在“桃花”阶段推导出的E6，可以得出下面的F1。

► F1：g和not(g)两者都不存在形式证明

根据F1得出下面的F2。

► F2：形式系统P是不完备的

以上就是第一不完备定理的证明。好啦，我们可以休息一下了。

“唔……”尤里趴在桌子上呻吟着。

“感觉……好烧脑啊。”我说道。

泰朵拉专注地在笔记本上画着图。

“泰朵拉，你在画什么呢？”

“‘新春’之旅的地图！”泰朵拉活力十足地把笔记本递给我看。

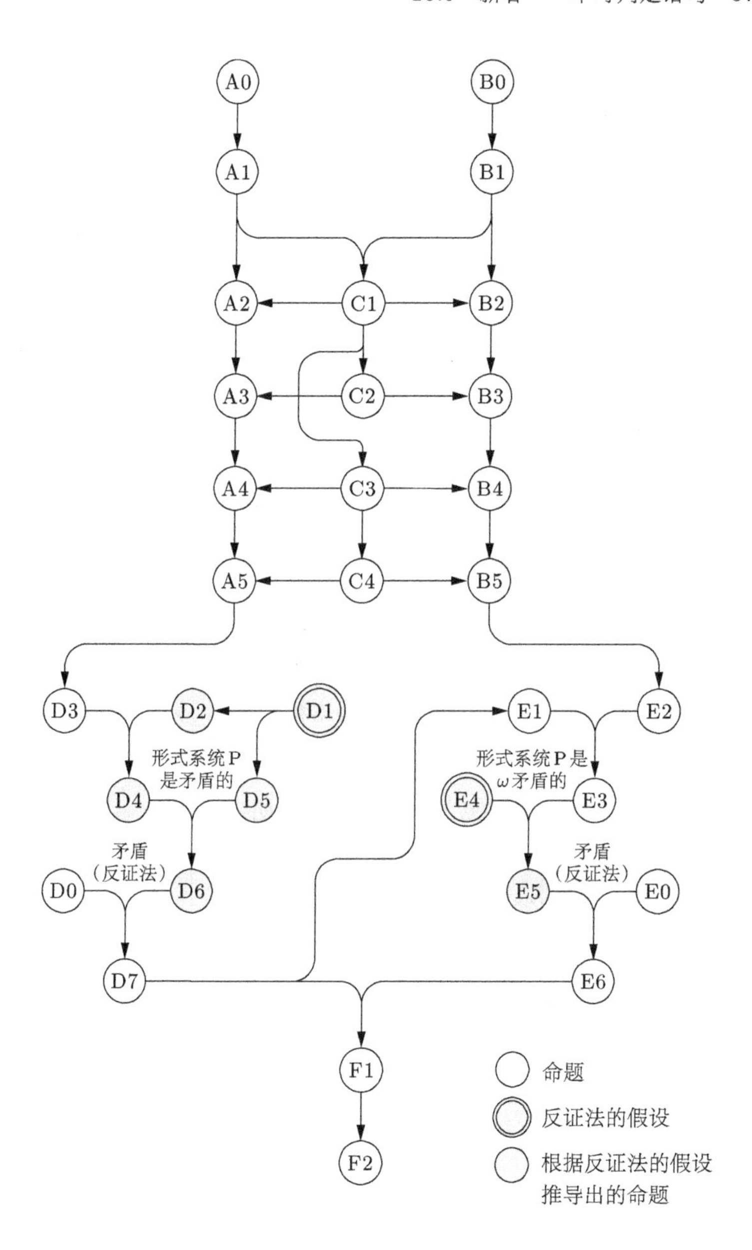

“新春”之旅的地图

（第一不完备定理证明的最终阶段）

10.10 不完备定理的意义

10.10.1 "'我'是无法证明的"

在这个名为"氯"的房间里，白板被公式填满，桌子上也乱糟糟的，都是我们方才写的笔记。

米尔嘉的授课告一段落，我们还沉浸在余韵之中。

"不完备定理的证明，怎么说呢，真厉害啊……"我说道。

"这个过程是按照哥德尔的论文来的。"米尔嘉说道。

"真是相当……累脑子啊。"尤里说道。

"泰朵拉画的旅行地图挺好懂的。"我说道。

"那个……"泰朵拉一边翻着自己的笔记一边说道，"对于不完备定理的证明过程，通过米尔嘉学姐说的'季节'，我差不多明白了。'春天'阶段是形式系统 P，'夏天'阶段是哥德尔数，'秋天'阶段是表现定理，'冬天'阶段是证明测定仪，'新春'阶段则是不可判定语句……可是，这个不可判定语句有什么样的含义呢，我还没弄明白。"

"什么样的是不可判定语句来着？"尤里问道。

"是 g 呀。"我回答道。

$$\mathrm{g} = \mathtt{forall}(\boxed{x_1}, \mathrm{r}\langle\boxed{x_1}\rangle)$$

"想思考含义的话，用 p 来表示 g 就好。"米尔嘉说道。

$$\begin{aligned}
\mathrm{g} &= \mathtt{forall}(\boxed{x_1}, \mathrm{r}\langle\boxed{x_1}\rangle) \\
&= \mathtt{forall}(\boxed{x_1}, \mathrm{q}\langle\boxed{x_1}, \overline{\mathrm{p}}\rangle) && \text{根据 C3} \\
&= \mathrm{p}\langle\overline{\mathrm{p}}\rangle && \text{根据 C2}
\end{aligned}$$

"就如我们在 C1 中定义的那样，p 是有一个自由变量 $\boxed{y_1}$ 的逻辑公式，

g 是 $\mathrm{p}\langle\overline{\mathrm{p}}\rangle$，也就是‘p 的对角化’。”

$$
\begin{aligned}
\mathrm{p} &= \mathrm{p}\langle\boxed{y_1}\rangle &= \texttt{forall}(\boxed{x_1},\mathrm{q}\langle\boxed{x_1},\boxed{y_1}\rangle)\\
\mathrm{g} &= \mathrm{p}\langle\overline{\mathrm{p}}\rangle &= \texttt{forall}(\boxed{x_1},\mathrm{q}\langle\boxed{x_1},\overline{\mathrm{p}}\rangle)
\end{aligned}
$$

“换句话说，g 就是把 p 的 $\boxed{y_1}$ 用 p 本身的数项代换后得到的结果。”我解释道。

米尔嘉用食指比划了一个圈，继续说道：

“q 表示‘x 不是 y 的对角化的形式证明’，p 表示‘不存在 y 的对角化的形式证明’。g 表示不存在‘不存在 y 的对角化的形式证明’的对角化的形式证明。”

“米尔嘉大人…… 我不明白。”尤里说道。

“那我们一个个列出来看看吧。”米尔嘉面向白板。

p 是……

不存在 y 的对角化的形式证明

g 是……

不存在“不存在 y 的对角化的形式证明”的对角化的形式证明

“把 p 用引号引起来，放到 p 本身的 y 里 —— 这就是 p 的对角化。然后，正是因为 g 是 p 的对角化，所以如果注意观察 g 的形式，就会发现它可以写成下面这样。”米尔嘉边说边写。

g 是……

不存在<u>“不存在 y 的对角化的形式证明”的对角化</u>的形式证明

不存在<u>p 的对角化</u>的形式证明

不存在<u>g</u> 的形式证明

“也就是说，从元数学的角度来说，语句 g 强调的观点是：不存在‘我’的形式证明。”

“‘□在天旋地转’在天旋地转。”尤里说道。

“在天旋地转的是我吧……我有点明白了。”泰朵拉说道，“如果，存在语句 g 的形式证明，这就跟语句 g 自己从元数学角度来强调的观点相反了，对吧？”

“就是这样。”米尔嘉竖起食指说道，“因此哥德尔的证明对‘语句 g 本身’‘强调的观点’以及‘相反’的部分从数学层面进行了严密的论述。”

“……好复杂。”泰朵拉拨弄着笔记本说道。

“尤其重要的，就是用引号引起来的这部分。”米尔嘉说道，“哥德尔没有将逻辑公式作为逻辑公式来处理，而是用哥德尔数来表示逻辑公式。然后，再用数来生成关于形式系统的谓词，把元数学的观点展开了。这样一来，就成功地论述了自身，也就是成功地**自我指涉**[①]了。原始递归性和表现定理确保了构成的自我指涉肯定会形成自我指涉。不是只有形式系统 P 不完备，其他能构成同样的自我指涉的形式系统全都是不完备的。”

“自我指涉……”泰朵拉入神地想着。

“‘我是无法证明的’。”米尔嘉说道。

“‘我是骗子’。”尤里大声说道。

“‘我不属于我自己’。”我说道，“刚才我就觉得跟什么东西有点像，原来**罗素悖论**里出现的 $x \notin x$ 这个式子也是自我指涉啊。”

“没错。”米尔嘉说道，“我们来回忆一下形式系统 P 中的基本逻辑公式 a(b)。它有个限制条件：a 是第 $n+1$ 型，b 是第 n 型。也就是说，第 n 型肯定属于第 $n+1$ 型。因为型有偏差，所以诱发罗素悖论的 $x \notin x$，即 $\neg(x \in x)$ 这个形式绝对不会出现在形式系统 P 里。这是回避自我指涉。话说……”

① 英文写作 Self-Reference，指通过自然语言或者形式语言让语句或者式子指涉自身，有时简称为自指。——译者注。

她此时放慢了语速。

“把‘单变量逻辑公式’设为‘数项’，并用它代换‘单变量逻辑公式’中的‘变量’，然后生成‘语句’…… 这样逻辑公式就能对自身进行描述，也就是自我指涉。通过数项化和哥德尔数化，把本来已经回避了的自我指涉再次拿进来。”

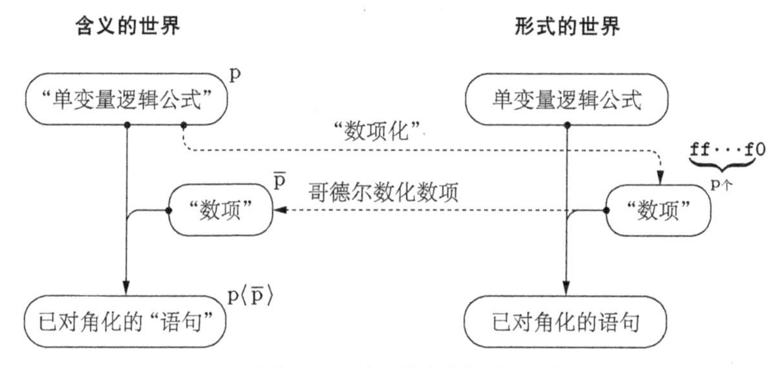

通过数项和哥德尔数自我指涉的机制

“啊！”泰朵拉喊道，“所以‘用引号引起来’才这么重要呀。”

“哥德尔也超越了‘伽利略的犹豫’。”我说道，“罗素通过自我指涉创造出了悖论，对吧？哥德尔则反过来把源于自我指涉的‘难关’用到了证明里！”

“超越了‘伽利略的犹豫’是什么意思啊？”尤里问道。

“就是说，有时候看起来失败了，却不一定是真失败了。如果不回头，一直往前走，那么一个意想不到的世界的大门，就会为你敞开。”我说道。

如果离悬崖越来越近，没有地面可踩…… 往天空飞就好啦。

我们沉默了一阵子。感觉不管是不完备定理还是这个证明，都还有着我们远远品味不尽的丰富内涵。

“应该说，‘自我指涉是多产之泉’吧。”

米尔嘉说着，在白板上写了以下四条标语：

“不完备性是发现之**根**”

“相容性是存在之**基**”

“同构映射是含义之**源**”

“自我指涉是多产之**泉**”

“就是‘根基’跟‘源泉’呗。”泰朵拉说道。

10.10.2　第二不完备定理的证明之概要

“虽然语句 g 很有意思，但‘不存在“不存在 y 的对角化的形式证明”的对角化的形式证明’这种说法太刻意了。”米尔嘉说道，“哥德尔发现了有关形式系统的更自然的语句，且该语句无法从形式上来证明。”

“诶？什么样的语句？”我问道。

“‘**我**是相容的’。”

“咦？这不是……”

“对，就是哥德尔第二不完备定理。”

◎　◎　◎

下面我们来说说“对表示命题‘形式系统 P 是相容的’的语句而言，在形式系统 P 中不存在其形式证明”这一证明的概要吧。

我们在“梅花”阶段证明了如下的命题 D7。

▶ D7：$\neg$`IsProvable(forall(`$\boxed{x_1}$`, r`$\langle\boxed{x_1}\rangle$`))`

在证明 D7 时，我们是以形式系统 P 是相容的为前提的（D0）。

因此，我们把命题“‘形式系统 P’是‘相容的’”记作 Consistent 吧。这样一来，我们就能知道下面的 G1 成立。

▶ G1：$\underset{\sim\sim\sim}{\texttt{Consistent}} \Rightarrow \neg\texttt{IsProvable}(\texttt{forall}(\boxed{x_1}, \mathrm{r}\langle\boxed{x_1}\rangle))$

泰朵拉："咦？"

米尔嘉："嗯？有什么可奇怪的吗？"

泰朵拉："'梅花'是第一不完备定理证明的一部分吧？"

米尔嘉："对。"

泰朵拉："感觉像把在证明过程中干的事儿拿到了证明里……"

米尔嘉："这就是第二不完备定理的有趣之处。"

泰朵拉："这话是什么意思呢？"

米尔嘉："第一不完备定理的证明是从元数学的角度来进行的。"

我："Consistent 能定义吗？"

米尔嘉："哥德尔的论文将其定义成了$\exists x\left[\texttt{IsForm}(x) \wedge \neg\texttt{IsProvable}(x)\right]$。"

我："诶……可以允许无法用逻辑公式从形式上证明的东西存在？"

米尔嘉："因为在矛盾的形式系统中，所有的逻辑公式都能从形式上来证明。"

根据 G1 和"枝杈"阶段的 C3"$\mathrm{r}\langle\boxed{x_1}\rangle = \mathrm{q}\langle\boxed{x_1}, \overline{\mathrm{p}}\rangle$"，可得出下面的 G2。

▶ G2：$\texttt{Consistent} \Rightarrow \neg\texttt{IsProvable}(\texttt{forall}(\boxed{x_1}, \underset{\sim\sim\sim}{\mathrm{q}\langle\boxed{x_1}, \overline{\mathrm{p}}\rangle}))$

根据 G2 和"绿芽"阶段的 C2"($\mathrm{p}\langle\overline{\mathrm{p}}\rangle = \texttt{forall}(\boxed{x_1}, \mathrm{q}\langle\boxed{x_1}, \overline{\mathrm{p}}\rangle)$)"，可得出下面的 G3。

▶ G3：$\texttt{Consistent} \Rightarrow \neg\texttt{IsProvable}(\underset{\sim\sim}{\mathrm{p}\langle\overline{\mathrm{p}}\rangle})$

根据 G3 可知，若 Consistent，则不管什么样的序列 t 都不是$\mathrm{p}\langle\overline{\mathrm{p}}\rangle$的形式证明。

▶ G4：$\texttt{Consistent} \Rightarrow \forall \mathrm{t}\left[\neg\texttt{Proves}(\mathrm{t}, \mathrm{p}\langle\bar{\mathrm{p}}\rangle)\right]$

用谓词 $\mathrm{Q}(m,n)$ 可以把 G4 改写成下面的 G5。

▶ G5：$\texttt{Consistent} \Rightarrow \forall \mathrm{t}\left[\mathrm{Q}(\mathrm{t}, \mathrm{p})\right]$

设表示命题 Consistent 的语句为 c。

表示$\forall \mathrm{t}\left[\mathrm{Q}(\mathrm{t}, \mathrm{p})\right]$的语句是$\texttt{forall}(\boxed{x_1}, \mathrm{q}\langle\boxed{x_1}, \bar{\mathrm{p}}\rangle)$。

因此，根据 G5，可得出下面的 G6 成立。

▶ G6：$\texttt{IsProvable}(\texttt{implies}(\mathrm{c}, \texttt{forall}(\boxed{x_1}, \mathrm{r}\langle\boxed{x_1}\rangle)))$

在此，假设 G7 是我们想证明的命题（$\neg\texttt{IsProvable}(\mathrm{c})$）的否定。

▶ G7：$\texttt{IsProvable}(\mathrm{c})$

根据 G6 和 G7，使用推理规则-1，可得出下面的 G8。

▶ G8：$\texttt{IsProvable}(\texttt{forall}(\boxed{x_1}, \mathrm{r}\langle\boxed{x_1}\rangle))$

G8 跟在“梅花”阶段导出的 D7 相矛盾。

因此，根据反证法，G7 的否定成立，于是可得出下面的 G9。

▶ G9：$\neg\texttt{IsProvable}(\mathrm{c})$

G9 强调的是无法从形式上证明 c。

也就是说，形式系统 P 中不存在表示“‘形式系统 P’是‘相容的’”的逻辑公式的形式证明——这就是我们想证明的事实。

好啦，关于第二不完备定理的证明的概要，讲解就到此结束了。不过，事实上推导 G6 和 G8 的部分并没有那么一目了然，还需要详细讨论。但是，这已经超越了哥德尔的论文范围了。今天我们就先讲到这里吧。

10.10.3 不完备定理衍生的产物

我们一起吃完了所剩不多的点心。

“话说，米尔嘉，”我说道，“一开始，你讲到了‘不完备定理具有的建设性意义’，可到头来，不完备定理要怎么用呢？”

“我也没那么了解，例如…… 用第二不完备定理这个工具可以明确形式系统间的关系。”

“形式系统间的关系？”

“来**猜个谜吧**。假设存在形式系统 X，我们把 X 的逻辑公式 a 指定为新的公理，从而定义了形式系统 Y。因为公理增加了，所以 Y 比 X 拥有的定理更多…… 对么？”

沉默。

“因为公理增加了，所以能从形式上证明的逻辑公式也增加了？”我问道。

“不对啊！”尤里叫道，“a 可能本来就是 X 的定理呀！”

“没错。”米尔嘉摸了摸尤里的头，“如果逻辑公式 a 本来就是属于 X，且能从形式上证明的逻辑公式，那么即使把 a 作为新的公理追加进去，也不会产生新的定理。也就是说，形式系统 X 和形式系统 Y 的全部定理的集合是相容的。因此，追加了公理的形式系统不一定就比没追加公理的形式系统拥有更多的定理。”

“确实是这样。”我说道。

“一般来说，根据形式系统 X 生成形式系统 Y 时，很难判断是不是真的生成了一个新的形式系统。不过，如果能使用形式系统 Y 从形式上来证明形式系统 X 的相容性……”

这时米尔嘉停了口。

沉默。

“原来如此！”我叫道，“如果能从形式上证明相容性的话……”

“啊！”泰朵拉也喊道，“如果能从形式上证明的话……”

“嗯！”尤里点头，“如果能的话……X 和 Y 就不一样了！”

“尤里，解释。”米尔嘉的手指向尤里。

“好……嗯，根据哥德尔第二不完备定理，从形式上无法证明形式系统自身的相容性，对吧？所以，Y 能从形式上证明 X 的相容性，也就是说 Y 跟 X 不是一个形式系统。好厉害！”

“没错。在满足第二不完备定理的形式系统中，如果能在形式上证明其相容性，那么就能证明从本质上讲，Y 比 X‘强’。通过第二不完备定理，可以研究形式系统的‘强度’。”

“这样啊……”我不禁感慨道，“第二不完备定理强调的是‘从形式上无法证明某命题自身相容性’，但是利用‘无法证明’这一点，就能够证明形式系统的相对强度！原来做不到不一定是缺点啊！”

“我们，又越过了‘伽利略的犹豫’喵。”尤里说道。

10.10.4　数学的界限？

过了一会儿，泰朵拉举起了手。

“我问个基础的问题……不完备定理没有害数学漏洞百出吧？”

“数学并没有因此漏洞百出。”米尔嘉说道，“当然这要看你如何定义‘漏洞百出’了。例如，虽然不完备定理得到了证明，但那些以前经由数学证明的定理，也都还是定理。而且，那些既无法被证明，也无法被反证的命题并没有妨碍到数学家们的研究。就算存在不完备定理，数学家们也不会因此而烦恼。不要被不完备定理的‘不完备’一词字面上的意思给迷惑了。不完备定理是现代逻辑学的基本定理。与其说不完备定理害得数学漏洞百出，不如说它在数学领域开辟了一片新的沃土。”

“我还有些不能理解的地方……”泰朵拉一脸认真地说道，“我一直认为‘数学本身’是绝对准确的。可是，从第一不完备定理的结果来看，既存在无法被证明，也无法被反证的命题；从第二不完备定理的结果来看，如果不借用其他条件，就无法表示不存在矛盾。因此，我还是觉得不完备定理好像证明了‘数学的界限’。这一点，我应该怎么去思考呢？”

听完泰朵拉这个认真的问题，米尔嘉默默地站起身，看了一眼窗外正渐渐暗沉的天色，然后又转向了我们。

“讨论得有些混乱。”才女如是说，“泰朵拉，你说的‘数学本身’一词是什么含义呢？是 (1) 写明定义，用某种形式来从形式上表示的概念，还是 (2) 无法写明定义，只是一个浮现在我们心中，契合‘数学’这个名字的某种概念？你指的是哪一种含义？”

“……”

“如果你指的是 (1)，那么在明确条件后，‘数学本身’可能成为不完备定理的对象。然后，‘数学本身’就会受不完备定理的结果支配。”

“……”

“不过，如果你指的是 (2)，那么‘数学本身’就不是不完备定理的对象。这个词可能是**数学论**的对象，或是哲学的对象……总之，不是数学的对象。也就是说，这个词也不是不完备定理的对象。因此，‘数学本身’不会受不完备定理的结果支配。”

“……”

“而且分辨‘数学本身’是 (1) 还是 (2) 这件事本身也不归数学管。”

米尔嘉扫了我们一眼，大大地伸展双臂说道：

“所以，我是这么想的，如果想用不完备定理的结果来讨论数学层面的话题，就必须把讨论的对象限制在数学层面。如果不想这样，而是想从不完备定理的结果中获得启示，用以讨论数学论层面的话题，那么就遵循这个想法去讨论。但我们不能忘记，数学论层面的话题并没有‘得到数学层面的证明’。”

我问米尔嘉：

“就是说‘用形式系统来表示数学’是不可能的了？”

她闭上眼，摇了摇头。

“不如这么说，规定‘数学是什么’的不是‘数学’。这就是‘数学观’。因此我们没法从数学角度去证明‘数学是○○’这个说法。”

然后，米尔嘉用手指推了推眼镜说道：

“总之，我们应该把数学层面的讨论和数学论层面的讨论分开。”

拆分是走向理解的第一步。

10.11 带上梦想

10.11.1 并非结束

现在是傍晚……不对，已经到晚上了。天色已经很暗了。

我们离开了双仓图书馆，一行四人走在两侧种着灌木的小路上，前往车站。

我恍惚地想起了想计算逻辑的莱布尼茨之梦——那个梦与用数研究形式系统的哥德尔证明有关，甚至还跟现代计算机有关……

今天一天，我们都走在“用数学研究数学”的旅途上。

今天的旅行差不多要结束了。

可是，我们的旅行并不会就此结束。

“我听到了海浪的声音。”

米尔嘉走在我们前面，忽然间说道。

我们停下脚步聆听，确实能听见微弱的海浪声。

河流注入大海即告结束。

但是，水的旅行还不会就此结束。

因为，水还会升到天空中去。

10.11.2　属于我

回家的电车空空荡荡，仿佛成了我们的专车。我们找了四人座面对面坐下。我身旁是尤里，对面是米尔嘉，米尔嘉旁边是泰朵拉。

明明都很累了，可我们还是一直在互相出数学题、聊天，兴致盎然。尽管如此，不知何时，大家的话越来越少。尤里打了个大哈欠，连带着我也开始迷糊了。

…… 然后，我无意间醒了。

泰朵拉靠着米尔嘉的肩膀睡着了。

尤里靠着我的肩膀睡着了。

米尔嘉望着车窗外流动的夜色。

“喂，米尔嘉……”我叫道。

留有一头漆黑长发的少女看向了我这边。

她指了指泰朵拉跟尤里 —— 两人已经睡熟，轻轻地呼吸着。

（她们睡着了）

她把食指竖在唇边。

（别说话）

她伸出手指慢慢对我比划着。

$$1\quad 1\quad 2\quad 3\cdots$$

然后歪过头。

（那么，下一个是？）

我张开右手回应。

$\cdots 5$

米尔嘉微笑。

我想起了遇见米尔嘉的那个春天。

樱花。

提问和回答。

对话。

我从大量的对话中学到了大量的知识。

我现在活着，但终有一天会死去。

如果没有人能够与我分享学到的东西，那该多么寂寞啊。

我想把自己学到的东西分享给某人。

分享给身旁的某人、远方的某人、未来的某人……

“音乐——属于我。”盈盈说。

“逻辑——属于人家。”尤里说。

“英语——属于我。”泰朵拉说。

“数学——属于我。”米尔嘉说。

那么，我要这么说：

“学习，以及传授——属于我。”

马上 4 月了。我们即将迈出走向新学期的脚步。

肯定有各种各样的问题在等待着我们。

但是现在，是休息的时间。

电车静静地在夜里奔跑。

带着沉睡的泰朵拉和尤里 ——
带着沉默交流的我跟米尔嘉 ——

电车静静地承载着梦。
我们的梦是继续这旅途。

没有尽头。
直到永远。

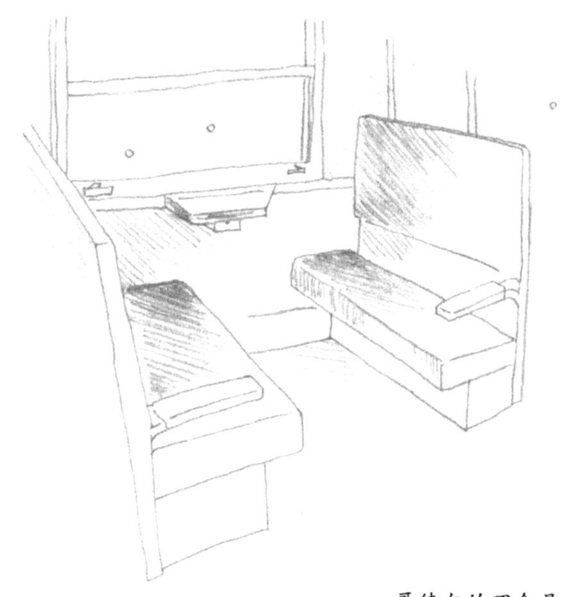

哥德尔的理念是，
利用数学性论证，
研究数学性论证本身。
——《哥德尔、埃舍尔、巴赫 —— 集异璧之大成》[3]

尾　声

“老师？”少女走进办公室。

风从敞开的窗户中吹进来，带来了春天的气息。

“喔，怎么了？看你不在状态呀。”

“没没没，我好得很。不管什么难题都能瞬间答出来。”

“那么，老师就给你出道题吧。假设现在 A，B，C 这 3 个人分别戴着 3 顶帽子，帽子不是红色就是白色。”

“嗯嗯，然后呢？”

“3 个人都看不见自己帽子的颜色，但是能看到其他 2 个人的帽子是什么颜色。”

“就是猜自己帽子的颜色呗？”

“对。红色帽子有 3 顶，白色帽子有 2 顶。这里只拿出 3 顶来让 3 个人戴上，剩下的都藏起来。我们问 A‘你的帽子是什么颜色’后，A 回答说‘我不知道’。”

“……”少女的表情一下子认真了起来。

“在听吗？”

“听着呢，老师您继续说。”

“我们问B‘你的帽子是什么颜色’后，B也回答说‘我不知道’。”

“红色。”少女回答。

“诶？‘红色’指的是？”

“老师，C的帽子是红色的吧？”少女坏坏地笑了。

“刚说到一半呢……‘C看到A和B的帽子都是红色的，那么C的帽子是什么颜色呢？’”

“C的帽子是红色的，对吧？”

“对的。为什么老师刚说到一半你就知道答案了？”

“想想顺序就知道啦。”

- 因为A回答说“我不知道”，所以B跟C这2个人里起码有1个是红色的。
- 这点B也明白。
- B能看到C，如果C的帽子是白色，那么B就会知道自己的帽子是红色。
- 但是，B说的却是“我不知道”。
- 所以，C的帽子是红色的。

“噢噢。”

“也就是说，这时候，就算C闭着眼，也能知道自己的帽子是红色的。”

“确实……是这样没错。”

“嘿嘿，厉害吧？——唉……”

“那你又在叹什么气？”

“我感觉自己一定是忘了什么，可是又忘了自己忘了什么……”

“是‘元失物’呀。原因应该是——明天的毕业典礼吧。”

“呃……这么明显吗？真揪心。感觉我致辞时说到一半会哭出来。”

“身为在校生代表你怎么还这么不坚强啊？明天那帮毕业生可是要伴随着你的告别致辞奔赴前程的。”

“您别这么煽情嘛！我一直忍着眼泪呢。”

“没事儿，老师当学生那会儿也干过‘泪撒毕业典礼’这种事呢。”

“老师您也经历过这些呀？”

“那肯定的呀。”

“哦……那么，我拿张卡片回去喽！”少女伸出手。

“这张卡片如何？”

“‘问题和答案一模一样的问题是什么’？”

“没错。”

“答案就是‘问题和答案一模一样的问题是什么’吧，轻松！”

“别马上回答嘛。那么，换成这张卡片吧。”

“‘我们把由两个自然数构成的组合……’老师，这个好长啊。”

“研究课题就是要仔细琢磨的啊。”

“好好。那我回去啦！”

少女“咻咻”地挥舞着手指，离开了办公室。

毕业典礼啊……

这么说马上就要到那个季节了呢，办公室的窗边将会满是盛开的樱花。

来去了无数次的这个季节。

看起来一样，但并不是单调的循环。

而是一边循环一边上升的螺旋。

让我们在感受着循环和上升的同时，

展开翅膀，飞翔吧！

飞向更加遥远的远方——

我们应该让那些“刚开始学习的学生们”明白，

……数学真的有多到令人吃惊的、简单却模糊的定理和关系。

……想来，数学的这条性质在某种意义上反映了世界的秩序和规则性。

世界非常伟大，我们单从表面观察到的无法与之相比。①

——哥德尔

① 中文版名为《哥德尔：逻辑的困境》，唐璐译，湖南科学技术出版社，2009年4月。但此处译文为本书译者所翻译，未参考该书中文版。

后　记

所有的书都具备本质上的不可能性。
作家一旦克制住那份最初的兴奋，马上就会发现这点。
问题是结构性的，是不可能解决的。
因此，谁都没有写下这本书。
——安妮·狄拉德《写作生涯》[1]

我是作者结城浩。

不才拙笔，为各位献上《数学女孩 3：哥德尔不完备定理》一书。

本书是《数学女孩》(2007 年)及《数学女孩 2：费马大定理》(2008 年)[2] 的续篇，属于《数学女孩》系列的第三部作品。出场人物包括“我”、米尔嘉、泰朵拉，还有“我”的表妹尤里。数学与青春的故事一如既往地围绕着他们四个人展开。

在开始写作本书时，我自以为已经大概理解了哥德尔不完备定理。然而随着写作的推进，我发现自己的理解很不透彻。我想，那就只能踏踏实实地一步步学起。于是，我开始阅读数理逻辑学方面的教材。承蒙诸多贵人的相助，我花了大概一年的时间，总算写完了本书。如果您在本书中发现了数学知识方面的错误，还请与我联络，我将感到无比荣幸。

① 原书名为 *The Writing Life*，尚无中文版。——译者注

② 此处年份均指日文原版书出版时间，并非译本出版时间。——译者注

本书跟《数学女孩》系列的前两本一样，都使用$\LaTeX 2_\varepsilon$和 Euler 字体(AMS Euler)排版。排版方面，多亏了奥村晴彦老师的《$\LaTeX 2_\varepsilon$精美文章制作入门》[1]一书，在这里对奥村晴彦老师深表感谢。版式绝大部分由大熊一弘老师(tDB 老师)设计，使用了用于制作初级数学印刷品的宏 emath，在这里也对大熊一弘老师深表感谢。此外，有几张图是用 METAPOST 及 Microsoft Visio 制作的。

在写作本书时，漫画版的《数学女孩(上·下)》也经 MEDIA FACTORY [2]出版了，感谢日坂水柯先生和编辑部的万木壮先生把《数学女孩》带到了更为广阔的世界。

另外，我还想对那些阅读我写作过程中完成的原稿，并发表宝贵意见的以下各位，以及匿名人士致以诚挚的谢意。不过，本书中若有错误，则均为我疏漏所致，以下人士不负任何责任。

五十岚龙也、上原隆平、冈田理斗、镜弘道、川岛稔哉、木原贵行、上泷佳代、相马理美、高田悠平、田崎晴明、荻原大希、花田启明、平井洋一、藤田博司、前原正英、松冈浩平、松木直德、松本考司、三宅亚弥、三宅喜义、村田贤太(mrkn)、山口健史、吉田有子

感谢各位读者，各位经常访问我的网站的朋友们，经常为我祈祷的基督教的朋友们。

感谢一直支持我写完本书的野泽喜美男总编。还要感谢无数喜爱《数学女孩》系列的读者，你们的鼓励对于我来说无比宝贵。

感谢我最爱的妻子和两个儿子。

谨以本书献给开创了惊人大道的哥德尔，以及所有的数学家。

---

① 原书名为『LaTeX2 ε 美文書作成入門』，尚无中文版。——编者注

② 日本出版社，1986年12月从RECRUIT股份有限公司的图书出版部门独立，1991年4月更名为MEDIA FACTORY。——译者注

最后，感谢一直把这篇后记读完的您。

我们有缘再会吧。

结城浩

2009 年，深感由一本书传播和衍生的词汇之不可思议

http：//www.hyuki.com/girl/

参考文献和导读

当然有学到东西啦!

我想知道的东西几乎都是看书学来的。

——濑在丸红子(摘自森博嗣《六个超音波科学家》[1])

读物

[1] 結城浩,『数学ガール』, ソフトバンククリエイティブ, ISBN 978-4-7973-4137-9, 2007年

《数学女孩》(人民邮电出版社, 2016年1月)。该书是《数学女孩》系列的第一部作品，描写了“我”、米尔嘉、泰朵拉三人的邂逅和故事。我们三个高中生在放学后的图书室、教室以及咖啡店挑战与学校所学内容略有不同的数学。

[2] 結城浩,『数学ガール/フェルマーの最終定理』, ソフトバンククリエイティブ, ISBN 978-4-7973-4526-1, 2008年

《数学女孩2：费马大定理》(人民邮电出版社, 2016年1月)。该书是《数学女孩》系列的第二部作品。在这本书中，初中生尤里

① 陈慧如译，台湾尖端出版社，2007年9月。——译者注

加入了我们的高中生三人组，我们为了求整数的“真实的样子”而踏上旅途。该书描写的是从简单的数字谜题来切入，通过群、环、域到达费马大定理的整个过程。

[3] Douglas R.Hofstadter，野崎昭弘他訳，『ゲーデル，エッシャー，バッハ——あるいは不思議の環』，白揚社，ISBN 4-8269-0025-2，1985年

《哥德尔、艾舍尔、巴赫——集异璧之大成》(商务印书馆，1997年5月)。该书以哥德尔、艾舍尔、巴赫三人为主题，讲述了自指、递归性、知识表示、人工智能等领域的知识。“20周年纪念版”已于2005年由白扬社出版(参考：本书整体上参考了该书。此外，我在写作第7章开头的引语时也参考了该书)。

[4] 野崎昭弘＋安野光雅,『赤いぼうし』，童話屋，ISBN 4-924684-20-1，1984年

《帽子戏法》(中国城市出版社，2011年7月)。该书是一本美丽的图画书，以靠逻辑猜出帽子颜色的谜题为题材(参考：第1章中关于帽子的问题参考了该书)。

[5] Alfréd Rényi，好田順治訳，『数学についての三つの対話　数学の本質とその応用』，講談社，1974年<現在絶版>

《关于数学的三个对话：数学的本质及其应用》(尚无中文版)。数学研究的是什么，数学有什么作用——该书描写了苏格拉底、阿基米德、伽利略针对这种本质性的问题进行的假想性的对话，通过对话来思考上述问题。

[6] Anne Morrow Lindbergh，吉田健一訳,『海からの贈り物』，新潮社，ISBN 4-10-204601-1，1967年

《来自大海的礼物》(中国大百科全书出版社，2012年11月)。该书用平静地涨退的潮水般的节奏，讲述了简单地生活、珍惜独

处的时光、通过少数美好的事物来充实自己的时间，等等。看似在讲述大海，实际上则是在讲述每一天的生活；看似在讲述每一天的生活，实际上则是在讲述人生本身——就是这样的一本书。

面向高中生

[7] 野崎昭弘,『不完全性定理 数学的体系のあゆみ』, 筑摩書房, ISBN 4-480-08988-8，2006年

《不完备定理：数学系统的发展》(尚无中文版)。该书从数学的历史开始讲起，介绍了集合、逻辑、形式系统及元数学，甚至包括不完备定理。

[8] 志賀浩二,『極限の深み数学が育っていく物語1』, 岩波書店，ISBN 4-00-007911-5，1994年

《极限的深奥：数学的故事1》(尚无中文版)。这是一本运用不紧不慢的文字和数学公式来讲述数学的一本书(参考：第4章和第6章都参考了该书)。

[9] 田島一郎,『イプシロン-デルタ』, 共立出版，ISBN 4-320-01240-2，1978年

《ϵ-δ语言》(尚无中文版)。该书是围绕ϵ-δ语言这个主题而写的一本参考书(参考：第6章参考了该书)。

[10] 小針晛宏,『数学 I · II · III $\cdots\infty$ 高校からの数学入門』, 日本評論社，ISBN 4-535-78232-6，1996年

《数学 I · II · III $\cdots\infty$高中数学入门》(尚无中文版)。该书是一本使用出场人物间简明易懂的对话来思考数学题的参考书(参考：第1章中关于帽子的问题参考了该书)。

[11] 竹内外史,『集合とは何かはじめて学ぶ人のために』, 講談社，ISBN 4-06-257332-6，2001年

《集合是什么》(尚无中文版)。该书是一本有口皆碑的集合论方面的图书(参考：第3章参考了该书)。

[12] 足立恒雄,『無限のパラドクス』, 講談社，ISBN 4-06-257278-8，2000年

《无限的悖论》(尚无中文版)。该书是一本面面俱到地讲解无限的读物(参考：第4章参考了该书)。

[13] 志賀浩二,『無限への飛翔　集合論の誕生』, 紀伊国屋書店，ISBN 978-4-314-01042-9，2008年

《飞向无限：集合论的诞生》(尚无中文版)。该书是一本循着康托的思路来讲解集合论的书(参考：第3章参考了该书)。

[14] 吉田武,『虚数の情緒 —— 中学生からの全方位独学法』, 東海大学出版会，ISBN 4-486-01485-5，2000年

《虚数的情绪》(尚无中文版)。该书是一本以数学和物理为中心，从基础开始不厌其烦地动手尝试、积极学习的大作，有趣到让人无法抗拒(参考：第9章中的螺旋图参考了该书)。

[15] 結城浩,『プログラマの数学』, ソフトバンククリエイティブ，ISBN 4-7973-2973-4，2005年

《程序员的数学》(人民邮电出版社，2012年11月)。这是一本尽量少地运用数学公式来对程序员必备的数学知识进行讲解的书(参考：第7章参考了该书)。

面向大学生

[16] Kurt Gödel, 林晋＋八杉満利子訳・解説,『不完全性定理』, 岩波書店，ISBN 4-00-339441-0，2006年

《不完备定理》(尚无中文版)。该书囊括了哥德尔的论文《不完备定理》的日译版、对这篇论文的讲解，以及作者关于希尔伯特

的研究成果(参考：本书整体上参考了该书)。

[17] 広瀬健＋横田一正,『ゲーデルの世界一完全性定理と不完全性定理一』, 海鳴社，ISBN 4-87525-106-8，1985年

《哥德尔的世界：完备定理和不完备定理》(尚无中文版)。该书包括哥德尔论文《完备定理和不完备定理》的日译版及对这篇论文的简明易懂的讲解(参考：本书整体上参考了该书)。

[18] 前原昭二,『数学基礎論入門』, 朝倉書店，ISBN 4-254-11723-X，2006年

《数学基础论入门》(尚无中文版)。该书是一本详细介绍哥德尔论文《不完备定理》的关于数理逻辑学的教材(1977年重印)。

[19] 松本和夫,『復刊　数理論理学』, 共立出版，ISBN 4-320-01682-3，2001年

《数理逻辑学》(尚无中文版)。该书是一本关于数理逻辑学的教材。

[20] 石谷茂,『ϵ-δに泣く』, 現代数学社，ISBN 4-7687-0366-6，2006年

《ϵ-δ之痛》(尚无中文版)。该书是一本以ϵ-δ和数学领域中那些容易使人误解的话题为看点的书(参考：第6章参考了该书)。

[21] 足立恒雄,『数—体系と歴史—』, 朝倉書店，ISBN 4-254-11088-X，2002年

《数：系统与历史》(尚无中文版)。如书中开头所述——“始于逻辑，终于复数的导入”——那样，这是一本从根本上开始学习数的系统的书。我感到该书很不可思议：一方面该书在追寻数的系统，而另一方面，该书在不知不觉间又反复讲述着数学的主要概念。

[22] 島内剛一,『数学の基礎』, 日本評論社，ISBN 978-4-535-60106-2，2008年

《数学的基础》(尚无中文版)。如书中开头所述——“始于逻辑，

终于初等函数的导入"——那样，这是一本从根本上开始学习数学的书。

[23]『岩波数学入門辞典』，岩波書店，ISBN 4-00-080209-7，2005年

《岩波数学入门辞典》(尚无中文版)。这是一本简明易懂地讲解数学术语的词典。

[24] Ronald L.Graham，Donald E.Knuth，Oren Patashnik，有澤誠＋安村通晃＋萩野達也＋石畑清訳，『コンピュータの数学』，共立出版，ISBN 4-320-02668-3，1993年

《具体数学：计算机科学基础(第2版)》(人民邮电出版社，2013年4月)。该书是一本以求和为主题的、关于离散数学的书。(参考：第8章、第9章都参考了该书。)

[25] David Gries，Fred B.Schneider，『コンピュータのための数学—論理的アプローチ』，日本評論社，ISBN 4-535-78301-2，2001年

《离散数学的逻辑方法》(尚无中文版)。利用逻辑来分析和解决问题的思想贯穿了该书。此外，书中还有海量的练习题(参考：第2章参考了该书)。

[26] Martin Aigner，Günter M. Ziegler，蟹江幸博訳，『天書の証明』シュプリンガー・フェアラーク東京，ISBN 4-431-70986-X，2002年。

《数学天书中的证明(第五版)》(高等教育出版社，2016年3月)。该书是一本囊括了数学各个领域中的"美丽定理"和"美丽证明"的书。埃尔德什[①](因与全世界的数学家们共同研究数学而著名)始著，埃尔德什死后由其他人继续编写完成。

[27] 竹之内脩，『入門　集合と位相』，実教出版株式会社，ISBN 4-407-02108-X，1971年

① 即保罗·埃尔德什，一年四季奔波于世界各地，与数学界同行探讨数学难题，即便垂暮之年依旧热衷于猜想和证明，把一生献给了数学。——译者注

《集合和位相入门》(尚无中文版)。该书是一本关于集合论的教材(参考：第7章中的把$0 < x < 1$与实数集相对应的函数，以及询问实数的不可数性质的问题参考了该书)。

面向研究生和专家

[28] 田中一之編,『ゲーデルと20世紀の論理学1　ゲーデルの20世紀』, 東京大学出版会，ISBN 4-13-064095-X，2006年

《哥德尔与20世纪的逻辑学1：哥德尔的20世纪》(尚无中文版)。这是为纪念哥德尔百年诞辰而出版，回顾20世纪的逻辑学发展的系列图书。第1卷概述了整个逻辑学的发展历史，还涉及了围绕哥德尔不完备定理而进行的一些哲学性讨论。

[29] 田中一之編,『ゲーデルと20世紀の論理学2　完全性定理とモデル理論』, 東京大学出版会，ISBN 4-13-064096-8，2006年

《哥德尔与20世纪的逻辑学2：完备定理与模型论》(尚无中文版)。第2卷讲解的是哥德尔完备定理、模型论、语义学。

[30] 田中一之編,『ゲーデルと20世紀の論理学3　不完全性定理と算数の体系』, 東京大学出版会，ISBN 4-13-064097-8，2007年

《哥德尔与20世纪的逻辑学3：不完备定理与算术系统》(尚无中文版)。第3卷涉及的是第一不完备定理和第二不完备定理。此外，第3卷还根据证明所需的公理给定理分了类，也提到了反推数学领域的话题。

[31] 田中一之編,『ゲーデルと20世紀の論理学4　集合論とプラトニズム』, 東京大学出版会，ISBN 4-13-064098-5，2007年

《哥德尔与20世纪的逻辑学4：集合论与柏拉图主义》(尚无中文版)。第4卷讲解的是集合论和哥德尔的数理哲学。

Web网站

[32] http://www.hyuki.com/girl/，结城浩，《数学女孩》

该网站搜集了一些与数学和少女相关的读物。《数学女孩》的最新信息都在这里。

[33] http://hirzels.com/martin/papers/canon00-goedel.pdf，Martin Hirzel

这是哥德尔论文英译版的网址。我参考了其用简洁的英语来表示函数和谓词这一点。

如果你还没有明白，
那么就算全世界的人都说“明白了，很简单啊”，
你仍然要鼓起勇气说“不，我还不明白”。
这一点很重要。
——《数学女孩3：哥德尔不完备定理》